做一个有气质的女子

着装是一种社会文化的体现，也是一个人文化修养和审美情趣的体现，它无声地介绍着一个人的身份、气质和内在素质。

做一个
有气质的女子

连山 ☆ 编著

四川人民出版社

图书在版编目（CIP）数据

做一个有气质的女子 / 连山编著 . -- 成都 : 四川人民出版社, 2020.5

ISBN 978-7-220-11634-6

Ⅰ . ①做… Ⅱ . ①连… Ⅲ . ①女性—修养—通俗读物 Ⅳ . ① B825.5-49

中国版本图书馆 CIP 数据核字 (2019) 第 210904 号

ZUO YIGE YOU QIZHI DE NÜZI

做一个有气质的女子

连山　编著

出 版 人	黄立新
策划组稿	张明辉
责任编辑	薛玉茹
营销策划	张明辉
插画绘制	金版文化
封面设计	简明波
责任校对	舒晓利
责任印刷	许　茜
出版发行	四川人民出版社（成都槐树街2号）
网　　址	http: //www.scpph.com
E-mail	sarmcbs@sina.com
新浪微博	@四川人民出版社
微信公众号	四川人民出版社
发行部业务电话	（028）86259624　86259453
防盗版举报电话	（028）86259624
印　　刷	深圳市雅佳图印刷有限公司
成品尺寸	135mm × 180mm
印　　张	14
字　　数	300千
版　　次	2020年5月第1版
印　　次	2020年5月第1次印刷
书　　号	ISBN 978-7-220-11634-6
定　　价	48.00元

前言

PREFACE

女人不一定要美丽，但一定要有气质。对一个女人而言，气质的价值远远胜于外表的美丽。外表的美丽如昙花一现般稍纵即逝，而气质却是伴随女人一生的资本，它绝非爹妈天生所赐，可以通过后天多方面的努力和培养使女人展露风采。所以，一个女人自身的气质如何，可以说完全是把握在自己手中的。

罗曼·罗兰说过："气质是很抽象的东西，但是它给人的印象却非常明显。"气质是一种内在的修养，是思想内涵的体现，洗练出了超凡脱俗的"女人味"。在女人的成长过程中，气质会融入个性，并不断地更新，最终造就女人与众不同的韵味。气质是一种智慧，它在点点滴滴的细节中对女人本身进行着雕塑，让女人散发迷人的味道，拥有持久的魅力。气质女人不依附于男人，不脱离女人本质，在自己能力之内尽量做得更好；气质女人拥有独立的思考能力，拥有美好的理想，也有为这个理想不断付出、持续前进的激情。

气质决定着女人在公众心目中的形象，是女人在现代生活的各个领域中获得成功的必要前提。现代女人，既要温柔，又要坚强；既要注重内在修养，又要注意外在装扮；既要幸福的家庭，又要成功的事业；既要奉献，又要善待自己……这些都需要女人在现实的生活中不断修炼自己的气质，只要发掘出属于自己的独特魅力，女人就能找到通往幸福的路径，拥有完美的人生。

如何才能让自己拥有超凡脱俗的气质？女人的气质模仿不来、着急不得，它不同于时尚，时尚可以追赶，可以花大钱去“入流”，气质比时尚更恒久，是文化和素养的积累，是修养和知识的沉淀。女性要不想成为被男性眼光左右的依赖式女人，成为真正的气质女人，不妨翻开这本《做一个有气质的女子》。本书从关注女性自我生存、生活状态入手，对现代女性培养自我气质与修养、内涵与品位的重要方面进行了总结。本书旨在告诉女性朋友们如何让自己活得更精彩，如何让自己在发挥自我性格优势的同时拥有更出色的气质，并且从现实残酷的生活中挣脱羁绊、从容自由。

气质是女人永恒的化妆品。动人的容颜无法阻挡岁月的印痕，唯有气质，如陈年佳酿般，随着人们自身修养的完善和自我价值的提升，体现出无与伦比的恒久魅力，永远散发着迷人的芳香。内在的气质美可以延缓衰老，并使人年轻，可以在他人心灵上留有印记和引起震荡。气质教会女人不断地积聚正能量、增强气场，让女人生命中的每一个层面都能够变得更加丰富而完整。气质女人，她的一举一动、一言一语、一颦一笑都像水一样柔软、像风一样迷人，一个不经意的动作就能吸引所有人的目光。愿每一个追求气质出众的女人在读完本书后，都能拥有迷人的气质，活出自己生命的精彩。

目录

CONTENTS

第一篇 能做女王，就不要做公主

第二篇 做个平均值高的精品女人

第三篇 将优雅当成一种习惯来培养

第五篇 给自己的情绪安装闸门

第六篇 修炼气场，增强自信

第九篇 一味标榜内涵而轻视门面，也是肤浅

第十篇 气质女人只穿对的，不穿贵的

第十一篇 你不是圣诞树，不必戴那么多配饰

第一篇

能做女王，就不要做公主

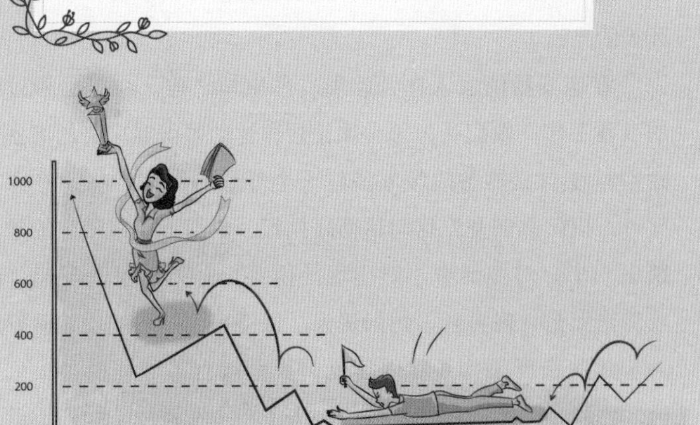

PART 01 不做女强人，要做强女人

“安稳”不是女孩最好的归宿

平凡的女人，之所以一生无大的成就，是因为她一直在追求一种安全平稳的生活，一旦得到，便想固守不求进取了。这样，她一生只会机械地工作，挣来维持温饱的薪金，然后静待死神的光临。

眷恋安稳的女人在开始做一件事情之前，总是会做过多的准备工作。她们认为每一项计划和行动都需要完美的准备。她们只在自己熟悉的领域搭建一个舒适的温室，将“在家靠父母，出门靠朋友”这句话彻底执行。她们不敢向陌生的领域踏出一步，对生活中不时出现的困难更是不敢主动发起“进攻”，而是一躲再躲。她们认为，保持自己熟悉的现状就好，对于那些新鲜事物还是躲远点，否则就有可能被撞得头破血流。安稳是一个陷阱，让她们丧失了斗志和激情，她们不敢打

破现有的生活方式，不敢寻求新的改变，结果在懒散之中松弛了自己的皮肤和精神。

西方有句名言：“一个人的思想决定一个人的命运。”做任何事都寻求安全感，不敢挑战冒险，是对自己潜能的否定，只能使自己的潜能不断地缩小。与此同时，安全感会使你的天赋被削弱，就像疾病让人体的机能萎缩、退化一般。

如果女人能够突破“安稳”这一关，尤其在二十几岁的最佳年龄就开始奋斗，可能会有很大的改观。

香奈儿这个名字是一个传奇，她从来就不是一个安于本分的人。她的名字后来成为西方女性解放与自然魅力的代名词。香奈儿年轻时是巴黎一家咖啡厅的卖唱女，她经历过一次失败的情感——18岁时当了花花公子博伊的情妇。但她没有就此沉沦下去，而是借助博伊的资金开了三家时装店，使她的服装进入巴黎的上流社会。

对于浮夸与矫情的上流社会，香奈儿的礼服是玛戈皇后装的翻版。香奈儿和她的服装充满了怪异，但也充满了致命的吸引力。有一次，她的长发不小心被烧去几绺，她索性拿起剪刀把长发剪成了超短发。就在她走进巴黎舞剧院之后的第二天，巴黎的贵妇们纷纷找到理发师给她们剪“香奈儿发型”。无论是香奈儿的香水还是香奈儿的服装，真正的魅力在它们的创造者身上。

30岁以后的香奈儿还清了欠博伊的钱，她独立了。从1930年一直到去世，她都独自住在巴黎利兹饭店的顶楼上。她是世界上最著名的服装设计师之一。

每天晚上睡觉的时候，她唯一需要确定的是，那把心爱的剪刀是否放在床头柜上。她说：“上帝知道我渴望爱情，如果非要我选择，我选择时装。”

香奈儿给女人们的忠告是：“也许我会令你感到惊讶，但归根结底，我认为一个女人若想要快乐，最好不要遵从陈腐的道德。做出这种选择的女人具有英雄的勇气，虽然付出孤独的代价，但孤独能帮助女人们找到自我。我爱过的两个男人从来不了解我。他们很有钱，却不曾了解女人也想做些事。忙碌起来能使你的分量加重。我很快乐，但几乎没人知道这一点。”

在她最后的日子里，她说：“由种种事情来看，我的一生完全正确，我没有丈夫、孩子，但我有一堆财富。”

突破“安稳”给了香奈儿成功的灵感和动机，让香奈儿走出了“安稳”的牢笼，创造了一个经典的品牌。每一个女人，不管你的外表是美还是丑，也不管你的心智是聪明还是愚笨，都要凭着自己的努力去过自己想要的生活，而不要被“安稳”的陷阱温柔地“杀死”。多一些冒险精神，做一个独立的个体，经济独立、事业有成，这样的女人才永远自信快乐。

“狠女孩”才能主宰自我

有人说，女人应对自己“狠”一点，因为“狠女孩”才有福，因为“狠女孩”知道在得失中做出选择，她们敢爱敢恨、敢作敢为。即使要承担许多的痛苦，为了朝自己的目标前进，她们也毫不犹豫，狠下心来去做，直至达到自己的目标。

她从名校毕业后被分配到一个让人们眼红的政府机关，干着一份惬意的工作。

好景不长，她开始陷入苦闷，原来她的工作虽轻松，但与所学专业毫无关系。她想辞职出去闯一闯，外面的世界很精彩，但风险太大。她将自己的困惑告诉了她最敬重的一位长者。长者一笑，给她讲了一个故事：

一个农民在山里打柴时，拾到一只样子怪怪的鸟。那只怪鸟和刚满月的小鸡一样大小，还不会飞，农民就把这只怪鸟带回家给小女儿玩耍。

调皮的小女儿玩够了，便将怪鸟放在小鸡群里充当小鸡，让母鸡养育。

怪鸟长大后，人们发现它竟是一只鹰，他们担心鹰再长大一些会吃鸡。但是，那只鹰却和鸡相处得很和睦，只是当鹰出于本能飞上天空再向地面俯冲时，鸡群会产生恐慌和骚乱。渐渐地，人们越来越不满，如果哪家丢了鸡，便会首先怀疑那只鹰——要知道鹰终归是鹰，生来是要吃鸡的。大家一致强烈要求：要么杀了那只鹰，要么将它放生，让它永远也别回来。因为和鹰有了感情，这一家人决定将鹰放生。

谁知，他们把鹰带到很远的地方放生，过不了几天，那只鹰又飞回来了。他们驱赶它，不让它进家门，他们甚至将它打得遍体鳞伤，都无法成功。

后来村里的一位老人说：“把鹰交给我吧，我会让它永远不再回来。”老人将鹰带到附近一个最陡峭的悬崖绝壁旁，然后将鹰狠狠向悬崖下的深涧扔去。那只鹰开始如石头般向下坠去，然而快要到涧底时，它终于展开双翅托住了身体，开始缓缓滑翔，最后轻轻拍了拍翅膀，飞向蔚蓝的天空。它越飞越自由舒展，越飞越高，越飞越远，渐渐变成了一个小黑点，飞出了人们的视野，再也没有回来。

听了长者的故事，年轻的女孩似有所悟。几天后，她辞去了公职，在社会上打拼，终有所成。

面对安逸的工作环境，年轻的女孩坚定地选择了自己的道路，这就是“狠女孩”的作为。

由此可见，“狠女孩”才能主宰自己的命运，聪明的女孩应该勇敢地做一个“狠女孩”。

没有意见，不代表没有主见

女孩跟同学一起出去，同学问她：“你想吃什么？”

“什么都可以。”

“咱们吃了饭去逛街吧。”同学提议。

“好的，我没意见。”女孩回答。

“你有什么买的吗？”

“目前还没有，到时候再看吧。”

女孩的回答，让同学有些扫兴。在同学的眼里，她是一个没有主见的人，做什么事情都没有自己的主意。其实，女孩只不过是没有发表自己的意见，并不是没有自己的主见。因为在女孩心里，像买衣服吃饭这一类的事情，并没有必要较真；而对于人生中的大事，女孩就不会犹豫了。

许多女孩都与故事中的女孩一样，对小事没有意见，但对于人生大事，一旦做了决定，即使身边的人再怎么反对，都不会动摇她们的信念；不管自己的选择将面临怎样的困难，她们都不会放弃。

许多年前，一位妙龄少女来到东京酒店当服务员。这是她的第一份工作，因此她很激动，暗下决心，一定要好好干。但她没想到，上司竟安排她洗厕所。

这时，她面临着人生的一大抉择：是继续干下去，还是另谋职业？如果自己做第一份工作就打退堂鼓，那么以后遇到更大的问题怎么办？她不甘心就这样败下阵来，因为她曾下过决心：人生第一步一定要走好，马虎不得!

这时，同单位一位前辈及时出现在她面前，他帮她摆脱了困惑、苦恼，帮她迈好这人生第一步，更重要的是帮她认清了人生路应该如何走。他并没有用空洞理论去说教，而是亲自做给她看。

首先，他一遍遍地刷洗着马桶，直到洗得光洁如新；然后，他从马桶里盛了一杯水，一饮而尽，毫不勉强。实际行动胜过万语千言，他不用一言一语就告诉了少女一个极为朴素、极为简单的真理：光洁如新，要点在于“新”，新则不脏，因为不会有人认为新马桶脏，也因为马桶中的水是不脏的，是可以喝的；反过来讲，只有马桶中的水达到可以喝的洁净程度，才算是把马桶刷洗得“光洁如新”了。

看到这一切，她痛下决心：

“就算一生洗厕所，也要做一名洗厕所洗得最出色的人！”

从此，她成为一个全新的、振奋的人，她的工作质量也达到了那位前辈的高水平，当然她也多次喝过马桶水——为了检验自己的自信心，为了证实自己的工作质量，也为了强化自己的敬业心。

她就是日本前邮政大臣——野田圣子。

野田圣子在日本政坛上具有很大的影响力，可是她从来都不曾忘记自己在做第一份工作时所面临的选择。她说：“当时很多人都想让我放弃，但是我坚持了自己的意见。现在我感谢我的主见，让我在以后成了一个对社会有用的人。”

大多数成功的女人都是有主见的人，她们不会因为周围的人说什么就动摇自己的信念，更不会因为别人说“不”就停止自己前行的脚步。

在生活中，聪明的女孩经常不发表意见，好像什么事情都没有主意，其实她的内心并不是没有主见，而是没有遇到让她在意的事情。对于人生的重大事情，聪明的女孩会比任何人都有主见。

试试做个**清醒梦**

有的女孩总是在“清纯”的梦里不想醒来，她们不喜欢“世故”，不喜欢“精明”，在她们的心里，一尘不染的小龙女远比精明世故的黄蓉更让人怜爱。年轻的女孩总向往一种不食人间烟火的浪漫，但清纯的仙子不是人人都能扮演的角色。既然红尘十万丈，怎可能遗世独立？

女孩们，试着做个清醒的梦，及早学会世俗。

我们当中的大多数人在生活中扮演着“凡夫俗子”的角色，比不上那些豪门千金，含着金汤匙出生，众星捧月，不用自己洗手做羹，不必为柴米油盐困扰，金钱的充裕给了她们心想事成的环境，她们当然有闲情逸致和条件来“清高”。可是豪门从来是非恩怨多，豪门里的世界也不清净，一个人情世故半点不通的人，怎可能舒舒服服地坐在豪华别墅里喝着咖啡安享太平？

再看看那些影视明星，屏幕前清丽可人、不染纤尘，但屏幕后呢？当明星的总免不了要应酬周旋，否则别说出名难，就是出名后想继续红下去也难！一味地“清高”摆谱，一副高高在上、拒人于千里之外的神情，谁来捧场？

书香世家的女子，也并非人们所说的那样“两耳不闻天下事，一心只读圣贤书”。她们有着良好的家教和修养，但这只是个人气质的辅料，若想在人群中闪闪发光，少了智慧和谋划也是不行的。

所以说，每个人都不能避免世俗的罗网。也许人人艳羡张爱玲的高傲，但是，女孩们可否知道她年轻时经历乱世，隐居美国空守寂寞？张曼玉也是在香港错综复杂的演艺圈中历练一番，才从一个“花瓶”成为经典的代名词。

不经历世俗，就开不出脱尘的花朵。现在有的女孩在别人的家里捏着鼻子嫌脏，吃个柿子也要翘着兰花指一点一点地撕

皮，会在别人伸出热情的双手时高傲地扭过头去，插着两手爱搭不理。这些人不屑为了一点血汗钱哭天喊地，更不会为了一点小钱跟别人争论得面红耳赤。

但是，这些在二十几岁时不懂得世俗的人，往往在三十几岁忙碌不堪，懊悔不已。她们在那个时候才发现，原来年轻时一直轻视的东西，竟然是那么的重要。于是，她们开始后悔，为什么当初不早一点懂得世俗？

年轻女孩，如果想要在未来拥有幸福，如果想在年老的时候回想过去，不留下遗憾，现在就要试着做清醒的梦，早日摆脱对生活浪漫的幻想，开始学会世俗。当然，这里不是说只有世俗的人才能拥有优雅的生活，不是满身铜臭的人才能拥有幸福的人生，而是说，不要对金钱和现实存有心理洁癖，了解生活并且认真生活，才不至于在年华老去时还疲于奔命。

PART
02

女人的独立宣言：做我自己

想要什么，就要**自己去争取**

许多女人习惯压抑自己的个性，她们将内心的需要藏得很深，明明很想要，或者很在意，却总是装作一副无所谓的样子，致使自己错过了很多的机会。可以说，这样的性格不是一朝一夕形成的，但是习惯以这种方式生存的女人，常常会错过自己的幸福。所以，聪明的女人，想要什么就大胆地喊出来，并且努力去实现自己的目标。只有这样，我们才能达成自己的心愿，过上自己想要的生活。

罗马纳·巴纽埃洛斯是一位年轻的墨西哥姑娘，16岁就结了婚。在两年当中她生了两个儿子，之后丈夫离家出走，罗马纳只好独自支撑家庭。但是，她决心谋求一种令她自己及两个儿子感到体面和自豪的生活。

她带着用一块普通披巾包起的全部财产，跨过里奥兰德河，在得克萨斯州的埃尔帕索安顿下来。她在一家洗衣店工作，一天仅赚1美元，但她从没忘记自己的梦想，她要摆脱贫困，过上受人尊敬的生活。于是，口袋里只有7美元的她，带着两个儿子乘公共汽车来到洛杉矶寻求更好的发展。

她开始做洗碗的工作，后来找到什么活就做什么，拼命攒钱直到存了400美元后，便和她的姨母共同买下了一家拥有一台烙饼机及一台烙小玉米饼机的店。

她与姨母共同制作的玉米饼非常成功，后来还开了几家分店。直到后来，姨母感觉到工作太辛苦了，便把股份卖给她。

不久，她经营的小玉米饼店成为美国最大的墨西哥食品批发商，拥有员工300多人。在她和两个儿子经济上有了保障之后，这位勇敢的年轻妇女便将精力转移到提高美籍墨西哥同胞的地位上。

“我们需要自己的银行。”她想。后来她便和许多朋友在东洛杉矶创建了“泛美国民银行”，这家银行主要是为美籍墨西哥人所居住的社区服务，如今银行资产已增长到2200多万美元。这位年轻妇女的成功确实得之不易。

“我行，而且一定要成功。”她平静地回答。结果她梦想成真了。

她与伙伴们在一个小拖车里创办起他们的银行。可是，到社区销售股票时却遇到另外一个麻烦，因为人们对他们毫无信心，她向人们兜售股票时总是遭到拒绝。

他们说道：“你怎么可能办得起银行呢？我们已经努力了十几年，总是失败，你知道吗？墨西哥人不是银行家呀！”

但是，她始终不愿放弃自己的梦想，始终努力不懈。如

Corn tortilla

今，这家银行取得伟大成功的故事在东洛杉矶已经传为佳话。后来她的签名出现在无数的美国货币上，她由此成为美国第三十四任财政部长。

通过上面这个故事，我们可以看出，在女人成就梦想的路上，总是会遇到很多的困难，也经常会有人提出异议。可是，只要我们勇敢地喊出自己的目标，并且拿出勇气应对一切困难和挫折，那么我们就能摆脱一切困难，实现自己的目标。

当然，社会的发展还没能让我们摆脱“淑女”的枷锁，女人像男人一样在社会上打拼，也常常无法得到身边人的理解。但是，周围的一切不过是社会给予女人的“精神监牢”，只有勇敢地打破它，女人才能获得自由和快乐。

有野心的女人**总会成功**

在多数人的印象中，“野心勃勃”不像是个褒义词，尤其是当它被用来形容女人的时候。但人们赋予它的感情色彩抹杀不了它存在的意义，只有“野心”可以让一个女人拥有足够的力量脱颖而出。

然而在生活中，许多极富潜力的女人就是因为害怕被人说成是“野心家”而畏缩不前，不敢奋斗，不敢冒尖。世界上做同样事情的人有很多，但有人失败有人成功，那些失败的人唯一缺少的，可能就是“野心”。因为，有了野心，你才会不断地开拓和寻找，即使身处逆境，也仍不丧失奋斗的热情，这样的人才能不断开创人生，获取成功！戴尔·卡耐基也告诫我们：既然生命不息，那就应该不断进取，超越自我。

巴拉昂是一位年轻的媒体大亨，以推销装饰肖像画起家，在不到10年的时间里，迅速跻身法国50大富翁之列，1998年因前列腺癌在法国博比尼医院去世。临终前，巴拉昂留下遗嘱，把他4.6亿法郎的股份捐献给博比尼医院，用于前列腺癌的研究，另有100万法郎作为奖金，奖给那些揭开贫穷之谜的人。

巴拉昂去世后，法国《科西嘉人报》刊登了他的遗嘱。遗嘱说："我曾是一个穷人，去世时却是以一个富人的身份走进天堂的。在跨入天堂的门槛之前，我不想把我成为富人的秘诀带走，现在秘诀就锁在法兰西中央银行我的一个私人保险箱内，保险箱的三把钥匙在我的律师和两位代理人手中。谁能通过回答'穷人最缺少的是什么'而猜中我的秘诀，他将得到我的祝贺。当然，那时我已无法从墓穴中伸出双手为他的睿智鼓掌，但是他可以从那只保险箱里荣幸地拿走100万法郎，那就是我给予他的掌声。"

遗嘱刊出后，《科西嘉人报》收到大量信件，有的骂巴拉昂疯了，有的说《科西嘉人报》是为了增加发行量在炒作，但多数人还是寄来了自己的答案。

大部分人认为，穷人最缺少的是金钱。穷人还能缺少什么？当然是钱了，有了钱，就不再是穷人了。有一部分人认为，穷人最缺少的是机会。一些人之所以穷，就是因为没遇到好时机，股票疯涨前没有买进，股票疯涨后没有抛出，总之，穷人都穷在背时上。另一部分人认为，穷人最缺少的是技能。现在能迅速致富的都是有一技之长的人，一些人之所以成为穷人，就是因为学无所长。还有的人认为，穷人最缺少的是帮助和关爱。每个党派在上台前，都曾给失业者大量的许诺，然而上台后真正关爱他们的又有几个？总之，答案五花八门。

在巴拉昂逝世周年纪念日，他的律师和代理人按巴拉昂生前的交代，在公证部门的监督下打开了那只保险箱。在48561封来信中，有一位叫蒂勒的小姑娘猜对了巴拉昂的秘诀。蒂勒和巴拉昂都认为穷人最缺少的是野心。

在颁奖之日，《科西嘉人报》带着所有人的好奇，问年仅9岁的蒂勒，为什么想到是野心，而不是其他。蒂勒说："每次，我姐姐把她11岁的男朋友带回家时，总是警告我，不要有野心！不要有野心！我想，也许野心可以让人得到自己想得到的东西。"

野心，在英语中表达为ambition，与雄心同义。在外国人眼中，野心与雄心无异，都是表达人的一种进取的欲望。在汉语中，雄心是褒义词，形容以天下为己任的进取精神；而野心则是贬义词，用于谴责为了个人利益而不择手段的人。其实，这个社会上，大奸或大善之人都只是人群中的极少数，绝大多数人既与"大奸"沾不上边，也与"大善"绝缘，大家都是尘世间平平常常的小人物，雄心、野心说到底都一样。

"野心"是雄鹰翱翔的翅膀，是松柏挺立的根基，是一个人顶天立地的精神支柱。有了一颗进取向上的"野心"，就有了人生起飞的基点和动力。

事实上，任何事情要想做得出色都是需要很强大的内心欲望的，没有"野心"的女人内心动力不足，她们往往只会沦为人群中的平庸角色。总之，“野心”是人心中的一种进取的状态，无所谓褒贬，只要不是违法犯罪、祸害他人的事情，年轻女人有一点“野心”又何妨？女人和男人一样可以拥有“野心”的权利，还可以实施“野心”的计划，过上“野心”的生活。虽然会被别人说成是没有女人味，但有一点不可否认，那便是人们不免会生出一丝敬意，佩服女人的豪气，欣赏女人的风采，赞叹女人的魄力。有“野心”的女人一般都是极聪明的女人，有“野心”的女人也一般都是成功的女人。

那么，你还怕什么？大大方方地做个“野心”女人吧！释放自己内心的欲望，大胆去追求，相信你会是人群中光彩夺目的女人！

外表要温顺，**内心要坚强**

美国前总统老布什的妻子芭芭拉是一位很坚强的女性，面对变故，她总能沉着应对。她患有甲状腺炎，老布什也有心脏病，女儿多罗蒂离婚，儿子尼尔职位被解除，特别是1953年女儿罗宾死于白血病，但这一切都没有压倒布什夫人，她总是竭尽全力保护他们。有一次，老布什出席一个宴会时突然晕倒，在场人员不知所措，芭芭拉却当机立断，打电话叫急救车，亲自送丈夫去医院。

坚强，是每一个成功人士必备的品质之一。《周易》曰：“天行健，君子以自强不息。”也许有时候，我们无奈于生命的长度，但是坚强能够让我们选择生命的宽度与厚度。在这个世界上，我们会遇到赏罚不公，会遇到就业压力，会遇到竞

争，会遇到病魔，会遇到……但是，女人可以运用自己手中坚强的画笔，为自己在逆境中描绘一片属于自己的蓝天，为自己绘出红花绿草、习习清风。

2004年3月8日晚上，中央电视台《半边天》节目对6位女性做了访谈。

第一位是一个阿姨辈的女人——王自萍，54岁。但是她的状态，也可以说是心态，丝毫不亚于年轻人，甚至强过年轻人。她的乐观、自信、热情，瞬时感染了现场及电视机前的观众，也让人们羡慕不已。她是以不惑之年闯北京的，在这之前，她坚决地结束了一段不幸的婚姻。到了北京，种种努力自不必说，她终于做上了一家会计事务所的经理，通过了三项非常困难的资格认证考试。工作之余，她有着同样精彩的业余生活。她的幸福是每个人都可以感受到的，我们从她风趣的话语中知道了幸福的来源——坚强。

还有一个残疾姑娘，她身上所拥有的自信同样让她光彩

照人。她来自石家庄，尽管残疾，但偏偏是个不服输的人。为了做一名职业歌手，她坐着轮椅跑到了北京，要实现自己的梦想。

即使一个四肢健全的人要到北京生活，都有那么多的艰难，何况她一个残疾人。她有一千个不会成功的理由，但就有第一千零一个成功的理由给予了她成功。她现在是一名签约歌手。这第一千零一个理由便是永不放弃、坚强。主持人问："上帝为什么要给你一个这样的命运？"她说命运只是要她活得更艰难一点。她在地铁站中的歌声嘹亮而高亢，远远地听去，就像是对命运的宣战。坚强是她的武器，任何困难都不能逃过她的冲击。

还有一位是云南昆明一家饭店的老板，手下有200余名员工，有2000多平方米的大楼。主持人关于她身家的渲染并没有引来多少人的羡慕，大家很快被她的叙述所吸引。她有一个不幸的童年，险些被母亲以400元的价钱送人，从此她与母亲断绝了关系。这之后便是如何努力、如何奋斗，才有今天的成就。在她身上，所洋溢的依然是坚强二字。

人生不可能一帆风顺，所以自从你有自我意识的那一刻起，你就要有一个明确的认识，那就是人的一辈子必定有风有浪，绝对不可能日日是好日、年年是好年。当你遇到挫折时，不要觉得惊讶和沮丧，反而应该视为当然，然后冷静地看待它、解决它。

很多女人遭逢生命的变故时，总会不停埋怨老天："为什么是我？""为什么我就这么倒霉？"……即使哭哑了嗓子，事情也不会无缘无故地好转，所以要坚强地面对。碰到令人伤心的事情发生时，你第一个念头要告诉自己：“它来了！这是必经的过程，只有自己能帮助自己，所以我要勇敢面对，现在就想办法处理！”不断用心灵的力量来为自己打气，然后要比平时更精神百倍，才能让自己走过生命的黑暗期，迎向灿烂的明天。遇到困难时，越是坚强的女人，越有一股让人尊敬与心疼的魅力。唯有自己表现得更坚强，别人才能帮助你。

现代女性，更应该内心坚强。少了坚强做伴的女人，或是唯唯诺诺，没有自我；或是哀哀怨怨，陷在一件可小可大的事里，挣扎在一段越理越乱的感情里不能自拔。只有坚强的女人，为了坚强而追求着坚强，从不停下脚步，坚强于她只是一种习惯。

总而言之，女人要活得自我、活得幸福，坚强是第一要素。不管你的外表多么柔顺，多么小鸟依人，有一颗坚强的内心，才能活得更加精彩。因为它就是开山的斧、远航的帆。面对挫折或者失败，女人更需要的是从失败中站起来，微笑着面对风霜的袭击，用宽阔的胸怀去拥抱挫折。女人用怀抱守护心灵的沃土，懦弱才不会乘虚而入，灵魂才会在美好的港湾停泊、歇息。

学会说“不”，没主见的女人往往没自尊

在与人交往的过程中，我们经常会遇到很多自己不愿意做的事。这时，只要我们轻易地说出一个“不”字，也许就能轻松、坦然了，但有些人就感觉这个“不”一字千金，憋足了劲也说不出口，结果苦了自己，也苦了别人。所以，该说“不”

时，我们要毫不犹豫、斩钉截铁地说。

身边常有这样的女人，一味地照顾别人的感受，凡事都习惯于说“Yes”，经常给别人面子，认为那是一种对别人的尊重。然而，她们没有意识到，自己这样做并没有得到别人的尊重。聪明的女人应该学会如何果断而尊重地拒绝。

当你不得不拒绝别人时，也要讲究礼貌。人都是有自尊心的，一个人有求于别人时，往往都带着惴惴不安的心理。如果一开口直接就说“不行”，势必会伤害对方的自尊心，引起对方强烈的反感；而如果能在话语中让他感觉到“不”的意思，从而委婉地拒绝对方，就能够收到良好的效果。所以掌握好说“不”的分寸和技巧就显得很有必要。

敢于说“不”的人是果断的人，做事情不会拖泥带水、犹豫不决；敢于说“不”的人是有主见、有魄力的人。当然，随意说“不”的人也可能是轻率而怕负责任的人。我们需要的是在慎重考虑以后、权衡利弊以后的断然否决。敢于说“不”是需要勇气的，很多不敢说“不”的人往往缺乏勇气、顾虑太多。

敢于说“不”是一种人格魅力，能给自己树立一个硬朗的形象。因为敢于说“不”是对自己的负责，也是对别人的负责。

PART 03

宠辱不惊才是女王的最高境界

笑到最后才能笑得最好

如果世界上只有一种人可以获得成功，那一定是坚持到底、执着追求自己理想的人。

女人在最初的意气风发中，渐渐走入生活的围城，失去快乐的笑声。平常许多女性做事都是半途而废，总是不能坚持到最后。许多年轻的女性都似乎有着这样的通病，就是凭一时冲动，想干什么就急不可耐地立即去干，可热度还未持续多久，兴头过了，就说什么也不再干了。这是一个极其严重的毛病，它会令女人失去定性。女人若凡事轻率鲁莽，最后只能导致疲惫与倦怠，在生活中苍老得太快。只有坚持到最后的人才能获得胜利。

丁玲说过："女人，只要有一种信念，有所追求，什么艰苦都能忍受，什么环境也都能适应。"只有执着的人才能坚持追求自己的目标，才有一股势不可当的锐气。成功只会属于执着追求的人。史玉柱说：“一个人一生只能做一个行业，而且要做这个行业中自己最擅长的那个领域。”也正是因为史玉柱这种找准目标就坚持不懈，用毕生的经历去追求目标的信念，才能让他笑到最后。

成功的女人往往是那些把自己逼上一条轨道的人，她们别无选择，只有执着一心地往前走！而走向平庸的女人则往往是因为无法在繁重和琐碎中继续坚持，以至于“蜻蜓点水”，凡事都流于肤浅。

苏格拉夫顿女士是美国著名的侦探小说作家，她讲述了自己的成名之路。

“如果25年前就有人告诉你，你将得到你想得到的一切，但是你必须等到25年后，你那时做何感想？而眼前的路你该如何走下去？”

1915年底她带着成为一位名作家的梦想来到了纽约，但纽约给她的第一份礼物就是失败——她寄出去的文章都被退

回。但她没有放弃，仍怀着梦想不停地写作，走遍了纽约的大街小巷，奔波于各个杂志社、出版社之间。当希望还是很渺茫的时候，她没有说："我放弃，算你赢了。"而是说："很好，纽约，你可能打倒不少人，但绝不会是我，我会逼你放弃。"她没有像别人那样，碰到一次退稿就放弃了，因为她决心要赢。4年之后，她终于有一篇文章刊登在周六的晚报上，之前该报已经退了她36次稿。

随后，她得到的回报更是一发而不可收。出版商开始络绎不绝地出入她的大门。再后来是拍电影的人发现了她，她的小说在改编后被搬上了屏幕。她在短期内富裕起来。

生活中总有许多不如意的事情。年轻女人初出茅庐，碰壁的机会更大，但只要我们学会坚持，在生活、工作中坚持微笑着面对困难：考研不成功，我们可以总结经验教训继续努力；工作不如意，那只是我们走向成功的必经之路，继续坚持，总会走出职场困境；想要美丽、想要气质，我们就得努力改变自己，由内而外地让自身变得美丽、气质；感情上的冰河期，其实是因为我们对彼此都开始了解，并且把全部赤诚展现给对方的一种磨合，从来夫妻吵架都是床头吵床尾和，何况无伤大雅的小吵还是增进感情的良药……

做事切莫三分钟热度，有时需要持之以恒的执着。因为胜利往往在那最黑暗的时刻降临，回报也恰恰容易在你已经快绝望时给予，彩虹会在风雨之后出现。

所以我们不必为一些小问题而苦恼，坚持用微笑面对，一切问题都不再是问题，我们也能够笑到最后。

培养进取心，**让智慧不断升级**

进取的女人是美丽的，这种美丽是不可替代的。进取赋予了女人自立自强的人格魅力。如果把年轻靓丽的容颜比作花朵的话，那么经过进取历练的气质美便是从花朵中提炼出来的精华。前者娇嫩易逝，后者却历久弥香。要知道，事业上执着的信念、淡定的心态和宽广的胸怀，是修炼女性气质之美的三大法宝。有了它们，进取就无时无刻不在为女人“化妆”，使进取中的女人更美丽、更幸福。

如今，现代文明是越来越丰富了，也给予了每个人更加宽广的活动舞台。女人开始走向职场，和男人一样打拼，一样渴望成功，在各行各业也的确涌现出许多女性成功者。这些女性成功者不仅事业上可以与男子比肩，生活上也相当圆满，她们代表着当前时代的特征——干练、简明、高效和精彩，成了这个社会大舞台中一道亮丽的风景，也成为每一位渴望进步的女人学习的典范。

她们之所以能把生命经营得如此精彩，就在于她们能够不断进取，不断充实自己。

“打工皇后”吴士宏其貌不扬，却名声在外。她是第一个成为跨国信息产业公司中国区总经理的内地人，是唯一一个取得如此业绩的女性，也是唯一一个只有初中文凭和成人高考英语大专文凭的总经理。

她是如何取得这份不平凡的成功的呢？用她自己的话说，就是一分野心、两分努力。“没有一点雄心壮志的人，是肯定成不了什么大事的。”

吴士宏生于20世纪60年代，十几岁时的她一无所有。1979年到1983年，吴士宏又得了白血病，经过一次又一次的化疗，她的头发几乎掉光。大病过后，她才恍然觉得：自己的生命必须重新开始，因为也许留给她的时间生命并不宽裕了。就是从那时起，吴士宏开始萌发了她的一个想法：要做一个成功的人。从此，吴士宏以顽强的毅力开创起自己的新生活。

她仅仅凭着一台收音机，花了一年半时间学完了许国璋英语三年的课程，拿到了走向新生活的“入门证”，并开始谋求一份新的职业。在自学了高考英语专科的毕业前夕，她以对事业的无比热情和非凡的勇气通过外企服务公司成功应聘到IBM公司，而在此前，外企服务公司向IBM推荐过好多人都没有被聘用。

吴士宏虽然没有高学历，也没有外企工作的资历，但她有一个信念，那就是：“绝不允许别人把我

拦在任何门外！”面试那天，吴士宏来到了五星级标准的长城饭店，坚定地走进了世界最大的信息产业公司IBM公司的北京办事处。吴士宏顺利地通过了笔试和口试两轮严格的筛选，成了这家世界著名企业的一个普通的员工。

在IBM工作的最早的日子里，吴士宏扮演的是一个卑微的角色，沏茶倒水，打扫卫生。她曾感到非常自卑，连触摸心目中的高科技象征的传真机都是一种奢望。吴士宏仅仅为身处这个安全又能解决温饱的环境而略感宽慰。

然而这种内心的平衡很快被打破了，在那样一个先进的工作环境中，由于学历低，她经常被无理非难。她曾被门卫故意拦在大楼门口，也曾被人侮辱为“办公室里偷喝咖啡的人”。她内心充满了屈辱，但却无法宣泄。吴士宏暗暗发誓：“这种日子不会久的，绝不允许别人把我拦在任何门外。”事后吴士宏对自己说：有朝一日，我要有能力去管理公司里的任何人。为此，她每天比别人多花6个小时用于工作和学习。经过艰辛的努力，吴士宏成为同一批聘用者中第一个做业务代表的人；继而，又成为第一批本土经理，第一个IBM华南区的总经理。

吴士宏，已经不再是那个可以被流言蜚语随意中伤的弱女子，她已经在与命运的斗争中练就了更加坚毅的性格。

人生旅程就是一段漫长的奋斗过程，就是一段自我创造、自我完善的过程。每个人都在自己的生活道路上撰写着自己的人生篇章，只有那些经历过风吹雨打、体验过失败考验的人生著作，才是最好的著作。

进取的女人是美丽的。进取，让女人走出了狭小的家庭生活空间，让女人的视野开阔，心也随之澄明起来；进取，让女人发现了更能凸显自己个性价值的方式；进取，也最能让女人找到自己的尊严。面对一个自尊自爱、自立自强的女人，相信每一个人都会由衷赞叹她的美丽。

在这类女人的身上，首先打动人的是信念。信念是她们对进取的热爱和理解，是她们面对挫折、打击时，仍然在内心深处固守的一份执着的勇气。有了这样的信念，才会真正明白拥有一份进取的意义，并真正地和这份进取融为一体。其次是淡定的心态。她们有一种宠辱不惊、未来尽在掌握的优雅，直面困境，笑对冷语嫉妒，并以微笑感染身边的人。这种发自内心的灿烂的影响力，远胜所有驻颜良药。再次是宽广的襟怀。高速的生活节奏让人们几乎忘记体谅、忘记感动，而她们却懂得时时体谅他人，从而赢得尊重。

因此，我们可以这样认为，一个人在社会大舞台上的活动越是频繁，他对社会的价值就越大，他的人生意义也就越大，他的生活就越精彩。亲爱的女性朋友们，你想活得更精彩吗？用十二分饱满的精力和毅力投入你所做的事业，不断进取，胜利正在你面前向你招手！

紧握幸福的缰绳

很多时候，我们一直默默地喜欢一个人，为他高兴，为他暗自心伤，女人的爱就像默默开放的花朵一样，很寂寞，却又很纯情。当有一天，看到他牵起了另一个女人的手从你的身边走过，并幸福地向你打招呼时，你顷刻间心碎了。而很多时候爱情就在咫尺，只是我们没有足够的勇气去用手抓住如此之近的幸福。

电影《四月物语》讲述的是一个发生在17岁美丽少女榆野卯月身上的“爱的奇迹”。因为暗恋学长，成绩不佳的她努力考取了学长所在的武藏野大学。影片的开始便是女人站在飘满樱花的东京街头，开始了她向往已久的大学生活，也开始了她对爱情的执着找寻。镜头一直以一个旁观者的身份注视着这个内心被爱的秘密填得满满的女人的日常生活：从她搬入东京的新居，到她在新班级里做自我介绍，到她参加钓鱼社的活动，到她在电影院外被陌生男子尾随……直到她被在书店打工的学长认出后，她才终于有勇气伴着淋漓的雨声对学长说出“对我来说，你是很出名的”。在这一场痛快淋漓的大雨中，影片缓慢平淡的节奏突然因为女人秘密的揭开而掀起了高潮，而电影也就此走向了尾声。故事很唯美，却又很伤感。

今日的女性追求属于自己的一份爱情，不应该再这么吃力、这么无助、这么被动。

爱，除了心灵的感应与感觉外，还应有行动的表白，不论是爱或者被爱，都是一件幸福的事。可幸福不是等来的，它需要努力，需要创造。如果你还相信“女人只要安静等待，真命天子就会从天而降”的神话，就明显已经和现在的社会脱节了。随着女性地位的逐步提高，自卑、怯懦不应和新时代的女性相伴。如果爱，就要敢于表白。表白对于一份爱情的开始十分重要。因为骄傲放不下面子，不肯先向对方示爱，这又何必呢？示爱并不是示弱，假如这段感情幸运地开始了，先示爱的一方也并不就是低人一等，敢于表白的人才能掌握自己的情感轨迹，才能抓住自己的幸福！

当你遇到自己喜欢的人，在什么都没有开始时，如果以为“他不一定喜欢我”，那么你可能会真的失去他，失去选择的机会。

害怕被拒绝也大可不必，女人需要做的是克服自己自卑不安的心理。不要拿着手机犹豫不决，事实上，只要你勇敢地拨一次电话，事情也许就会完全解决了，你也就将彻底摆脱忧心如焚的处境。即使遭到拒绝，也不算是什么大不了的事情，你只要保持轻松、宽容的心情就能度过情绪不稳定的日子。如果你什么都不去做，却只是终日停留在忐忑不安中，猜测他的心意，又有什么意义呢？为什么不给自己一点主动权呢？

被拒绝并不代表你有什么过失，也许他心中另有所属，表明他恰恰是个忠诚的爱人；也许他目前为事业忙得焦头烂额，根本无暇分心经营爱情；也许他最近情绪不佳，偏偏你又撞在枪口上。所有这些都与你无关，不要因为被拒绝就觉得被判了死刑，失去了追求爱情和幸福生活的勇气。

如果爱就请深爱，用自己的勇气去抓住自己的幸福。很多时候幸福只是一个转身的距离，你抓住了就可能幸福一生，如果错过了就像流水一样一去不复返了。人生不给你后悔的机会，所以女人要抓住自己身边的幸福，一句话，一辈子。

收起你的“灰姑娘情结”

女人天生爱做梦，尤其是爱情的梦，而且媒体也都在帮着女人编造这个梦。韩剧里英俊潇洒的才子爱上温柔可人的贫家女，童话里权倾天下的王子（未来的国王）娶回忍辱负重的灰姑娘，小麻雀飞上枝头变凤凰。但是，生活毕竟不是童话，是实实在在的由权势、财力、地位构成的现实经济关系。马克思说过，客观制约主观，经济基础决定上层建筑，你既然生活在社会群体的大环境之中，怎么能轻易逃出社会这张网？

有一些女人总把男人幻想成自己的救世主，把婚姻当成自己的保险柜，以为碰上了好男人就能时来运转。她们把太多的时间用在讨好男人上，费尽心思地想要诱惑、迷倒、圈住男人，最好是让他一辈子都对自己爱得死心塌地。爱情是她们最大的筹码或追求，男人是女人生命中头等重要的大事业。她们不厌其烦地涂脂抹粉，不辞辛劳地逛街淘衣，不怕做作地搔

首弄姿，甚至不顾性命地要进整容院以身试刀，目的都是“爱情”两个字。可惜的是，她们的力气用错了地方，爱情虽好，却不一定成就婚姻。她们享受爱情，但不能指望爱情带来许多实际的收益。爱情是感性的，婚姻却是理性的，许多时候，婚姻偏重的是一种现实利益的合理结合。就好比历史上的政治联姻，或是大家族之间的门第结合，反映的正是这样一种经济实质。即使人类进入21世纪，这种现实也依然在延续着。

下面让我们来具体分析一下。

首先是豪门婚姻。豪门，众所周知，荣华富贵、锦衣玉食，豪门的种种好处大家心知肚明，可是嫁入豪门并不意味着婚姻生活就幸福美满。

朱玲玲，优雅、高贵，1977年当选香港小姐，在短短9个月的时间内就通过豪门森严的考察，火速嫁给了霍英东之子霍震霆。霍家位列香港一线豪门。但在2006年，朱玲玲透过好友正式向媒体宣布，自己1997年便已经搬离霍家，而她的婚姻也在2004年正式结束。

“庭院深深深几许”，谁说一入豪门就有享不尽的人间荣华?

富人们都讲“门当户对”，他们不缺钱，但重身份、要声誉，娶个地位卑微、名不见经传的寒门小姐，就算他本人乐意，他的家人也未必同意。再说，上流社会名媛淑女不计其数，他又何必非得“冒天下之大不韪”自贬身价呢？与名门小姐珠联璧合、强强联手，岂不更是锦上添花的人间美谈？

想想看，当年查尔斯王子娶戴安娜，虽然她不是出身大富人家，可她有正宗的贵族血统。再看看那些嫁入豪门的女人，哪一个是真正意义上的“灰姑娘”？倾国倾城不说，又有哪一个在入户豪门前不是名利双收的？

再来看看中产阶级的婚姻。他们既有稳定丰厚的收入，又注重自身的精神修养。他们婚姻的重要法则是：家庭出身基本一致，经济基础大致相当，精神气质互相吸引。“男才女貌”的爱情发生在同一个阶层的可能性会大一点。

最后再来看看一般阶层的婚姻。这个阶层就不必说了，能力、收入有限，你嫁过去不能指望他养你，他有这个心也没这份力，你还是自己救自己吧，该上班的上班，该开小店卖东西的卖东西，总之，艰苦奋斗，自力更生。

综上所述，人们都有趋利避害的心理需求，大多数人都想通过婚姻来保障或提升自己的权势、财富、地位、名声。因此，婚姻虽然蒙上了一层温情脉脉的爱情面纱，却摆脱不了市场交易的“背后之手”——任何时代的婚姻交易市场上，买方都想用最少的钱买到最好的货，卖方则想把最差的货卖个最高的价钱。买卖双方经过一番利弊权衡，讨价还价，最后达成一个双方都能接受的价格。也就是说，如果把婚姻当成改变命运的“赌局”，想要婚姻的回报越高，你的筹码（你本身的综合资本，包括相貌、学历、背景等）就要越大。婚姻是一场持久战，前期的投入要足，后期的力量也要强，否则即使前期得胜，后期力量跟不上形势，你照样会输。

总之，男人不是女人的救世主，婚姻不是人生的金饭碗。“靠山山会崩，靠水水会流。”女人就得靠自己，就算你嫁得再好，也不能放弃奋斗。

第二篇

做个平均值高的精品女人

PART 01 没有品位就不会有地位

品位是时间打不败的美丽

每个女人都渴望成为一个有品位的人，因为真正的品位会使终日蒙尘的生活闪闪发亮。执着于品位的女人是热爱生活的人，追寻有品位生活的女人绝对是优雅与别致的女人。我们从来不会吝啬把“美女”的头衔给一个女人，而我们却很少夸一个女人有品位。

高品位是内涵的外在表现。因为一个人的品位，是与其环境、经历、修养、知识分不开的。只有有意识地培养良好的修养，积累丰富的知识，才能有充实的内心世界，才能表现出高尚的思想和高雅的品位。有品位的女人是善良、机智的，又是成熟的；而且知识广博丰富，思想深刻充实，谈吐文雅大方，衣着雅致得体。女人可以容忍男人有种种缺点，却不会容忍男人无所事事。反之亦然，男人可以容忍女人没有工作，没有收入，没有好的家世相貌，但绝不会容忍一个不学无术的女人作为自己的另一半。

而且，不学无术的女人也就失去了自身的魅力，更谈不上品位二字。一个只会注重着装打扮的女人是浅薄的，内涵是空洞的，底蕴是浅薄的。想要依靠男人的女人是脆弱的，她失去了自我，成为别人手中的玩偶，命运之线也就操控在别人的手中。真正有品位的女人，绝对不会让自己陷入这样的境地。

凌菲菲是一家知名房产集团的副总裁。几年前，她到一个破产拍卖的机械厂考察。这里到处是散布的大树和杂草，还有一些废旧的机械和厂房。在别人眼里，这块地方改造的难度太大，但凌菲菲决定把这个破旧的花园式工厂彻底改造成一个低密度、高品质、50%原生态绿化覆盖率的大型艺术生态居住小区。

她请来12名国内外知名艺术家，以工厂原有的机器设备、生产的产品零部件为原料开始创作，那些原先看起来毫无用途的破旧厂房和废旧机器竟然成了园区的点睛之

笔。为了保护分散生长的树木，她邀来美国某知名大学景观设计系主任做技术指导，再请来园林工人，将这些大树进行全冠移植。造房挖出的土，也被她像宝贝一样保存起来，而且还专门安排了两个人每天浇水。土里有很多珍贵的树种和草籽，可以让新建小区充满自然的野趣。不久，小山一样的土堆已经长满了不知名的野花和狗尾巴草。

这就是凌菲菲的品位。她不会跟风去做什么“欧式风”“小镇系列”等楼市概念，而是在复杂细节中融合历史文化和现代技术，使自己的房子既有极高的品质，也凸现出大气的现代风格。这个生态小区一经推出就引发了购房热潮，凌菲菲的事业获得了巨大的成功。

从凌菲菲的故事中，我们可以看到，女人的品位其实是与她的博学程度相联系的。所以，不要做一个除了基本生活技能外什么都不知道的女人，多懂一些知识，就会多一些品位，让自己成为一个成功的女人。

人们常说，做人要有气质，做事要有风格。作为一个女人，也要有自己的特色。纯真的气质洋溢着女性深邃的内涵，高雅的风采闪烁着赏心悦目的亮光，这就是“女人的品位”。就像凌菲菲以独到的品位创造了自己事业的辉煌。

有品位的女人会用自己的眼睛发现身边的美，并用心去感受它。其实品位的培养并不复杂，每一个注重细节打造的女人，都有机会成为品位女人。一瓶花、一首歌、一杯茶……都可以在无形中烘托出一个女人的品位。

插花是有品位的女人的一堂必修课。把大自然的绿色和鲜花带回家，通过自己动手和布置，可以调剂生活、陶冶情操。在安静的房间里，让自己平静，看着摊开一桌的花草，赏心悦目，为平凡的都市生活增加典雅的意味。

音乐是有品位的女人应具备的艺术素养。在假日悠闲的午后，沏一壶茶，闭上眼睛，走入音乐的世界。想象自己正漫步在斜阳下的山坡上，沐浴着清香的微风；或是静坐在斜阳西照的花园里，回想往事……经典音乐，使女人如醍醐灌顶，一切烦躁都变得云淡风轻。

茶道让有品位的女人心灵更安静。好茶一壶，能让女人的心更加宁静，散发柔美内涵和女人独有的味道，还会领悟到其他的一些东西。闲暇之余，泡一壶好茶，约二三知己，一盏香茗，促膝清谈，只谈风月，无关名利，享受这滚滚红尘里片刻的柔软时光。

读书让有品位的女人更充实。腹有诗书的女人，好比一坛尘封已久的女儿红，一打开，香气扑面而来，令人迷醉。经典的书籍能让你洞察世事的通透。你的文字使你与众不同，在你的身上呈现出一种高雅，一种“可远观而不可亵玩”的清冽。腹有诗书的女人，回味悠长。

厨艺让有品位的女人更幸福。系上漂亮围裙，绾起缕缕长发，走进清淡雅致的厨房，切丝削片，快炒慢炖之间打点出一桌美味，或是煲一个好汤，与心爱的人一起分享，又何尝不是女人的另一种韵味呢？为了爱，倾尽手艺，烧一桌好菜，更能使女人赢尽爱人的心。

装扮让品位女人更美丽。可可·香奈儿说：“永远要以最得体的打扮出门，因为，也许就在你转弯的墙角，你会遇到今生至爱的人。”这可以理解为女人装扮的最高境界：不能放过每个细节，一秒钟都不能懈怠。装扮是女人的第二语言，哪怕不交谈，它也一目了然地告诉别人，你的职业、品位、个人气质和文化层次。所以，即使是周末的午后，在阳台的躺椅上小憩，也要穿上最雅致的便服。

旅行让有品位的女人更悠闲。对于女人来说，旅行是漫无目的地行走，直到遇到好风景、好人情，再也迈不开步伐。女人的旅行没有计划、没有日程，走到哪里都是欣喜。在日复一日的工作里，也要懂得放下手头的文件，走出去，享受艳阳天，晾晒自己发霉潮湿的心情。在山野的风里自在地呼吸，你会发现世界的美丽。

女人的品位，是时间打不败的美丽。

钱买不来品位，满身名牌不等于有品位

一个房地产投资方面的天才发现，在越来越多的场合，自己被要求发表讲话，例如面对各种各样的商业人士、投资者以及顾客群体等。然而，因为他对自己的形象缺少自信，对于应当选择什么样的衣服出席这种场合，他非常没有把握。他让助理为他购置了许多名牌时装，阿玛尼、路易·威登、罗夫·罗伦应有尽有，可是每次出场仍然得不到别人的认可。很明显，在着装的品位上，他远不如在商业领域里的职位那么高。

为此，他非常苦恼，终于有一天，他鼓起勇气去拜访一位

著名的形象设计师。当设计师第一眼看到他时就已经找出症结所在，于是这位设计师简单地给他讲了一些关于着装的基本内容，比如合适而非保守的着装等。等他再一次见到这位设计师时，已经是以一个成功的职业形象生动地出现在他面前了。他买了几套上好的羊毛套装、全新的衬衫（纯粹的颜色，不再杂有条纹）、新的领带（当前最适合的宽度，并且带有浅浅的暗纹）。

身着名牌有助于提升形象，但如果穿得过于夸张，浑身上下珠光宝气，或者虽然满身名牌却搭配不当，都很容易给人不舒服的感觉。品位可以通过一个人的装扮展露出来，但是周身名牌不等于有品位，因为钱买不来品位。同理，一个人财力不足，没有华服、没有奢侈品，但也能够拥有品位。

当你没有财力、物力时，只要注意穿着美丽、优雅，搭配合理、艺术，也能够体现你的良好修养和对服饰独到的审美品位，这样，你也可以释放出强大的吸引人的气场。尤其对于刚刚步入社会求职的大学生来说，认识并清醒地把握这一点是非常重要的，切忌盲目跟风，只要你能根据自身情况，打扮得恰到好处，给招聘者留下一个好印象，面试时，即使在僧多粥少的竞争状态下，你也能脱颖而出。

通常，个人形象对于能否被录用有着举足轻重的作用。值得注意的是，良好的形象是得体的装扮等衬托出来的，而不是衣服的“牌子”所传达的。

要记住，服饰并非以新、奇、贵为最好，学习服饰艺术，了解其中的精华，也不仅仅是跟着流行走，重要的是服饰应与自己的年龄、职业、形体、肤色、性格、气质、时代、所处场合等诸要素相吻合。一个整洁大方、和谐美观、洒脱优雅的人，肯定是一个有品位和气场强大的人，也必定是社会中受欢迎的人。

良好的教养是品位的前提

良好的教养是品位的前提。良好的教养一般体现在以下这些方面：

（1）守时。无论是开会、赴约，有教养的人从不迟到。他们懂得，不管什么原因迟到，对其他准时到场的人来说，就是不尊重的表现。

（2）谈吐有度。注意从不冒冒失失地打断别人的谈话，总是先听完对方的发言，然后再去反驳或者补充对方的看法和意见，也不会口若悬河、滔滔不绝，不给对方发言机会。

（3）态度亲切。懂得尊重别人，在同别人谈话的时候，总是望着对方的眼睛，保持注意力集中；而不是眼神飘忽不定，心不在焉，显得一副无所谓的样子。

（4）语言文明。不会有一些污秽的口头禅，不会轻易尖声咆哮。

（5）合理的语言表达方式。尊重他人的观点和智慧，即使自己不能接受或明确同意，也不情绪激动地提出尖锐反驳，更不会找第三者说别人坏话，而是陈述己见，讲清道理，给对方以思考和选择的空间。

（6）不自傲。在与人交往相处时，从不凭借自己某一方面的优势而在别人面前有意表现自己的优越感。

（7）恪守承诺。要做到言必行、行必果，即使遇到某种困难也从不食言。自己承诺过的事，要竭尽全力去完成，恪守诺言是忠于自己的最好体现形式。

（8）关怀体贴他人。不论何时何地，对妇女、儿童及上了年纪的老人，总是表示出关心并给予最大的照顾和方便，当别人利益和自己利益发生冲突时能设身处地地为别人想一想。

（9）体贴大度。与人相处胸襟开阔，不斤斤计较、睚眦必报，也不会对别人的一些过失耿耿于怀，无论对方怎么道歉都不肯原谅，更不会嫉贤妒能。

（10）心地善良，富有同情心。在他人遇到某种不幸时，能尽自己所能地给予支持和帮助。

爱因斯坦曾经说过："不管时代的潮流和社会的风尚怎样，人总可以凭着自己高贵的品质，超脱时代和社会，走自己正确的道路。"因此，尽量学习并做到以上十点，做一个有教养的人，你才能成为一个有品位的人，使自己的形象光彩照人。

你的爱好**透露你的品位**

一个人的爱好是属于自己精神的、内心的东西，有什么样的爱好就能代表这个人的品位如何。人是千差万别的，爱好也会千差万别，所以人的品位也千差万别。要想让别人看到我们的良好品位，我们就要努力追求一些高品位的东西，不断升华自己的灵魂，培养一些有良好品位的爱好。

1.读书，怡情悦性。

书籍是人类进步的阶梯，我们的生活离不开书籍。尽管网络阅读的时代已经来临，但我们依然离不开书籍，因为我们需要的不仅仅是阅读，还有从中得到的乐趣和收益。阅读书籍让你浑身充满书卷味，给人留下一种有知识、有学问的印象，人们总是乐意和有知识的人交往。

腹有诗书气自华。品位虽然是通过一种外在的形式表现出来的，但它却与一个人的知识水平、精神面貌、道德修养、审美观念等密切相关。罗曼·罗兰说："多读一些书，让自己多一点自信，加上你因了解人情世故而产生的一种对人对物的爱与宽恕的涵养，那时你自然就会有一种从容不迫、雍容高贵的风度。"

读一本好书，就是在和许多高尚的人对话。当你徜徉于唐诗宋词里，你会觉得正在和李白、苏轼对酒当歌；当你漫步于那些长篇小说里，你会觉得像是坐在托尔斯泰、巴尔扎克面前听他们诉说；当你步入哲学的殿堂时，你会觉得是在听爱默生、黑格尔讲课。每每与作品产生共鸣时，我们就能深深地体会到这种乐趣。

有的人常常抱怨自己没时间读书或者抱怨学习的环境太差，其实这都是非常拙劣的借口。读书本来是很简单的事情，只要你有兴趣，什么时候都可以读，而没有必要非得要求一个好的环境。一个不爱读书的人，给他任何好的条件也没用；而喜欢读书的人，在什么地方都可以随手翻开书来阅读。

这是一个知识经济的时代，掌握了知识就掌握了改变世界、创造财富的力量。所以成功人士的书架上摆满了各种各样的书籍，虽然这些人中不乏有一些摆样、走形式的“作秀者”，但是也确有人从中汲取知识，为己所用，而这些人在说话办事时，从内到外都透露一股儒雅的气质和夺人的魅力。

今天，为了使自己把手头上的活儿做得出类拔萃，我们不该停止读与自己专业相关的书；也不该连一本有关生命意义的书也不看，那样我们会渐渐失去做人的深度。

总之，读书可以使人明心、清脑、益智、养气。明心是指读书可以开阔人的心胸，涤荡人的灵魂；清脑是指读书可以拓宽人的思路，开阔人的视野；益智是指读书可以增长人的智慧和才干；养气则是指读书能陶冶人的情操，提高人的自身修养和品位。

2.运动，让你活力四射。

运动能够增强体质，塑造完美形体，让你的形象散发迷人

的魅力。同时它还可以让你心情愉悦，彻底发泄出胸中累积的郁闷之气。

人们都知道“生命在于运动”。这是公元前300年古希腊伟大思想家亚里士多德提出的名言，它深刻说明了运动对身体健康所起的重要作用。

人们早已发现，身体健康受损引起的各种生命障碍，皆因人体对外部环境不适应所致。为了保证机体内部与自然界的变化相适应，必须让身体始终处于运动状态中。后来，医学和生理学关于“适者生存”的理论明确地说明：人的健康状况和工作效率，不仅取决于全身各器官、系统的功能和相互协调，还取决于整个身体对自然和社会环境的适应能力。

人们都知道运动有助于身体健康，但研究证明，人的心理健康状况也受运动的影响。运动塑造的良好形象也会让人的内心平和、舒爽。人们日常可从事的运动项目很多，不同的运动项目对人的心理所起的作用不尽相同。难怪有人说：“让身体快乐起来，精神也就会快乐，治疗烦恼的最佳‘解毒剂’就是运动。”

适当地运动，可以让你的身体各部位都变得健康，能够加快你的新陈代谢，还能够使你的精神愉悦，进而使你具备非同寻常的形象特点，显示你独特的品位。

总之，一个人的爱好显示了他的品位，而你的品位也体现在你的爱好里。因此，我们更应该注重兴趣爱好的培养，为我们的高品位和良好形象做一切准备。

PART 02 平均值高才能成为精品女人

精品女人的三个“本”——“姿本”“知本”“资本”

女人都想摇身一变成为精品女人，那么如何修炼自己才能成为精品女人呢？有人总结了精品女人的三个“本”。

第一个“本”是“姿”本。

不知在何时，我们悄然进入了“姿”本主义时代。虽然我不认同把姿色排在第一位，但不可否认的是，如今这个社会以貌取人的现象还是很严重的。其实也可以理解，“爱美之心人皆有之”，我们都喜欢美的东西，无论是男人还是女人。

以貌取人是不对的，但是在实际交往中，我们还是不由自主地倾向于长相好的人，或者说得更具体深入一点，就是形象好的人往往大受欢迎。

好在我们生活在这样一个张扬的时代，美的定义早已多样化，无论你是否天生丽质，都可以把自己打扮得很优雅，所以“没有丑女人，只有懒女人”。多花一点时间保养自己，尽量多地留住青春，是我们每个女性的当务之急！当然光阴是有限的，我们还得去争取另外两个“本”！

第二个“本”指的是“知”本。

这是三个“本”中唯一一个只要肯努力就可以得来的东西，而且我非常认同这样一个观点——学习是一件终身的事情！上学期间大家读的书都差不多，离开学校之后其实才是真正分出高下的时候。有的人大学毕业后一年都不看一本书，吃的都是以前的

老本，总有一天会山穷水尽。而我一直敬佩那些拥有良好读书习惯的人，不论何时何地，读书都是他们一直坚持的事，于是，他们就变成了渊博的人，他们的人生也更为丰富！

读书以外，“知”本还包括其他的技能。在生活和工作中游刃有余的女人，一定是那些掌握了很多技能和经验的女人，才能在人群中脱颖而出。

吴君如并没有惊艳的美貌，但她的演艺事业长盛不衰，这与她勤奋、敬业、积极学习的态度是绝对分不开的。和同辈女星比较，吴君如似乎得花更长时间才能找到属于自己的定位，入行时的运气也好像不是那么顺利。当时正是新艺城带动的喜剧热潮，加上自己外形的限制，吴君如常常得扮演在电影里被消遣挖苦的角色，如果说周星驰的片子经常丑化女星，那吴君如可要算是第一代的扮丑女艺人。

不管是艳星、玉女，都显示了以男性视角出发，由男人的眼光来决定的女人在影坛乃至社会应该或可以扮演的角色。而扮丑却可以挣脱“花瓶”之嫌，锻炼演技，加强自己表现力的厚度和深度。幽默十足的角色更能与观众沟通，拉近了银幕上的距离。当同辈女星都能以美艳动人的姿态出现在银幕上，而自己被调侃时，我们可以想象吴君如内心曾经承受的压力和经历的挣扎。不过她却毅然接受安排，豁达开怀地扮演了大家心目中不美的角色，精湛的演出同样让观众接受了她。

2003年，吴君如凭借《金鸡》摘得金马影后的桂冠，再次证明了她的选择是正确的。

第三个“本”则是“资”本。

都说新世纪的新女性要独立，而独立女性的第一条标准就是经济要独立。

以前听朋友说过，20岁的女人要漂亮，30岁的女人要聪明，40岁的女人要有钱，这样才比较理想。我倒觉得，无论哪个年龄，只要你的钱财是通过自己的努力得来的，那当然是多多益善，就像俗语说的，“谁有都不如自己有”，唯有自己的腰包足了，心里才更踏实。所以，挣钱要趁年轻。

很多女人寄希望于寻找一张“长期饭票”，把自己的一生都依附于男人的身上，乍看之下不失为一劳永逸的方法，但是寻找长期饭票也要承担风险，不仅要考虑饭票的“有效期限”，还要承担靠外表拴住男人的“折旧”风险。当婚姻破碎时，金钱纠纷很容易使男女双方恶语相向，而受害的一方往往就是没有经济能力的女性。女人有钱，不只是为了追求享乐，而是要确立为自己做主的权利。

姿本、知本、资本，这就是成就精品女人的三个“本”，倘若做到了这三方面，那么，你一定是一个成功而幸福的女人！

清白的名声是最体面的嫁妆

电影《无人驾驶》里，刘烨扮演的青年企业家志雄，无意中得知自己的妻子结婚前在夜总会做过陪酒女郎，顿时大发雷霆，提出离婚。不论在他心里是不是相信妻子所说的“没有出过台”之类的话，别人的闲言碎语和异样的眼光也让他不堪其辱。若不是妻子已经怀孕，二人恐怕早已分道扬镳。

的确，男人都爱美女，但能够长久地抓住男人心的还得靠外貌之外的东西。只有长得漂亮又声名甚佳的女人，才是男人追逐的结婚对象。

也许会有人说："名誉值几个钱？"确实，名誉无法像现金一样使用，无法换来丰厚的利益和享受，但它绝非没有价值。我们都知道，人的名誉其实是无价的，你有钱也买不来，你失去了便再也难找回来。对于女性来说，名誉尤其重要，原因很简单，社会对女性的名誉有着较高的要求。许多女性悲剧的出现，就是因为女性一时的失足而造成名誉扫地，最终走上了不可回头的歧途或痛不欲生的末路。

一个刚刚毕业不久的女大学生看见自己的一个同学因为与单位领导的关系很好，被安排了一个很理想的工作，心中非常羡慕，她也希望通过走“捷径”来达到目的。眼热之际，她便有意向领导靠拢，处处献殷勤，经常独自一人到领导的办公室和家里去。她的心思自然被领导一眼看破，领导提出，只要她做他的情妇，他就提拔她，给她安排一个很好的工作。二人一拍即合。但天下没有不透风的墙，日子一久，两人的不正当关系便暴露了。领导自然受了处分，被免了职，而两人的事则被传得沸沸扬扬，女职员名声扫地，没脸在单位待下去，也只好辞职。

你要相信，真正爱你的男人，不会在婚前用性来作为衡量爱情深浅的尺寸。

女人清白的名声，是自尊自爱的表现，是无价之宝，不仅让自己内心踏实，还能得到众人的敬重。清白的名声胜过一切美貌、学历和财产，是女人最体面的嫁妆。如果你真的渴望拥有长久幸福的婚姻，请珍惜自己的身体和名声。

不必会满汉全席，但至少**会几道拿手好菜**

作家毕淑敏很形象地说：“一个不爱做饭的女人，像风干的葡萄干，可能很甜，却失了珠圆玉润的本质。”

也有人说，女人味就是油烟味，如果一个女人身上除了脂粉味就是香水味，那她总归算不上一个有味道的女人。

这并不是说每个女人都非得下厨房，非得将自己的美好年华与锅碗瓢盆做伴，但至少要会几道拿手好菜。不做，不等于不会做；会做，也不等于天天要做，最起码在最关键的时候，需要你表现这种能力的时候，你必须具有这样的能力。要知道，女人烧饭做菜，不只是填满了男人的肚子，更是填满了男人的自尊。

吴双是独生女，从小被父母视为掌上明珠，在家从来不碰厨房里的锅碗瓢盆。到了嫁人的年纪，吴双千里挑一找了一个会做饭的男人，有一手好厨艺。这对吴双来说是件无比幸福的事，因为吴双是那种一辈子都不想踏进厨房半步的“贵妇人”，就连吃完饭收拾碗筷的事她都不会去做，在家的时候有妈妈做，结婚了就由丈夫做，总之自己是不会亲自动手的。这样一个对厨房陌生的人自然谈不上做菜烧饭了。可刚好这天丈夫生病了，丈夫的同事很热情，非要来家里看望请了病假在家休养的丈夫。同事们并不知道天生丽质的吴双不会做饭，所以来了之后再三提出一定要尝尝吴双的手艺。

吴双属于那种很大方得体的女人，她不假思索地连声答应：“当然要，当然要。本来我们早就说有机会要请你们来家做客的，今天刚好都来了，说什么也要在家里吃顿便饭。”丈夫一听吴双的话一边热情地应着“应该，应该的”，一边又偷偷地对吴双使眼色。聪明的吴双立马明白了，今天的饭是必须要在家吃的，并且必须要她亲自动手才行的。这可有点让她犯难了。吴双在焦急的时候偷偷给闺蜜打了个电话，闺蜜通知了几个“救兵”，以看望吴双丈夫为由，也加入到了这顿饭局中，这才帮着吴双烧了几个不错的好菜，使吴双总算没有在丈夫同事面前给丈夫丢脸。

自此以后，吴双明白了完全不会做饭也是不行的。她慢慢地加入到闺蜜的行列中，让姐妹们指导她做菜。吴双是那种很聪慧的女人，一学就会。很快，亲朋好友聚会她已不用找理由下馆子了，而是和丈夫一起自己在家烧菜，甚至有些时候还会给丈夫烧菜、煲汤。丈夫也越来越爱她，因为她越来越会照顾和爱护丈夫了。他们夫妻之间也越来越恩爱。

作为女人，虽不需会做满汉全席，但至少要会几道拿手好菜，至少在亲朋好友相聚的时候不至于出丑，至少在节假日家人团聚的时候也能端上一份心意，至少在爱人面前也能给予一份温暖。

女人，用母亲那一代人的话说，“生为女人哪能不做饭？”虽然现在女人不再像母亲那代人一样的封建和保守，做饭也不再被视为女人的“专利”，但是也并不代表现代女性就应该不管不顾、不闻不问了。民以食为天，一天三餐是不可少的。有的女人因为工作忙，婆婆或者母亲帮忙做饭，但也要有让老人家休息的时候，为长辈做一桌可口的饭菜。

“食色，性也。”男人能娶到美女做老婆自然是一大乐事，倘若美女老婆还会做美味佳肴，则是男人前世修来的福分。试想一下，在外忙碌了一天的丈夫，晚上下班回到家看到你正在厨房忙碌的身影，正在做他最喜欢吃的梅菜扣肉，他便会像个孩子似的围着你转，有时候他还会俏皮地搂着你的腰看着你烧菜。这样的温馨情景是不是很令人羡慕呢？但也并不需要你像个家庭主妇天天烧饭做菜，只需要你在特定的时期表现一下，让你的爱人享受你的美食，同时也享受你给予他的爱。

有一句话流行了很多年：“要管住男人的心，先管住他的胃。”有人说胃和人是一样的，都会形成一种习惯，所以一定要让你爱的人习惯吃你做的饭菜，让你的男人无论在哪个饭局上都能忆起你为他烧过的菜。如果丈夫经常出差，聪明的女人更应该学会做几道拿手菜，让久别重逢的丈夫美美地吃上一顿家常饭。如果你的丈夫在公司加班会很晚才回家，这时看到你刚刚把做好的饭菜端上饭桌的时候，他肯定会有一种莫名的感动。也许你的丈夫经常有饭局，那么你要会做几道轻淡的菜，他会觉得无比的幸福和温暖。如果他因为工作的原因经常要陪客户喝酒，那么你要会煲几个小汤，能让他喝高了的胃里舒服些，他自然也会很感激你的良苦用心。聪明的女人用一手好菜、用爱来营造和谐轻松的家庭氛围。

一个女人哪怕是笨手笨脚也要试着地为男人做一顿好饭。在男人眼里，其意义不只是果腹，那是她对他爱的最直白、最实际地表示。然而令人遗憾的是，现代女性大多讨厌厨房。

戴尔·卡耐基认为，厨房属阴性名词，它是母性的、包容的，在电视、电影里看到的那些厨房，都散发着暖融融的母性光辉，堪称是世界上最博爱、最温暖的地方。当然，再光辉夺目但空荡荡的厨房也比不上有妻子忙忙碌碌身影的小小的厨房，那是我们真实日子的一个浓缩。

PART
03
才女请打扮，美女请充电

书中自有颜如玉

一个正在读书的女人，能给人以无限的美感。因为读书会使她产生一种情调，一种超越了形体的持久的妆容，一种不会被衰老所剥夺的美丽。读书为女人的美丽增添了厚重的文化底蕴和质感，这种美丽乃是女人灵魂之美。灵魂之美远远高于一副无可挑剔的好容貌。没有了灵魂的空间，没有了思想的闪现，无可挑剔的容貌也是黯淡的。或许美化灵魂有不少途径，但正如一位女作家所说，阅读是其中易走的、不昂贵的、不需求他人相助的捷径。

爱读书的女人，不管走到哪里都是一道风景。也许她貌不惊人，但她的美丽却是骨子里透出来的，她谈吐不俗，仪态大方。那是静的凝重，动的优雅；是坐的端庄，行的洒脱；是天然的质朴与含蓄的交融。爱读书的女人，她的美，不是鲜花，不是美酒，她只是一杯散发着幽幽香气的淡淡清茶。

爱读书的女人，她们心有琴弦，纵然是独自漫步，也并不寂寞与孤单。

爱读书的女人，她们生活情趣高尚，很少去叹息、忧郁或无望地孤独、惆怅。因为她们懂得与其长吁短叹，不如把时间和精力用来读书，使自己从忧郁的境遇中解脱出来。

爱读书的女人，她们拥有从容的心态，能保持年轻的心境，从而对于年华的逝去无所畏惧。不埋怨环境，也不艳羡别人，让心情一天比一天愉快年轻。

爱读书的女人，她们以聪慧的心、博大的爱、善解人意的修养，将美丽写在心灵上。读书，使她们更潇洒；读书，为她们添风韵。即使不施脂粉，她们也显得神采奕奕、容光焕发。

16岁时，毕淑敏开始在苍凉的西藏阿里高原某部队当卫生员，晚上值班，一守就是一夜。每当轮到她值班，她都事先把照明用的那一盏马灯灌满油，天亮了，油也点完了。司务长好生奇怪："你把油干吗使了？是不是把油都喝了？"其实，她是借马灯暗淡的光读书，《鲁迅全集》就是在那盏马灯的陪伴下读完的。转业回北京时，毕淑敏摩挲着那盏马灯不忍分离。《红处方》是毕淑敏的第一部长篇小说。为了更好地表达毒品与人性的主题，在1993至1994年，毕淑敏阅读了大量关于药理学、植物学、国外黑帮贩毒集团写实作品的书籍。有一位朋友给她借来一本中国吸毒史，她一看，里面写到的她都读过了，这时，她才感到可以动笔了。

读书让毕淑敏成为一位成功的作家，读书更将她打造为一个拥有丰富内涵的知性女子。

的确，一个女人，在读过足够的好书之后，她会变得很优秀，因为书给了她底气，熏陶了她至真、至美、至纯的情感，使她变得温文娴雅、善解人意，充满书卷气息。这就是所谓的“腹有诗书气自华”。

爱读书的女人是善于思考的人、有思想的人，因为读书能使人变得睿智与坦荡。

读书能使人修德养性、智慧无穷、目光远大、心灵美化。人生在世，吃山珍海味是一种享受，读一些振聋发聩的书更是一种享受，前者只能饱一时的口福，后者却会让你终身受益。读书还可健脑去病。读书就好像服用“超级维生素”，可以使大脑，甚至身体重新充满活力。

读书，可以让你的心里有一盏明灯，守得住心灵这个宁静的港湾，始终视书籍为精神的伴侣，身居闹市，却能远离红尘的烦琐与喧嚣。

读书，可以让你没有时间唠叨饶舌，没有时间拨弄是非，不会像别的女人那样日渐粗俗。

读书，可以让你交上一群高尚的朋友。正如毕淑敏所说：“好书对于女人，是她们招之即来的永远不倦的朋友。”

读书的用脑强度可恰到好处地增加脑血流量，正所谓“唯书有真乐，意味久犹在”。

读书可以美化形象。经过长期的读书熏陶，身上便有股书卷味，不讨人嫌，那是读书的惠泽。现代人越发热衷于美容，各种美容手段花样迭出，但所有的美容手段中，读书是最佳之道。余秋雨这样说过："读书可以使自己成为一个健全的人、可爱的人、健康的人。"

做个爱读书的女人吧，把读书作为你终生的功课，你就能够把生活读成诗，把人生读成散文，你就能够拥有世上最好的化妆品，把美丽写入心灵！

不太漂亮的女人**更有福**

在格林童话里，王后每天都会对着梳妆台上的魔镜问："镜子，镜子，请你告诉我，谁是世界上最美丽的女人？"当镜子回答说："是你，王后！你是世界上最美丽的女人。"她就会满意地笑起来。可当魔镜回答说"王后，你很美丽，但是白雪公主要比你漂亮一千倍"的时候，她就勃然大怒，要将白雪公主害死。

从小到大，我们都会讨厌恶毒的王后，但是每个女人却都希望镜子会对自己说"你是世界上最美丽的女人"。美丽，几乎是每个女人心里梦里都想得到的东西。但是你是否想过，有时候太美丽也是一种错误，它太容易耽误人。

漂亮的女人可以吸引一千个情人，却未必能找到一个丈夫；漂亮的女演员得奖了，会被说成花瓶，不太漂亮的女演员得奖了，就说是实力；漂亮的女职员晋升了，人家说你靠的是美色。

丽丽属于那种回头率很高的超级美女，她在一座城市里做车模，并且很有名气。城里的每次车展，车商们都会找到她，收入也颇为丰厚。但令她十分失落的是，城内最大的车商却从来没有找过她。他们告诉她："你太美丽了，如果你当车模，让顾客去看你，还是看车呢？"

几年前，丽丽的一位同学认为女人有自己的事业才靠谱一些，并邀她投资一家主题咖啡馆。尽管她有足够的钱来经营咖啡馆。但是她不以为意，因为她有美丽，美丽是可以创造价值的。更何况她喜欢那种被闪光灯包围着、被男人们的眼睛聚焦着的感觉。3年过后，她的同学已经开了10家连锁店，而她却依然是一个被车商担心抢了车子风头的车模。5年之后，她容颜渐老，已经没有多少人来找她做车模了。面对未来，她没有其他的生存本领。面对爱情，她也不知道应该跟谁谈恋爱，大众情人其实是没有情人的。面对着已经身价上亿且早已结婚成家的同学，她突然发现，如果她不美丽，也许现在她会更好。

太过于美丽的容颜，不一定有完美的结局。上帝总是公平的，在赐予你某种礼物的时候，也会夺走你所拥有的另一些东西。有人总结，太过于美丽的女人容易被夺走7样东西。

1.机会。

美丽的女人无论在恋爱、求职、做事，还是谈生意的时候，都很容易得到好机会。但是机会太多了，美女们渐渐地就养成了好高骛远的恶习，从不懂得珍惜眼前的一切，总相信自己还有更奇迹般的机遇。并且，机会的实现过程是建立在才华和实力之上的，只握着美貌这张底牌是十分单薄和不靠谱的。

2.宽容。

美丽的女人容易被家人和朋友宠坏，习惯了把别人对自己的好当成理所当然。在年轻美丽的时候，男人也许可以忍受你的霸道和嚣张，但是等到人老珠黄的时候日子肯定就不好过了。

3.信任。

由于人们太了解漂亮女人的德行，所以无论你多么善良，也难免遭人误解，需要付出很大的努力来让那些心怀戒备的人看到你同样美好的内心。与那些一脸憨厚、淳朴的女人相比，美丽女人更容易被视为花瓶，也难以让老板放心并委以重任。

4.坚强。

美丽的女人在遇到困难的时候大都希望有英雄来救美，她们习惯了被保护，一旦某一天失去了保护，就很难坚强地在这个无比艰难的社会中生活得很好。

5.自由。

由于美女天生的诱惑力，所以哪个男人娶了都不会放心，她想像婚前那样随心所欲可就没那么方便了。

6.安宁。

美女总是令人惦念的，各种诱惑和攻势也是非常的猛烈，要保持一颗安宁的心还需很好的心理素质。

7.好男人。

最令美女们无法理解的是，好男人往往不娶美丽女人。原因很明显，美女们太喜欢享受那种被人穷追不舍的感觉，而好男人的自尊心一般都很强，只要一个脸色不对，立即就会扬长而去。

由此可见，美丽虽是一种幸运，但并不代表着仅此一项就获得了通往幸福的捷径。生命本身有很多种滋味，何必苛求自己一定要是倾国倾城的大美女？只要不是特别丑，就没有必要为了追求美丽而在自己的脸上、身上动刀子。一旦手术失败，结局只能是“没有最丑，只有更丑”，不仅浪费了大笔的金钱，还造成了人生的遗憾。

追求美丽没有错，但千万别过度。除了美丽，还有很多值得我们追求的东西。

男人，“娶德”胜于“纳色”

提起中国古代四大美女，女人自然而然会在脑海中浮现出西施、貂蝉、王昭君、杨贵妃美艳绝伦的外貌。她们获得浪漫爱情，获得优质男人倾心，获得富贵人生，女人没有丝毫嫉妒，以为这是她们绝世美貌应得的。

然而，中国古代四大丑女的爱情故事却鲜为女人所知，就算知道了，也大多会嫉妒心大发，气呼呼地说：“凭她那长相，居然也配？”大有为丑女身边的优质男人打抱不平的意思。然而，在优质男人的心中，选择伴侣，美德往往比美貌重要，他们更多的是看一个女人的内心，其次才是外表。

到底中国古代四大丑女有着怎样令女人艳羡的爱情，下面就一一呈现给大家。

1.嫫母与黄帝。

在中国古代四大丑女的榜首位置上，高坐着的是黄帝的妻子嫫母。汉王子渊《四子讲德论》中云：“嫫母倭傀，善誉者不能掩其丑。”意思是说嫫母面貌的丑陋已经让最能言善辩的语言家也难以找到赞美她容貌的一言半语。此语形象地说明了嫫母容貌的丑陋大有“前无古人，后无来者”难以超越之处。一个女人丑到了如此高的境界，怕是连神仙也难以望其项背。所幸，嫫母为人贤德。屈原《九章·惜往日》：“妒佳冶之芬芳兮，嫫母姣而自好。”正是她的贤德，成就了她和中华民族的始祖黄帝的姻缘。婚后，嫫母一心辅佐丈夫打拼，传说黄帝败炎帝、杀蚩尤，皆因嫫母内助有功。得如此贤内助，即便貌丑，黄帝却也如获至宝，满心欢喜。

2.钟离春和齐宣王。

仅次于嫫母的中国古代丑女叫钟离春，是战国时期齐国无盐人。据说，这个女人鼻孔朝上，头发稀疏干黄，皮肤和人的脚后跟一样，脖子肥壮，骨节粗大，30岁了还没嫁出去。不过相貌的缺憾并不能扼杀钟姑娘的勃勃雄心。当时执政的齐宣

王，政治腐败，国事昏暗，而且性情暴躁，喜欢听吹捧，谁要是说了他的坏话，就会有灾祸降到头上。但钟离春为拯救国民，冒着杀头的危险，赶到国都，齐宣王见到了钟离春，还认为是怪物来临。一见面她就对齐宣王说："你完蛋了，你完蛋了，你完蛋了，你完蛋了。"齐宣王让她给吓得浑身冒冷汗，赶紧询问原因。钟离春就给他提了四条意见：一是缺乏人才储备；二是听不进别人的意见；三是沉湎女色；四是乱建楼堂馆所。齐宣王的骨子里尚属贤明君主，当下便采纳了钟离春的中肯意见。此外，齐宣王为了改掉"沉湎女色"的毛病，册封钟离春为皇后。

3.孟光和梁鸿。

当用"举案齐眉"来形容一对夫妻的感情时，人们总是能感受到这对夫妻之间的相亲相爱。然而，人们却难以想到，这段"举案齐眉"的佳话却是由名列中国古代丑女第三位的东汉的孟光和丈夫梁鸿所缔造。据史书记，孟光又黑又肥，模样粗俗，力气之大，能把将军、武士操练功夫的石锁轻易举起，被看成是无法管束的蛮婆。加上她又极丑，家里人做好了她嫁不出去的准备。可仍有媒人替孟光与一丑男搭桥，孟光开口道："我只嫁给梁鸿，其他任何人都不嫁！"梁鸿是当时的大名士，文章过人，儒雅倜傥，堂堂的美男子，据说当时不少美女为他得了单相思。因此孟光对媒人说的话，一时被国人传为笑料。但梁鸿看中孟光的品行，毅然娶了孟光为妻。后来，梁鸿落魄到吴地当佣工，孟光毫无怨言地随同前往。梁鸿每次劳作回家，孟光都把食具举至眉平，再恭恭敬敬地递给梁鸿，"举案齐眉”由此而来。二人相亲相爱，白头偕老。

4.阮女和许允。

落在中国古代四大丑女榜尾的是三国时期阮德慰的女儿阮女。《三国志》为许允作传时曾写到，东晋的许允娶了阮女为妻，花烛之夜，发现阮女容貌丑陋，匆忙跑出新房，从此不肯再进去。后来，许允的朋友桓范来看他，对许允说：“阮家既然嫁丑女于你，必有原因，你得考察考察她。”许允听了桓范的话，果真跨进了新房。但他一见妻子的容貌，拔腿又要往外溜，新妇一把拽住他。许允边挣扎边同新妇说：“妇有‘四德’（封建礼教要求妇女具备的妇德、妇言、妇容、妇功四种德行），你符合几条？”新妇说：“我所缺的，仅仅是容貌罢了。而读书人有‘百行’，您又符合几条呢？”许允说：“我百行俱备。”新妇说：“百行德为首，您好色不好德，怎能说俱备呢？”许允哑口无言，羞愧不已，当天晚上就和妻子圆房了。从此夫妻相敬相爱，感情和谐。

中国古代四大丑女没有古代四大美女的美貌，甚至没有平常人的凡俗容颜，她们的丈夫却个个才学过人，甚至俊美无比，甘愿为这四个丑女的才德所倾倒，夫妻相敬相爱，白头偕老。她们的爱情故事告诉追求爱情的小女人们：丑女也有爱情的春天，甚至丑女的春天比美女的春天还要美丽缤纷。德才兼备的丑女，就算你是新时代的贝蒂或林无敌，你也能凭借德才兼备，轻松攻破优质男人的心房，让他甘做你的爱情俘虏。

第三篇

将优雅当成一种习惯来培养

PART 01 让自己优雅一辈子

怎样做一个**优雅女人**

优雅的女人都从容。她们经历过人生的风浪，岁月的痕迹不光留下风霜后的苍凉，更有资深的阅历，好像大树的年轮一样一圈一圈积累着人生，积累着智慧。

优雅女人活泼主动。她们是都市的靓丽风景，或者她们属于白领，有着令人羡慕的工作；或者她们有自己的生活，生活舒心，她们谈笑自若，雍容大方。她们会和你矜持却不失亲切地交谈，她们会和你讨论今夏最流行的颜色，她们会提到自家的小猫是怎样的调皮……眉目含笑，举止有度，点到为止。她们的光辉和智慧刺得你睁不开眼。

优雅女人懂生活、懂情趣。她们拥有最好的品德，既不忘古典传统文化的谆谆教导，又具有接受新思想的能力，兼并包容。当你和她讨论生活，讨论喜好，她们总是给你最好的建议并且帮你策划到几近完美；她们是幼稚少女的人生指南；她们和任何人都能成为朋友，让你感觉相见恨晚。她们在人前是如此的矜持又开朗，进退适宜不惹人尴尬，谦虚又可爱。

没有哪个女人不想成为优雅的女人，而许多人又常苦于找不到优雅的秘诀，或者抱怨缺乏应有的条件而信心不足。优雅，真那么难吗？其实，做优雅的女人并不难，不需要很高的条件，秘诀是从身边的小处做起。没有过度的装饰，也不流于简单随便，坚持独立与自信、热情与上进。由中国红变成亮眼蓝的靳羽西曾言："快乐就是成功。"她说人在可以站着的时候，就一定要坚持站着，而且还要保持着漂亮的样子，这是对自己的尊重，也是对别人的尊重。女人要保持自己的优雅。

要做一个优雅的女人，就必须增长自己的知识，将优雅之树的根深扎在文化的沃土之中，这样才能使它枝繁叶茂。因为优雅的女人，必定是心灵纯净的人，净化心灵的最好办法是吸取智慧，吸取智慧的最好办法则是阅读，"书中自有好风光。""书中自有黄金屋，书中自有颜如玉。"读破万卷书的人，心中不会存有一池污水。知识能改变命运，同样，知识可以培养女人的优雅。所以，要想做一个优雅的女人，就要多读一些书，尤其是一些励志的书，不断地充实自己、完善自己。喜欢读书的女人，永远都是不俗的人，只有不俗的人才有资格做优雅的人！

优雅的女人一定要有自己的事业。优雅的女人不是依附的小鸟，不是攀援的凌霄花。优雅的女人就是一只展翅高飞的鲲鹏，就是一棵参天的大树，而事业则是这一切的基础。所以，要做一个优雅的女人，必须热爱自己的工作，因为只有热爱自己的工作，才能做好自己的工作。从事自己所热爱的工作是一种幸运，热爱自己所从事的工作是一种幸福。幸运不是每个人都能遇到的，幸福却是大家都可以追求的。优雅的女人一定是幸福的女人，追求幸福就是追求优雅。

优雅还包括一个女性对美的独到的见解和追求。倘若整日衣冠不整、不修边幅，无论怎样也是同优雅联系不上的。所以，优雅的女人，她的着装永远都是不张扬而富有格调，那感觉就像静静地聆听苏格兰风笛，清远而又沁人心脾。

如果说女人似水，那么优雅的女人就可以水滴石穿，用智慧去获得爱与尊严。外在的美随风易逝，肤浅也耐不起寻味，而优雅的女人用丰富的内心世界和对生活的智慧，让自己永远是一棵有101种风景的花树。

优雅女人是这样炼成的

端庄优雅的女人应具备的条件：

（1）保持良好的身体和心理健康状态。

（2）抬头挺胸，背部随时都是挺直的。

（3）举止得体，声音动听悦耳，谈吐优雅。

（4）对任何人都彬彬有礼。

（5）生活中不会感到无趣，有自己热衷的事物和兴趣。

（6）无论何时何地，取出的物品都能收拾整齐。

（7）厨艺精湛，心灵手巧，能做好家庭中的一切事务。

（8）每天关注新闻，随时知道和了解国内、国际重大事件。

（9）早睡早起，作息有规律，每晚都有良好的睡眠。

（10）经常成为别人倾诉的对象，并能够自己解决烦恼。

（11）紧急关头能发挥带头作用。

（12）有一生相随的好友。

（13）不惧年岁的渐长，还有很多很多将来想做的事情。

（14）认为今天的自己比昨天更美丽。

（15）感到幸福，而且看起来真的很幸福。

孟德斯鸠说："一个女人只有通过一种方式才能是美丽，但是她可以通过千万种方式使自己变得可爱。"女性魅力不是单纯的、机械的，而是流动在一颦一笑中，在不经意间的一个转身、一次低头里。优雅的女人应该举止端庄而不失女性的妩媚。女性的这种举止端庄妩媚可以通过后天的训练得到。

优雅的举止应该从日常生活中的点滴做起。女性的姿态最具美感，一位举止优雅的女性自然会光彩照人。但在日常生活中，人很容易全身自然放松，不太注意自己是否举止优雅。要想让自己举止优雅，就要在平时把优雅当成习惯，所以在平时就要注意自己的一举一动，无论是站立、走路，还是坐靠，都要保持姿态平稳、端正。要特别注意不要弯腰驼背，或者歪着肩膀叉着腿，这些都会给人一种散漫的印象。身体应该保持端正挺直，举止要落落大方，展示出一种精干利落的形象。那么如何才能做到这样呢？

第一，优美挺拔的站姿。在交际活动中，女人站立时不仅要挺拔，还要优美和典雅。站立时要抬头、颈挺直，双目向前平视，下颌微收，嘴唇微闭，面带笑容，动作平和自然，身体有向上的感觉。

第二，优雅从容的坐姿。坐下时，应面带笑容，双膝应自然并拢，双腿正放或侧放，双脚并拢或交叠；立腰、挺胸，上身自然挺直；双臂则自然弯曲放在膝上，也可以放在椅子或沙发扶手上，掌心朝下。

第三，流云般优雅的步姿。款款轻盈的步态流露出一种温柔端庄的风韵。走路时应以腰带脚，重心移动，以腰部为中心，膝盖伸直，脚跟自然抬起，两膝盖互相碰触，面部应带微笑，双目平视。

因公务或个人交往出入社交场合时，则应注意举止要大方礼貌、稳重自然，而过于张扬炫耀、引人注目是缺乏修养的表现。还要注意，即使在自己家中，也不要过于松懈、不讲美感。因为如果你平时在家散漫惯了，外出和上班时就不容易改变自己的姿态了。林徽因就很注意自己在家的形象。萧乾第一次见到患着严重肺病的林徽因时，她不是穿着睡衣躺在床上，而是穿着骑马装，神采奕奕地迎客，完全没有提到一个“病”字。

当然，如果你在行为举止方面走到另一个极端，则同样令人讨厌：因为害怕弄皱自己的裙子，所以直挺挺地像根棍子；为了不坐在外套上面，因此把外套掀起来，或者任何时候一坐下就把裙子撩起来；搔首弄姿地做出过分优美的动作，弄得自己像舞台上的演员；没完没了地在镜子前顾影自怜；故意设计一些动作，并不断练习，力求完美，尽管第一次做这些动作时也许会很迷人，但要知道，如果一个女人的动作完全不自然，那也是非常令人生厌的。这种做作的举止和粗俗的举止一样，最终也会让她失去优雅之感。

用品位作底蕴的女人最优雅

优雅的女人无人不喜欢，不管是男人还是女人。

愚钝的女人总是在抱怨：上天是如此不公，为何不将那样的身材与美貌赐予给我？而优雅的女人往往是通过后天的努力，让人心服口服。当女人从表面的自我过渡到一种深厚的内在之中，便会呈现一种升华过后的极致美丽，与从前相比，不可再同日而语。一如水涨船高，是一样的定律。

在一次世界文学论坛会上，有一位相貌平平的女士端正地坐着。她并没有因为被邀请到这样一个高级的场合而激动不

已，也不因为自己的成功而到处招摇。她只是偶尔和人们交流一下写作的经验。更多的时候，她在仔细观察着身边的人。一会儿，有一个匈牙利的作家走过来。他问她："请问你也是作家吗？"

女士亲切而随和地回答："应该算是吧。"

匈牙利作家继续问："哦，那你都写过什么作品？"

女士笑了，谦虚地回答："我只写过小说而已，并没有写过其他的东西。"

匈牙利作家听后，顿有骄傲的神色，更加掩饰不住自己内心的优越感："我也是写小说的，目前已经写了三四十部，很多人觉得我写得很好，也很受读者的好评。"说完，他又疑惑地问道："你也是写小说的，那么，你写了多少部了？"

女士很随和地答道："比起你来，我可差得远了，我只写过一部而已。"

匈牙利作家更加得意了："你才写了一部啊，我们交流一下经验吧。对了，你写的小说叫什么名字？看我能不能给你提点建议。"

女士和气地说："我的小说名叫《飘》，拍成电影时改名为《乱世佳人》，不知道这部小说你听说过没有？"

听了这段话，匈牙利作家羞愧不已，原来她就是鼎鼎大名的玛格丽特·米切尔。

这就是有品位的女人，她不经意间所流露出来的优雅，让人佩服得五体投地。可见，优雅不是天生的，也不是夸夸其谈地知道几个所谓的时尚代名词就优雅了。优雅是一种气韵，一种坚持，一种时间的考验。

时髦，可以追可以赶，可以花大钱去“入流”，而优雅却是模仿不来、着急不得的事。

女人怎样才能够优雅呢？有人说，除非她遇到一个好男人，这个男人给予她所有优雅的动力与勇气，还有物质条件。男人们总有一种感觉，认为赚了足够的钞票供养女人，让她衣食无愁，在丰富的物质面前，女人优雅的气质和内涵就会表现出来。其实并非如此，女人的优雅不是物质生活堆积出来的。

你想知道一个女人是否过着优雅的生活，你首先要问她：她是否有能力创造幸福？她的生活内容是否真实？她的感受是否是自然流露出来的？如果她无法确定，那么她必然是生活在别人设计的图纸上，优雅的生活就无从谈起。其实，女人只有不断提升自己的品位修养，才能逐渐向优雅靠近，品位高了，你的生活中优雅的内容也就会自然而然地增加了。

优雅的生活是简单而丰富的，个人的品位和素养或许是其中的关键。

优雅，是一种知识的积淀，不管是直接还是间接的，都是一种必需的积累；优雅不是一种形式上的东西，它需要你在生活中学习，需要你以丰富的人生经历来成就。优雅有着终生学习的特性，它是台阶式的，学一点，修一点，修一点也就提升一点。优雅需要女人学一生，坚持一生，这样它才会让你受益一生。

“品位”二字，没有内涵是强作不来的。品位不是虚无缥缈的一种自我感觉良好，它是全面的、整体的、由表及里的综合表现。品位是一种集个人的出生背景、文化层次、生活素养为一体的，只能靠感觉去体验的东西，而不是什么人都能够拥有的。

女人优雅之树的根要深扎在文化与经济的沃土里才枝繁叶茂。当优雅成为一种自然的气质时，你一定显得成熟、温柔；当优雅代表你的性格时，事实上你已经把握了自己的人生。

女人的优雅又像一口泉，智慧之水在涌动中充分展示人格魅力，散发着令人仰慕的内在品位。生活中的女人们尽量提高自己的品位，多一些优雅，实在是人生中的崇高境界。

有品位作底蕴的优雅女人不见花开，只闻暗香浮动。

女人要**自信而优雅地生活**

陈燕妮是一个众所周知的优雅女人。说起她，得要说一说她的文字。在文字里，陈燕妮是个敏感多于沉稳干练的女子。因为在她的笔下，女人所有的触觉和感性的思维都在轻轻地颤动，让那一个一个被人们忽略、遗忘的故事重新以鲜活的面目再现。你可以不佩服她细腻的文笔，但你不能不为她纯属女性的敏感的洞察力而倾倒。这样的一个女子，又如何不会充满着优雅，不成为其他女人力求完美而学习的对象呢？

从《遭遇美国》的轰动开始，陈燕妮的书就成了中国人认识美国的一个感性的窗口，人们在她的充满女性意识的笔下认识了美国更多的角角落落，也看到了更多中国人在大洋彼岸的艰辛和奋斗，以及中西文化碰撞中曲折的心灵体验。从做《美东时报》的新闻记者，到在中文电视台工作，陈燕妮在5年后出了第一本书——《告诉你一个真美国》，随后几本讲述华人在美创业以及华人回国经历的书一经面市，就成了当季的畅销书。后来，她创办了《美洲文汇周刊》，自己担任总裁。

在陈燕妮的言谈举止中，有种不经意流露的自信。对于一个经历丰富的女人来说，这种自信比年轻美貌的自信来得似乎更有底气。

当有人问她："你一直就是这么自信吗？"

陈燕妮沉思片刻，眼睛里开始浮动着一些朦胧的东西。"或许吧。在很多时候，我的脑子里会突然出现'第一名'这个词，一定要做第一名的想法支撑我度过了很多艰难的时刻。可能我是个好胜的人，但人有什么理由不好胜呢？你的资质、才干都不比别人差，那你为什么要甘于人后呢？当然，要在美国有足够的自信，就要有足够的实力。比别人更多的付出是在所难免的。在做记者的时候，我是最勤奋的。每期的报纸大到头条小到消息，几乎被我一个人包揽。白天上班，晚上写书，把所有的业余时间都用在写书上。即使如此，在美国写书也仍然是件奢侈的事。要知道，美国人把所有的时间都用来挣钱，维持生计。好在现在我已经没有了这方面的困扰，但自己办报也是件很繁杂的事，白天忙得团团转，到晚上开始整理思绪写书，经常要写到夜里三四点钟。"原来大家熟悉的这些书，这些充满感情的文字，竟然都是她在工作之余写的！

那么，陈燕妮怎么看待优雅女人呢？

“我认为优雅的女人首先应该知道自己是谁。其次她应该是个成功的女人。试想一个身着高贵晚礼服的女人，在宴会上可能会做出各种优雅的姿态，可一转身，她却向身后的男人要生活费，你还会觉得她优雅吗？有了成功事业的女人，才会有充足的自信体现出气质的优雅。”

有人问陈燕妮：“作为一个成功而忙碌的女人，你认为最幸福的是什么？”

“当然还有家庭的和睦。”陈燕妮笑了。看得出来，她有个幸福的家庭。

“在过去我并没有真正认识到，可能是在美国的时间里我才慢慢意识到的。可以说，年纪渐渐大了，觉得一个和睦的家庭对女人的影响太大了。不然，人在社会里感觉特别漂浮，很难受的。”

与陈燕妮接触过的人都说她是那种可以在说笑间让你接受其想法的人，不经意间，让你感受到她的力量，是那种有特殊魅力的人。

在女人的心目中，优雅有着特殊的内涵——优雅是女人最美丽的衣裳。用拆字法对“优雅”进行分析的话，“优”所指的是一个人内在的品质、涵养、气度、心态所具有的完美状态，而“雅”则是你内心所处的完美状态的外化，是你那优雅的举止、文雅的谈吐和高雅的形象。因此，优雅实际上是内在和外在完美结合的产物，要找回我们生活中的优雅，就必须从内、外两个方面共同着手。

真正的优雅是来自内心的“神韵”之美，是充实的内心世界、质朴的心灵付之于外的真挚表现，是自信的完美个性的体现。而所有的这些都来自于你所受的教育、你的自身修养以及你对美好天性的培养与发展。但是同时必须注意的是，真正的优雅是装不出来的，最真诚的往往才是最动人的。优雅是你完美的自信个性的体现，要知道你要做的不是奥黛丽·赫本或张曼玉，而是做你自己，培养那份真正属于你自己的优雅气质。只要你自信自己是优雅的，并时刻提醒自己这一点，那么你的优雅必定会闪耀出属于自己的光芒。

拥有优雅内心的你必定也会具有优雅的仪态，但是在平常的生活中经常听到有人抱怨说：“我也希望自己长裙拖地、步履轻盈、神情高贵地行走在华丽的宫殿里面，展现无限的优雅；我也希望在落日沙滩、椰树摇曳的美丽画面中悠闲地躺在长椅上，展现迷人的优雅啊！可是，我没有金钱，也没有时间，更糟糕的是，现代社会这么紧张快速的生活节奏已经不允许有优雅生存的空间了，为赶时间上班我只能在上班路上大口大口地啃手里的汉堡而不顾任何形象，你怎能要求我端坐桌前，举止文雅地一小片一小片撕好手中的面包，再从容地放进嘴里呢？总而言之，对现代女性（尤其是上班族）谈优雅是一种奢侈！”

确实，忙碌的生活节奏、为生存而奔忙的压力让现代女性无法生活得悠闲、精致，但是，我们至少应该在现实的生活背景下尽可能地活出优雅品位来。

实际上，优雅的展现方式有很多种，一个眼神、一句话语、一个动作、一抹微笑，无不让你优雅万分。曾听人说起过俄罗斯女郎的浪漫与优雅，哪怕她身上穷得只剩下一个卢布，也要为自己买一枝玫瑰花，而不是几块可以充饥的面包，这样的优雅让人吃惊，甚至想流泪。所以，不要以没有时间和金钱为理由而允许自己丧失能让你魅力指数大增的优雅，正所谓“只要有心，立地成佛”，只要留意，优雅无处不在。

有什么办法可以减轻无休止的压力，营造一个优雅的你呢？

每周至少一次，关上电视，听一曲优美的莫扎特小夜曲或经典萨克斯曲等柔情似水的轻音乐。

不要偏爱廉价化妆品。你应该拥有至少一种以上的优质香水。

选用声音悦耳的闹钟来叫醒你。由一个既设计美观又声音柔和的闹钟每天早晨把你从睡梦中唤醒，开始美好的一天。

举办晚宴时，你不必亲自下厨，可事先从餐厅预订一桌精美的饭菜；或者是请哪位想露两手的朋友代劳。这样你就可以远离满是油烟的厨房，而保持着优雅的仪态来好好招待客人了。

购买纸巾时，最好买那些带清新空气味道的湿纸巾。其他女性随身用品也应注意情调和色泽，粉红色的物件给人的感觉最有情调。

坚持定时做健身运动，而不要在工作得筋疲力尽之后，径直去洗桑拿浴。

尽量经常微笑。没有比快乐的、开朗的面容更令人喜爱的了。

优雅的魅力不是模仿他人或跟随时尚就能得来的，它是靠女人从自身的各个方面一点一点修炼出来的，女人在交际场上适度展现自己迷人的优雅能让自己光彩照人。优雅是女人最美丽的衣裳，穿上它，再普通的女人也会神采奕奕。

PART 02

美丽是一种生产力

生命如花，**女人就是要美丽**

有网友发帖："身边很多朋友，只要是长相漂亮的都很快找到了工作，我不知道现在的招聘究竟是选美还是选能力。看到那些几科补考的美女都找到很好的工作了，长相平平的我越来越郁闷。听说，现在有很多人为了工作去整容，大家说有这个必要吗？"

当然，帖子不足以说明什么问题，但从适合女性的职业看，样貌好、气质佳的女性还是占优势的，比如最适合女性的8大金领职业——公关、人力资源、传播媒介、外企白领、注册会计师、保险经纪人、职业经理人、金融业的职员，哪一个不需要跟别人打交道？只要是需要跟人打交道的职业，就一定会对应聘者的样貌气质有要求，因为样貌气质好的肯定讨人喜欢，毕竟良好的第一印象很重要。

难怪女人都希望自己是花容月貌，不惜把大把的金钱和时间用在衣服包包、瓶瓶罐罐上面。

也有女人说，我才不是为了别人而打扮自己，我是为了自己，打扮漂亮了，我心情就会格外的好。

其实，就女人幸福而言，工作、事业和爱情这三者中，爱情还是最重要的。

女人要为自己而美丽。

如果女人再有机会做选择题，不要选择“美貌”，因为“美貌”如花，终有一天会凋谢。女人要选择的应该是“美丽”，从美丽的女孩到美丽的少妇，再到美丽的母亲，最后到美丽的老太太。

林肯说，40岁，人就应该对自己的相貌负责了。还有人说，人的样貌，30岁以前由父母的基因决定，30岁以后就由自己决定。不管是哪种说法，都讲明了一个道理：人的相貌是可变的。“心善则貌美，心恶则貌丑”就是这个道理。

我们身边不乏这样的例子，那些心地阴暗、冰冷、狭隘的女人，越长越刻板、僵冷，少有生气，何来美感？而那些心地善良、心胸宽广的女人，懂得不断提升自己，则会越长越开朗、热情、自信、讨人喜欢，美感自生。

任何女人都有美丽的权利和机会，美丽的内涵不应仅停留在容貌姣好的层面上，在女人身上，美丽更多时候指的是由内而外散发出的气质和魅力。这是所有女人都能修炼得来的。

不论命运是以悲剧还是喜剧开始，女人的自我塑造才是自己幸福的根源，用爱去塑造，用情去塑造，用一切美好的东西去塑造，就会让自己美丽，让生命美丽。

在这个世界上，的确没有不凋零的花，也没有不老的容颜。女人如花，从含苞待放到鲜艳夺目，再到凋零花谢，这是女人的一生，但这并不意味女人的美丽就是那短暂的一瞬。如果女人总能想着在生命中留下善良、自信、坚忍、独立、修养、个性等方面的明显痕迹，那么她的生命就会一直美丽着。

女人生命如花，更要常葆美丽。

美丽是生产力，**要舍得为它投资**

1974年，心理学家兰德和赛格尔做了一个实验，他们让一些男人看几篇有关电视对社会生活影响的论文，要求他们看完后对论文做出“好”或“差”的评价。心理学家同时还告诉他们，这些论文都是某些女人写的（其实并非如此），每篇论文上都相应地贴着女性“作者”的照片，照片既有漂亮的，也有不漂亮的。结果发现，无论文章在客观上的质量如何，漂亮、有魅力的女人所“写”的文章往往被认为是一篇好文章。

心理学家阿伦森组织大学生们进行关于教育改革问题的讨论，他把参加实验的大学生分为两组，请两组被试者听取一个女大学生的发言。这个女大学生在对一个组发言时刻意打扮了一番，显得很漂亮；而对另一组发言时却换下了时髦的服装，改变了发式，不再具有在第一组发言时的吸引力。实验结果是，尽管发言内容相同，但她在第一组的发言让更多的人接受了她的观点。

“美丽的面孔是一半的好运。”“美貌是一封无声的推荐信。”已经有统计显示，那些长相漂亮的人，不管是女人还是男人，他们在社会上成功的概率更高，他们往往更能得到别人的好感和接纳。

难怪在论及人为什么爱美这个问题时，大哲学家亚里士多德会那么毫不客气地说：“只要不是瞎子，谁都不会问这样的问题。”我们也可以把大哲学家的话篡改一下：只要不是傻子，女人都应该为自己的美丽投点资。

1.健康的女人最美丽。

美好的形象和高雅的气质都是以健康为基石的。伊丽莎白·泰勒曾经这样忠告女人：“要为自己和家人的健康做好打算，而且越早越好。”在年轻时就注意健康，拥有健康的身体，确实是一项比其他投资更重要的投资，对健康的投资不但不会亏本，而且回报率很高。

如今的女人正面临前所未有的越来越大的压力，工作、婚姻、孩子、家务……紧张的一天下来，很多女人往往感到精疲力竭，长此以往，各种疾病也会不请自来。西班牙有句俗话："不是负担，而是过重的负担杀死了熊。"作为女人，一定要培养积极乐观的心态，养成好的生活习惯，并学会舒解压力，多运动，只有这样，女人才能让自己的生活轻松起来，并且越来越幸福。

2.三分长相，七分打扮。

经常有人说，年轻本身就是最大的美丽资本，所以年轻时就不用考虑为美丽投资了。是的，年轻是美，青春的美丽是无可比拟的，也是任何化妆品都难以代替的。但如果因此就认为年轻人不必打扮，那就大错特错了。俗话说得好："三分长相，七分打扮。"适当的打扮可以提升人的魅力。外貌再漂亮的女人，如果不打扮，也只不过是一块没有雕琢的玉，终究无法光彩照人。

漂亮的女人应该使自己更夺目，不漂亮的女人更应该通过打扮来弥补自己的不足。

3.不妨多读些书。

女人的美丽不仅美在漂亮的脸蛋和着装上，更多的还是体现在高雅的气质上。女人不妨多读些书，多增加点知识，以免跟不上潮流。

诚如励志大师史蒂夫·钱德勒所说："对于所有的人，都有一本书可以改变他的命运。"在茫茫书海中，总有一本书似乎是为你量身定做的，看到它就像遇到一位知心的老师，心中的疑惑就会释然而解，面前的路就会豁然宽广。既然读书有这么大的作用，那女人何乐而不为呢？

邋遢的女人没人看得上

猜猜看，一个邋遢男和一个邋遢女同时出现在街上，人们会怎么想？

这男人肯定没女人管，要不他怎么邋遢成这样？一个女人邋遢成这样，怎么过日子？

就是这样。男人邋遢，人们会责怪女人；人们十分不喜欢邋遢女人。这不是公平不公平的问题，而是长期形成的一种认识——整洁干净应该是做女人的底线。

在别的条件差不多的情况下，一个着装得体、整洁利落的女孩总会比邋遢女孩容易得到别人的喜爱；如果让她们去办同一件事情，邋遢女孩一准儿会遭到拒绝无功而返；不论是职场还是情场，整洁利落的女孩总能比邋遢女孩获得更多的机会。这和人的第一印象有关。第一印象的建立就像在一张白纸上画画，美也好，丑也罢，画上了就难以抹去，甚至还会左右人的行为和判断力——人们往往会无缘由地将好感和支持给予第一印象好的人，可能是因为“爱美之心人皆有之”吧。

英国形象大师罗伯特·庞德说：“这是一个两分钟的世界，你只有一分钟展示给人们你是谁，另一分钟让他们喜欢你。”看来为了这可怜的两分钟，女人再不能为了追求舒适而懈怠穿着打扮了。

懂得爱自己的女人，一定不是个邋遢的女人，即使是平常布衣，也会被她穿得干净整洁、别有韵味。即使是在家里，她也会穿着漂亮整洁的家居装，而不是一件旧的或者过时的衣裳。懂得爱自己的女人，是讲究生活品位的人，她是在认真地“过日子”，而不是“混日子”。

女人应该学会爱自己，会爱自己的人才有能力过上好日子。她会给自己留出专门的属于自己的钱和时间：学外语，定期体检，参加一个兴趣班，适当地做头发，购买衣服、化妆品，看时尚的杂志书籍，听音乐，约朋友一起去跳舞或吃烧烤……不管她是已婚女人还是单身贵族，都活得充实、快乐。

她的居室也充满女人的气息：墙上挂几幅色彩美丽的画或是几张家人的照片；阳台或居室里放几盆花；藤篮里装满时令水果或几本闲书……总之，她不会因为还没有成家或别的原因就把自己的居室弄得又脏又乱，她总是让自己的居室充满温馨。

几乎所有的男人都喜欢穿着讲究、打扮得体的女人，而无数的妻子却越来越让他们失望。结婚之后，尤其是生完小孩，逐渐进入中年以后，有很多女人都邋遢起来：穿着睡裙、拖鞋去买柴米油盐；像个工作狂，8小时以外也穿着工作服；不修边幅，艳俗邋遢，破了洞的丝袜也会穿；不讲卫生，不追求健康，开口说话不是带着怪味儿就是带着脏字……男人给她提建议，她还指责男人管得太多。这些女人或许在想：革命已经成功，幸福已经在手，还讲究什么啊？还是怎么舒服怎么来吧。

虽然女人是否爱整洁、爱打扮自己跟个人的性格有关，跟父母从小的教育有关，但后天的自我控制和管理能力才是女孩邋遢或整洁的关键原因。那些连脏衣服都能穿上身、家里不整洁的女孩，她们的自我管理和自控能力一定很差，而这样的女孩90%命运不会好到哪儿去。因为这样的女孩一般没有判断力和意志力，她们不但不愿意为人生成功付出辛苦努力，还会很容易受到外界的诱惑。

不要拿没有时间、没有金钱当借口。同样的工作，同样的生活环境，为什么有的人能把自己打理得有模有样，而有的人却丝毫不放在心上？要知道，干净利落的外表和生活作风是不会花费很多金钱和时间的。这不仅仅是家庭教育问题，这更是观念问题、生活态度问题。这样的女人要想改变命运，必须先从生活态度、生活习惯改起。

女人的美丽是一道风景，能让世界因之变得不再单调沉闷，也能让女人自身因之变得更加快乐和自信。作为女人，一定要将美丽进行到底，不给邋遢任何理由和机会。

别把性感误解成裸露

退回到几十年前，如果哪个男人对女人说“你很性感”，估计女人非给那男人一记耳光不可。现在不同了，如果哪个女人再听到男人的“你很性感”的恭维，她多半会心花怒放，稍后再轻启朱唇微笑着说上一声“谢谢”。

这种现象说明现如今的社会风气已经大不一样。人们在谈论的时候还大大方方地融入了欣赏的意味——时髦、含蓄、神秘，还有那么一丝暧昧。性感成了美丽动人、风情万种的代名词。

于是，很多女性开始大胆追求性感——漂亮的脸蛋、丰满的胸部、修长的大腿。她们不愿意再把自己曼妙的身材包裹在密不透风的衣装中，她们要毫无顾忌地把身体上的一切美好都展示出来。

她们的确打造出了一种性感——刻意的、最大限度的暴露。这种表达虽说有点原始、有点庸俗，但也的确招惹来了许多放肆的目光和非分之想。

男人的确喜欢性感女人，对于身材火辣、衣着豪放的女人，要不是碍于身旁女人的“家教”，他们从来不会主动收回火热的目光。但如果让他们把那种豪放女娶回家，他们却是万万不敢的，因为他们没勇气生活在提心吊胆中。

有男人曾毫不留情地说，抛去那一层诱惑的含义，太暴露的穿着其实是没有什么美感可言的，就更别说性感了。男人更看重的是女人在不经意间以自然的表情、举止或服饰流露出来的迷人气质。这种气质能激起男人欣赏、接近她的愿望，但那愿望中却绝不含有亵玩的欲望。

“性感”岂能等同于暴露？露不在多，一点点足矣。半遮半掩，欲露还羞，时隐时现，才能营造出巫山神女般的迷幻意境，才能让男人看过一眼后生出无限爱怜。在男人的心目中，骨子里散发着性感的女人，不庸俗、不造作、不轻浮、不放荡、不妖媚，她们的性感是自然的、健康的、感性的、优雅的、柔情的。当然，妖冶和暴露也能对男人构成诱惑，但那只是短暂的感官刺激而已；而一个自信、优雅、正派的女人所具有的性感则是来自精神并可以穿透精神的。

女人可以穿透精神的性别感染力来自于不同层面，外表、内涵、肢体语言、言语、自信等都能分别或综合地显现出女性区别于异性的独有魅力，并且这种魅力还是呈多样化的，概括起来可以分为3个层次：内在气质、举手投足引起的感觉、迷人的身材和外表。

浅薄之人常会把这3个层次倒过来去追求，所以才会陷入求而不得的苦恼之中。

性感不只是美貌者的权利，姿色平庸的女人也可以很性感。玛丽莲·梦露的性感是性感，陈文茜的性感也是性感。媚俗的性感，优雅的性感，引起人性冲动的性感，诱人遐想的性感，放诸不同的女性身上自会散发出不同的味道或产生不同的效果。任何女人都可以凭着自己的好恶去努力造就出一种自己喜欢的性感。

PART 03 优雅的行为举止让你脱颖而出

走猫步，**不是猫着腰走路**

毕加索说过：“没有浑圆可爱的小腿的女人是没有魅力的。”中国自古就用“风摆杨柳”“弱柳扶风”“莲步轻移”的步态来衡量女性之美，表明了腿对人，尤其对女人的重要性。

“美不美看大腿，正不正看脚步”，人的情绪常常会表现在腿形、步态上，没有什么比一个人的走路姿势更能决定这个人整体仪态的了。所以，一个女人要想给别人留下深刻的印象，给自己以及周围的人留下美好的感受，就得认真地迈好自己的每一步。

人总是在运动着的，站立的姿势、走路的姿势都美的人，同相貌美的人一样能抓住周围人的视线。

步幅很小、弯曲着膝盖、低着头走路，无论你多么年轻，看起来也没有朝气，像个老太太；而膝盖伸直、用大腿快步走路的，哪怕上了岁数，也会给人很精神的感觉。

那么，女人最美的走路姿势是什么呢？

我们经常看到时装模特的表演，可以说时装模特在舞台上，是以如何更美地走动（移动）来决定她的胜负的。从正面、侧面、后面各个角度看去，都必须是没有缺陷的、完美的走路姿势，才能够充分表现服装的内容，甚至可以说“走路姿势就足以决定一个模特的水平”。那些被称为“超模”的模特，不仅容貌、体形很完美，走路姿势也都是超一流的。

这些美丽的行走窍门又是什么呢？

姿势要正确，左右的肩胛骨向背部的中间靠近。要注意保持这种姿势，因为人在开始行走后，不知不觉注意力就会移到腿部，上半身就容易松弛下来。

因此，首先试着将手臂交叉后放在头部后面，背部中间和两臂的那些多余的肉也会因此而紧张起来。这个姿势做起来比较困难，但它对两只胳膊的变细有很好的作用，可以说是一举两得的事情，要比较努力才能做到。注意头部不要向前伸出，要有意识地将下巴尽可能伸出。这样就能让肩胛骨自然收紧，胸部

自然向前挺。

这个时候，你可以想象在身体的中间放了一根棍子。棍子从脚跟开始，穿过身体的中心，从头顶部穿出。想象将从头部穿出的棍子向上拔两三下的感觉，这样的姿势就差不多了。

在向前迈出第一步时，身体的什么部位放在最前面看起来会最美呢？是膝盖，是脚趾尖，还是头部？

不，都不对。正确的答案应该是胸部。有意识地将胸部向前挺出，将背部稍微收紧一些，这样走路，看起来会更美。“胸部在前、胸部在前”，你可以在心里默念着向前走。

还可以找些空闲时间，反复练习将双手交叉在身前走路的姿势。最初，你会感觉很僵硬，不能松弛下来，等你习惯了以后，就可以卸掉那些多余的力气，变得可以很自然地走路了。如果你穿的是裙装，或者是需要一种看起来更有品位的走路姿势的话，你可以将步幅调小一些，就像是在直线上编绳子一样——左脚落在线的右侧，右脚落在线的左侧——就如同把脚放下的感觉。即便是裙摆很窄的裙子、走路困难的裙子，也都能得心应手，并且这种走路姿势也很女性化。

坐姿里也有“**美人计**”

坐姿是一种艺术，坐姿不好直接影响到一个人的形象。对于女人来说，这一点尤为重要。因为它决定着你是一位高贵优雅的“女神”，还是一个缺乏教养的女人。一个女人的坐姿，甚至会影响她的一生。

在各种场合，都要力求坐得端正、稳重、温文尔雅，这是坐姿的最基本要求。

坐姿如何，是影响女人魅力的一大要素。虽然对于一般女人不宜用“坐如钟”来强求，但若坐姿不端，这种女人在别人的心目中会留下一个不好的印象。

坐是以臀部为支点，借此减轻脚部对人体的支撑力。坐能使人较长时间地工作，也是人们日常生活、社交中的常用姿势之一。因此，端庄、优雅、舒适的坐姿很重要，而且良好的坐姿对保持健美的体形也大有益处。

那么，什么样的坐姿可使女人显得稳重、端庄、落落大方呢？

（1）面带笑容，双目平视，嘴唇微闭，微收下颌。

（2）立腰、挺胸、上身自然挺直。

（3）双肩平正放松，两臂自然弯曲放在膝上，亦可放在椅子或沙发扶手上，掌心朝下。

（4）双膝自然并拢，双腿正放或侧放，双脚并拢或交叠。

（5）谈话时，可以有所侧重，此时上体与腿同时转向一侧。

正确的坐姿关键在于腰。不论怎么坐，腰部始终应该挺直，放松上身，保持端正姿势。

在社交场合中，坐姿要与场合、环境相适应。

1.坐姿自然。

平时坐在椅子上，身体可以轻轻贴靠于椅背，背部自然伸直。腹部自然收紧，两脚并拢，两膝相靠，大腿和臀部用力产生紧张感。如果与客人谈话时椅子坐得很浅，就会显得比较拘束。以脚用力着地来平衡身体，时间稍长就会觉得酸，这样的坐姿背部微驼，下巴突出，体态也不美。不妨一开始你就坐得深一些，然后背部保持直立，膝盖并拢，这会使你显得优雅而从容。

2.坐沙发的坐姿。

一般沙发椅较宽大，不要坐得太靠里，可以将左腿跷在右腿上，两小腿相靠，双腿平行，显得高贵大方。但不宜跷得过高，不能露出衬裙，否则有损美观与风度。也可双腿并拢，让双膝紧靠，然后将膝盖偏向与你讲话的人。偏的角度视沙发高低而定，但以大腿和上半身构成直角为原则，以表现女性轻盈、秀气的阴柔之美。

3.曲线坐姿。

双膝并拢，两腿尽量偏向后左方，让大腿和你的上半身成90度以上，再把左脚从右脚外面伸出，使两脚的外线相靠，使你的身形呈S形，优雅而妩媚。采取这种坐姿的女性一般是完美主义者，极重视自我的完美，追求每一部分、每一细节都显优雅，无懈可击。

4.正式坐姿。

膝盖与脚跟并起，背脊伸直，头部摆正，视线向着对方。

这种坐姿可用于面谈之类的正式场合，可给予对方诚恳的印象。但双膝不要并得太紧、一动不动，这体现了你的紧张感和不安全感。

坐时应克服不雅的坐姿，包括半躺半坐，前仰后倾，歪歪斜斜，两腿伸直跷起或双腿过于分开，跷二郎腿并抖腿摇腿，将两手夹在大腿中间或垫在大腿下等。不雅的坐姿给人轻浮且缺乏修养的印象，是失礼及不雅的举动。

容貌和身材是天生的，但坐相却是可以更改的，坐相不佳直接影响气质。因此，聪明女孩应时时注意约束自己，在潜移默化之中渐渐养成保持优雅坐姿的习惯。

没人愿意握**死鱼般的手**

握手是人际交往的第一次身体接触，虽然只有短短的几秒钟时间，但正是这关键的几秒钟，决定了别人对你的喜欢程度。如果你的双手冰冷无力，再加上一副毫无血色的尊容，这些会立刻传递出不利于你的信息，对方的心里便会留下对你非常不利的第一印象。

王敏是个热情而敏感的人，在某著名房地产公司任副总裁。有一次，她接待了建筑材料公司前来洽谈业务的销售经理田女士。田女士被秘书领进了王敏的办公室，秘书对王敏说："王总，这是××公司的田经理。"

王敏离开办公桌，面带笑容，走向田经理。田经理伸出手来，和王敏握了握。王敏握到了一双有气无力、形同死鱼般的手，看看田女士那张毫无生气的脸，随后王敏客气地对她说："很高兴你来为我们公司介绍这些产品。这样吧，材料先放在我这儿，我看一看再和你联系。"这位经理在几分钟内就被王敏送出了办公室。几天内，田经理多次打电话，得到的都是秘书相同的回答："王总不在。"

到底是什么让王敏这么反感一个人呢？王敏在一次员工会议上提到这件事时说："首次见面，她留给我的印象糟糕透了，即使是身体不适，遇到这种场合，她也应该打起精神，这可是关系到合作成败的重要时刻。她伸给我的手不但看起来毫无生机，握起来更像一条死鱼，冰冷、僵硬、毫无热情。还有她的那张脸，看起来就让人泄气。当我握她的手时，她的手掌也没有任何反应。握手的这几秒钟，她留给我一个极坏的印象，她的心可能和她的手一样冰冷、毫无生气。她的手让我感到她对我们的会面并不重视。作为一个公司的销售经理，居然不懂得个人形象的重要性，她显然不是那种经过严格职业培训的人。她的公司能够聘用这样素质的人做销售经理，可见公司管理人员的基本素质和层次也不会高。这种素质不高的人组成的管理阶层，怎么会严格遵守商业道德，提供优质、价格合理的建筑材料呢？我们这样大的房地产公司，怎么能够与这样作坊式的小公司合作？怎么会让他们为我们提供建材呢？"

给别人留下一个良好的印象，在商业社会里意味着经济效益。否则，就会像上面的那位销售经理一样，失去极好的商业机会。

一位经理人在谈到当初面试新助手W小姐时说：“当我们握手时，她的手紧紧握住我的手，上下摇动，十分热情，就好像我们是多年的老朋友，再看一看她阳光般健康灿烂的笑容，我完全被她的热情所融化。虽然她没有成为我的助手，却成为我的朋友。”

所以，女孩们要注意了，看看你的身体是不是够健康，你的笑容是否够灿烂，你与人握手是否够有力。留给别人健康、充满活力的好印象，你也就同时留住了自己的人脉。毕竟，人人都喜欢站在他们面前的是健康且朝气蓬勃的女孩。

做个令人心仪的**电话美人**

电话是当代生活必不可少的一部分，打电话、接电话都有许多讲究，聪明女孩要想做个令人心仪的电话美人，需要掌握一些使用电话方面的技巧。

1.打电话。

打电话的时候，要注意以下几点：

（1）首先通报自己的姓名、身份。必要时，应询问对方是否方便，在对方方便的情况下再开始交谈。电话用语应文明、礼貌，电话内容要简明、扼要。

（2）择时通话。女性打电话选择通话时间非常重要，公事应在工作时间内打。和父母打电话，可以随时打。和外人打电话要注意，不要影响对方的私人时间。一般来讲，周末、假日，晚上八点以后、早上七点之前，不要因为公事把电话打到其他人家里去，骚扰对方。

女性想求职，到一个单位去了解情况，要明白什么时间打电话最合适，礼拜一刚上班最好别打。同样的道理，礼拜五还差半个小时就下班了，也别打。临近下班时间也最好别打，因为这时打电话，对方往往急于下班，很可能得不到满意的答复。

（3）打电话通话时间要短，长话短说，废话不说，没话别说。有些人不大注意这点，拿起话筒之后滔滔不绝。“喂，您猜我是谁？听不出来了？不够朋友。”不要这样一个劲让人猜下去，会使对方厌烦，既浪费时间又浪费钱。打电话，一般来讲遵循通话3分钟原则。拨错电话要道歉。

（4）通话完毕时应道“再见”，然后轻轻放下电话。

2.接电话。

电话是一种常见的通信工具，接电话的礼仪也是公共关系礼仪的重要内容。

（1）在办公室接电话一定要及时，一般铃响不超过3声，这是表示对客人的重视。在管理严格的企业，电话连响6声才来得及接的话，第一句话要说“抱歉，让您久等了”。不要铃响一声就接，这时对方还没做好准备，是不礼貌的。

（2）要用规范的通话语言。拿起电话之后第一句话就是要说“您好”，第二句话自报家门，比如“您好，我是某某”。

（3）女性在接电话时，一旦遇到掉线的情况，要及时拨回去，当电话再次接通之后要说明歉意，别让人家觉得你故意挂断他的电话。

（4）女性在电话交谈完毕时，应尽量让对方先结束对话，若需自己先结束，应解释、致歉。通话完毕后，先等对方挂断，再轻轻放下电话。

3.通话。

女性在通话中也要注意一些技巧。在现代社会中，每天有许多事情都要通过电话来商谈、询问、通知、解决。在通话中接触多了，人们就会对你产生好或不好的印象。印象好，他可能多跟你说几句；印象不好，也许三言两语就会收线。

在通话中，女性必须小心控制声调，让你的语言能够温和、亲切、悦耳地传达出你的友谊。

通话时请注意：你的口要正对话筒，口唇要离开话筒大约半寸，音量不要太大或太小，咬字要清楚，说话速度要比平时略微缓慢，必要时把重要的话重复两次；提到时间、地点、数字，一定要交代得非常仔细。

结束通话时，要把刚才谈过的问题适当总结一下。比如说："我将在星期五中午告诉您最后的数字。""我看双方还需要再做些调查才好定案，找时间再谈一次如何？下星期二您方便吗？"不要等到通话结束了，问题还没有解决。

女性放话筒的动作要轻，否则对方会以为你在摔电话。话筒没放稳前，千万不可发牢骚、说怪话，对刚才的交谈妄加评论，以免被对方听到。要是不巧被对方听到，那可就大煞风景了。

让对方为你的**声音着迷**

如果你有一副好听的嗓音，那么这就是你参与说话讨论的天生资质，你一定能引起别人的注意，很可能因此成为讨论的主角。即使你没有一副悦耳动听的好嗓音，那么你也要力求使自己的声音给人以如沐春风之感。

怎样才能使你的声音为你增添魅力，让对方着迷呢？

1.注意自己聊天的语调。

语调能反映出一个人的内心世界、情感和态度。你是一个热情诚恳、令人信服、乐观幽默、可亲可近的人，还是一个呆板保守、好挑衅、好阿谀奉承、令人生厌的人；你是一个优柔寡断、自卑、充满敌意的人，还是一个诚实果断、自信、坦率并尊重他人的人，从你说话的语调中，人们都能感受出来。

无论你谈论什么样的话题，都应保持说话的语调与所谈及的内容相协调，并能恰当表明你对某一话题的态度。

动听的语调有助于提升你的个人魅力，亲切的话语往往比雷霆万钧更能得到你预期的反应。

2.注意发音的准确性。

人们所说出的每一句话、每一个词都是由一个个最基本的语音单位组成，然后加上适当的重音和语调。正确而恰当的发音，有助于你准确表达自己的思想。这也是提高你的言辞智商的一个重要方面。只有清晰准确地发出每一个音节，才能清楚明白地表达出自己的思想。相反，不清晰的发音会损害你的形象，有碍于你展示自己的思想和才能。

3.不要让声音尖刻刺耳。

每个人的音域范围可塑性很大，或高亢，或低沉，或单一，或浑厚。聊天时，你必须注意控制自己的音色，不要让自己的声音尖刻刺耳。

有时，为了获得一种特殊的表达效果，人们会故意降低音调。大多数情况下，应该在自身音调的上下限之间找到一种恰当的平衡。

4.控制说话时的音量。

有的人说话时为了引起别人的注意，发出的声音往往又尖又高。

其实，语言的威慑力和影响力与声音的大小，完全是两回事。不要以为大喊大叫就一定能影响他人，声音过大只能迫使他人不愿听你讲话，甚至讨厌你这个人。与音调一样，人们聊天的声音大小也有其范围。试着发出各种音量大小不同的声音，仔细听听，找到一种最为合适的、最易为人所接受的音量。

5.充满热情与活力。

响亮而生机勃勃的声音给人以充满活力与生命力的旺盛之感。当你向他人传递信息、劝说他人时，这一点十分重要。当你讲话时，你的情绪、表情同你聊天的内容一样，会带动和感染你的听众。

6.注意聊天的语速。

在说话的时候，一定要努力保持恰当语速，不要太快也不要太慢，在聊天时不断调整。当你想和别人交谈时，选择合适的语速十分重要。偶尔停顿无关紧要，不过不要在停顿时加上“嗯……”或时不时地清嗓子。

综上所述，在与人交谈的过程中，尽管嗓音是后天不可改变的，但只要掌握好说话的语态等方面的因素，你的声音就完全可以让对方着迷。

第四篇

你的气质就是
你手中的幸福魔方

PART 01 让自己“畅销”要靠气质“商标”

善用女人的资本为自己谋幸福

语言作为女人的武器，不仅可以帮助女人战胜自己的竞争对手，在激烈的竞争中脱颖而出，而且还可以使女人在危险的环境中占据主动，化险为夷。

可惜的是，大多数女人并不知道自己的这一先天优势，所以从未善加利用。比如遇到抢劫等危急时刻，女人总是以弱者自居，希望能从别人那儿、男人那儿得到帮助。当别人靠不住时，女人就只好自认倒霉了，同时还不忘用“女人当然不是男人的对手”进行自我安慰。

女人真的不是男人的对手吗？当然，如果女人和男人发生身体上的直接碰撞，女人肯定占不到什么便宜。可是，如果女人能善加利用自身的优势，以柔克刚，男人也就不敢视女人为等闲之辈了。

在先天优于男人的众多优势中，女人超强的语言能力是男人所不能及的。争论中，女人总能让男人哑口无言；在表达同样的想法时，女人总能比男人表述得更清晰到位；在描述一件事实时，女人总能比男人说得绘声绘色。日常说话是这样，学外语也是这样。

这个优势是由女人的大脑结构决定的。女人的语言功能较均匀地分布定位在两个大脑半球，而男人则不是，习惯使用右手的男人，他的语言功能则主要定位在大脑的左半球。

出色的语言能力决定了女人更适合与人交谈，无论是一般的朋友聊天还是严肃的商业谈判，女人往往都能够占据主动，顺利实现自己的交流目的。而有了这一保障，女人完全也能像优秀的男人一样，在职场中得心应手，在家庭关系中如鱼得水，在人际交往中左右逢源。

独特的大脑结构——信息可以在两个大脑半球之间迅速传递，决定了女人的感觉能力也是优于男人的。女人的眼睛会说话、女人的背后长眼睛、女人有第六感觉、女人的直觉最灵敏等，都不是凭空给予女人的恭维，这都是事实。几个世纪以来，女人一直被誉为拥有超自然能力，包括预言结果、揭露谎言、与动物交流和发现真理。女人的感觉能力可以说是相当优秀的。

说实话，这也是让男人最郁闷、最困惑的一点。女人能清楚地觉察出别人心里不愉快或感情受到伤害，而男人却不能。他们只有看到女人流泪、火冒三丈或被扇了耳光后，才意识到发生了什么不对劲的事。

男人对女人说谎很容易就会被发现并被揭穿，因为女人通过迅速收集信息，包括男人的眼神、语言、肢体语言等能直接判断出男人的话有多少是真、多少是假。只有在电话、信件或黑暗的房间中，男人说谎才可能成功。相反，女人对男人说谎却不容易被男人发现，因为男人对语言信号和非语言信号的不协调一点都不敏感。

在语言能力和感觉能力上，男人在女人面前往往会自愧不如，但在思维能力上他们却颇为自信，有些男人甚至偏激地认为女人根本就不会思考。的确，如果论及思维的深度、专注程度、空间能力、逻辑能力等，女人是不如男人，但是从思维的多向性和想象力看，男人却不如女人。女人可以同时做几件互不相关的事，还能不出错，而男人却不行，他们一次只能专注于一件事。在那些需要发挥创造性的领域，女人往往会表现得更加出色。

女人在紧急的情况下往往能急中生智，提出不同的建议，想出有效的解决办法。这是因为女人的思维方式是网络式的，

当遇到紧急情况的时候，她们的整个大脑就会完全兴奋起来，而大脑内部这个庞大的网络也会开始多方向收集有利的信息，所以女人考虑问题往往更全面，而且可以针对同一个问题提出不同的解决方法。

天生的语言、感觉、思维优势造就了女人的组织能力、规划能力和管理能力也优于男人。

无论是多么复杂混乱的局面，女人都有能力迅速地重新组织一切，让其变得井井有条。在处理一些琐碎的事务上，女人比男人更有耐心，所以会比男人完成得更好；在行政、文秘等岗位上，女人一般都会做得得心应手，这主要是因为女人天生就具有化繁为简的能力。

受天生的组织才能影响，女人还有着不俗的规划能力，这一点在家庭生活中就可以体现出来——结婚生子之后，生活不断发生变化，但是女人的生活却从来都没有陷入混乱之中。从这一点看，女人也完全有能力胜任统揽全局的工作。

女人在管理上比男人更占优势。首先，管理者应该具备的组织和规划能力都是女人的强项；其次，女人具有敏锐的洞察力，这使得她们更容易发现每个员工的特长，因此可以将员工的潜能发挥出来，为公司创造更大的利润；此外，女人还具有很强的语言能力，她们可以巧妙化解工作中的各种矛盾，增强企业的凝聚力。

女人天生是尤物，这不仅仅体现在视觉上的审美优势，在能力上，女人也拥有男人不可匹敌的优势。这些优势女人如果利用好了，不但能克制男人，也能让女人像男人一样潇洒豪迈地游走四方。

毋庸置疑，在现在的社会，涉及具体事务时，男人还占据着绝对的优势。也就是说，相对男人的身体、社会地位、所占据的社会资源等，女人的确是弱者。但是别忘了，男人天生都想做女人的保护者，女人也可以在男人的羽翼下发挥优势、养精蓄锐，然后开创出属于自己的幸福天空。

好女孩和好女人的大误区

什么样的女孩是好女孩？什么样的女人是好女人？按老祖宗的标准，就是必须得做到“未嫁从父，出嫁从夫，夫死从子”“妇德、妇言、妇容、妇工”（妇女的品德、辞令、仪态、女工），即所谓的“三从四德”。于是，女孩从一懂事那天起，就被其父母灌输“一定要听话啊，只有听话的女孩才能得到别人的喜爱”的观念。

于是，被洗脑的女孩就成了“乖乖女”“乖乖媳”。未嫁之前对父母之命言听计从，只要是父母吩咐的，就一定照办，从不忤逆父母，即使自己有不同的意见也不敢表达，否则自己都会鄙视自己不孝顺。为人妇之后，对夫君之言百般迁就顺从，一切以丈夫的意见为主，从不擅自决定家里的事情，自己的想法一般都忽略不计，否则，丈夫出轨、家庭破裂就全是自己的错。

被洗脑的女孩、女人不会轻易对别人发脾气，因为她们害怕自己的怒火会伤害到别人，更怕给别人留下不好的印象；她们不会向传统道德挑战，因为在她们看来，违背道德的女孩绝不是好女孩，而且必然会遭到社会上所有人的指责和唾弃。

就是在工作上，这样的女孩、女人也会表现得谦虚勤奋，从不表露自己的才能，因为她们害怕别人说自己吹嘘炫耀。她们会愚蠢地认为“是金子就会发光”，只要自己有能力，总会有被发现、被重用的那一天。

这真是女人的悲哀。人类社会文明程度已经达到相当水平的今天，竟然还会有女人被封建礼教束缚得全没了自我。她们小心翼翼地刻意讨好父母、丈夫、身边的所有人，以期望赢得一团和气、皆大欢喜。可是，这样的女孩、女人真的就能获得幸福吗？未必。

这样的女人其实是陷入了巨大的误区。何谓“三从四德”？那是为适应父权制家庭稳定，维护父权、夫权利益需要制定的“内外有别”“男尊女卑”，那是对女人的歧视和侮辱。男人，不管是父亲还是丈夫，就永远都是正确的吗？女人就只配做男人的附属品，而忽略自己内心的感受和幸福吗？虽然现在不再用“三从四德”对女人上纲上线了，但它的余毒还沉淀在某些软

弱女人的骨子里、血液中。

女人也是人，也有享受快乐和幸福的权利。就算是父母说的，也没有必要为了让他们满意而违心地去遵从。盲目遵从父母的结果很可能就是放弃理想，放弃爱情，放弃自己想要的生活。丈夫的意见也没必要言听计从，错误的想法、观念和做法绝不会因为是出自于你的丈夫就不会给家庭造成损失、带来厄运。

人际交往也是一样，虽然我们更推崇女人要做个“柔道高手”，但那也并不是让你一味地柔、一味地软。所谓的“柔道”其实是一种策略，该软的时候要软，该韧的时候要韧，该硬的时候也不能含糊。如果一味地忍让或退让，换来的一定是别人的得寸进尺和你的心力交瘁。所以，该发表异议的时候就不能吞吞吐吐，该表达愤怒时就不能假装涵养和大度，否则别人会认为你是无能的软瓜，会欺负你。当然，表达异议和愤怒要讲策略：首先，不能气坏了自己；其次，不能把人际关系搞得一团糟；最后，不能让自己陷入绝地。

职场中更是如此，这样怀揣被动心态的女孩或女人，等来的只能是被忽略和被埋没。现如今什么都缺，就是不缺人才，如果不主动表现，再有能力的人也会由“人才”变成“人口”，最后淹没在泱泱的人流中。

女人应该对自己好一点儿，虚无缥缈的东西和实实在在的生活相比，简直就是不值一提。对女人来说，生活幸福才是硬道理。在别人那儿讨得一百、一千、一万个好也不如过上幸福生活更具有实际意义。这笔账相信聪明的女人们都能算得清。

找回自己，**把握生命主动权**

现实生活中，很多女人都在没有自我地活着：她们很会设身处地地为他人着想，也很愿意全心全意地为他人行方便；把家务操持得井井有条，把主妇角色扮演得尽职尽责，把丈夫服侍得心满意足；一旦自己的需求和家人的需求、自己的事业和丈夫的事业发生冲突，让路的永远是自己。

这些女人或许不承认丢弃了自我，或者干脆没意识到，但如果问她们一个问题——你和你自己的内心世界保持一致了吗？想必她们就会对自己的人生有所思考了。没有自我地活着的人当然无法和自己的内心保持和谐，因为她们外在的要求和自己的真实要求没有取得平衡。

没有自我的女人往往会被冠以伟大的帽子，因为她们温顺善良、言行得体、举止大方，处处为他人着想，永远将别人的需求放在第一位，只要能让身边的人满意，自己受再大的委屈也没关系。这样的女人或许是可歌可泣的，但她们却绝不会获得心灵上的幸福，因为寻常女人的顺从和奉献都是为了得到相应的回报，但是这世界并未公道得有付出就有回报，这样付出者自然就会非常失落，甚至抱怨自己命苦。不能做自己想做的事，也不能过自己想过的生活，她们甚至会认为生活毫无意义。

之所以不快乐，还因为她们在丢弃自我的同时把自己的价值也一并丢弃了。而意识不到自己价值的人又往往会认为自己必须要依靠别人才能生活得更好——当自己做成一件事的时候，她们会认为是因为自己的运气好或者有他人的帮助；而当她们做不成一件事的时候，则会将问题归结在自己的无能为力上。即便她们做出的美食受到全家人的称赞，完成的策划案得到领导的认可，通过自己耐心的劝说化解了朋友之间的矛盾，即便她们的作品感染了无数人，她们的热舞让全场沸腾……她们都不认为这是自身价值的体现，她们会说“这些事所有女人都能做到，没什么可自豪的。”试想，一个从未享受过自豪感和成就感的人，能发自内心地体会到快乐和幸福吗？别忘了，任何人只有意识到自己的价值才不会妄自菲薄，才不会事事都想寻求他人的帮助，才能够客观地看待挫折而不被轻易打倒，才能够真切地感受什么是生活、什么是快乐、什么是幸福。

她们能真切地体会到自己是不幸福的，却还乐此不疲地做着自欺的事情，原因在于，自古至今，人们心目中理想女人的标准就是温顺友好、善解人意、谦逊大方、先人后己的。于是，她们就把自己修炼成了无心无脑的小绵羊，乖巧可人，不敢说出不同的意见，不敢表达真实的愿望，唯一敢做的就是如何讨人欢心、让人满意。

其实，女人在维持伟大形象的时候完全没必要抛弃自我，因为独立自我的女人才更有女人的味道，才更能在她自己幸福的前提下让别人更幸福。只有拥有幸福感和想拥有幸福感的女人，才不会整天把自己搞得疲惫不堪来塑造自己的伟大，才不会在付出的时候期望得到别人等量的回报，才不会在得不到回报的时候将自己的付出挂在嘴边，唠唠叨叨、喋喋不休，让人心烦意乱、不得安宁。

有的女人认为过多考虑自己的人是自私的。这纯粹是太虚伪的标榜，因为只有懂得爱自己的人才能更好地去爱别人，只有自己的需求先得到满足的人才会心甘情愿地去满足别人的需求。这是人的本性。当然，我们所说的关注并不是首先满足自己的内心需要，也并不是就让你不择手段。满足自己的需要也要有一个条件，那就是不能侵害别人的利益。

既然丢弃自我并不能让自己快乐、让别人快乐，女人为什么不试着做出一些改变呢？尊重别人的意见，却不放弃自己的想法；体谅别人的

辛劳，同样爱惜自己的身体；帮助需要帮助的人，却不勉强自己；全心全意地爱自己的丈夫，却不因为爱他而失去自我。女人只有做到这些，才不会让自己成为别人的附属品和情感上的累赘，才能让别人快乐轻松，让自己快乐幸福。只有这样，女人才会拥有生命的主动权，才能自主地把握住命运的走向。

更加准确地**了解你自己**

有哪些事情对你的生活来说非常重要，你却因为时间和精力的原因而迟迟地没有去做？有哪些事情对你的工作来说非常重要，你却因为忙于应付一些微不足道的小事而迟迟没有去做？

这两个问题，如果你都能给出一个明确的答案，说明你还是了解自己的需要的，只是没有遵循要事第一的原则；如果你给不出明确的答案，说明你连你自己想要什么都不知道，那只能用“浑浑噩噩”来形容你的人生了。

不管你属于哪种情形都没有问题，只要按照下面的纠错程序去做，你就能更加准确地了解你自己，能让生活更有条理性，直至达到你心目中的生活境界。

实际上，生活中有很多女人都不太了解自己，有些甚至根本就不知道自己真正需要什么、在乎什么。当别人对她做出某种评价时，她甚至会怀疑那个人是不是自己。

这样的女人是很可悲的，因为她们从来就没有体会过真正的幸福，更不懂得什么是真正的快乐。当她们和最好的朋友在一起时，也会感到寂寞；当她们实现了自己的目标时，也会觉得高兴不起来；当她们接受鲜花与掌声时，会感到很失落；当别人羡慕她们的幸福时，她们会感到很不以为然；当她们拥有足够的物质财富时，会感到很空虚；她们会做一些连自己都不能理解的事情；她们会为别人对自己的赞赏而感到不安……

为什么我们会连自己都不了解呢？是什么蒙蔽了我们的双眼，让我们看不清真实的自我呢？是我们生活的环境。在人的一生之中，要受到来自家庭、学校、社会的影响，它们在不知不觉中制约着我们，左右着我们的思维。

正因为我们每个人都会受到后天环境的影响，所以我们才会在成长的路上迷失方向，得不到自己想要的生活。如果我们不想继续迷茫下去，那就要重新探索自我。只有了解自己的真正需要，才能向着自己真正的目标努力，过上自己理想中的幸福生活。

怎样做才能真正地了解自我呢？请为你的生活打分，通过分数，我们可以了解到我们最在乎的东西，找到我们心目中的理想生活状态。

爱情：现实中的爱情是自己心中所期望的吗？（　）

配偶：你的配偶是你心目中的另一半吗？（　）

家庭：你的家庭关系和睦吗？（　）

家居：你对自己目前的居住环境感到满意吗？（　）

健康：你的健康状况够得上良好吗？（　）

休闲：在休假的时候你能得到放松吗？（　）

享乐：你会刻意去做一些事来让自己快乐吗？（　）

精神：你觉得自己的人生有意义吗？（　）

友情：你和你的朋友亲密无间、无所不谈吗？（　）

敌人：你会原谅和宽恕你的敌人吗？（　）

自我：遇到事情你总是先考虑自己吗？（　）

事业：你正在从事你所热爱的职业吗？（　）

创造力：你有创新意识吗？（　）

金钱：你的收入可以满足家庭的日常开销吗？（　）

名利：你的名声好吗？（　）

上面这15项，一定有一项是你最在乎的。比如说你可能更注重家庭，也可能更注重事业，还可能更注重健康。

认真思考这15个方面，根据自己对生活中该部分的重视程度来给其打分，满分为10分，最低为1分。

打完分之后，分数最高的那一项就是你最在意的生活内容。如果出现了并列项，则要对这两项进行比较，选出自己更在乎的那一个。

了解自己对生活中各个方面的重视程度以后，我们再对自己目前的生活状况进行一次评估。保留上面的结果，重新对这15项打分，只是打分的依据发生了变化。这次以自己对生活中各个部分的满意度为依据，非常满意的就打10分，非常不满意的就打1分。

最初得到的分数，让我们了解了自己内心的真正需求；而这次得到的分数则是对目前生活品质的衡量，具有更为重要的意义。因为只有找到生活中不尽如人意的地方，你才能知道自己最该做的是什么，并着手去改变它们，提高自己的生活品质。

另外，请注意你的分数，将所有分数加在一起，如果总分数较低，那就说明你目前的生活品质比较低，还有待改进。而在测试中得分最低的几项，则是你应该首先去改变的。如果得分较低的几项正好是你比较看重的，那就更应该马上着手改变了。事实上，这种情况是经常发生的。因为重视程度较高，所以要求自然也就比较高；而对于自己不重视的东西，对它的要求也会比较低，所以尽管目前的状况可能并不理想，但也会让你感到满意。

我们也可以把这样的测试应用到具体某一项的内容中，比如工作，我们也可以列出15个或更多的方面，给自己打分，以了解自己目前对工作的满意程度，以及哪些事情是自己当务之急最该做的，哪些地方是自己最需要改变的。

每个人所在乎的东西都是不一样的，如果你想生活得更好，那就要尊重内心的真实想法而做出评判。只有让你感到满意的生活才是最理想的生活，别人的看法并不重要，只有自己真的开心，才能好好地享受生活。

这是一种了解自我的测试方法。通过这个测试，我们可以知道什么对自己最重要，什么是自己的要事，什么是自己最该做并必须做好的。

对于生活中的具体事务，每天要做的事情，则可以通过事务分类表来筛选要事，它可以帮助我们避免被琐事牵着走。

《高效能人士的七个习惯》一书中介绍了一个方法，这个方法对我们每个人来说都适用：

	紧急	不紧急
重要	Ⅰ 重要且紧急	Ⅱ 重要但不紧急
不重要	Ⅲ 紧急但不重要	Ⅳ 不重要也不紧急

生活中的任何事情都可以放入上面的表格中，并且通过这些事情在表格中所在的位置，我们很容易地就能设计好自己的日程表了。

通过上面这个表格我们也可以发现，我们所犯的“想把所有的事情都做好”的错误是多么愚蠢——那所有的事情当中竟然有3/4或者1/2是不需要马上做，甚至是根本就不需要做的。只要做好那1/4重要且紧急的事情，我们的生活品质就不知要提高多少，我们的人生目标说不定早已经实现了呢。

PART 02

生活要精致，女人要气质

永葆你的**别样风情**

卡耐基认为，这样一种女人最具魅力：她们聪明慧黠、人情练达，超越了一般女孩子的天真稚嫩，也迥异于女强人的咄咄逼人。她们在不经意间流露着柔和知性的魅力，同时也同人群保持若即若离的距离。

一、做人群中最耐看的风景

英国作家毛姆曾经说过：“世界上没有丑女人，只有一些不懂得如何使自己看起来美丽的女人。”现代女性早已经学会在繁忙和悠闲中积极地生活，懂得如何读书学习，也懂得开发自身的潜能，从而使自己的女性魅力光芒四射。

下面是一位女性朋友的心得：硬件不足软件补（沙浜，女，35岁）。

作为一个女人，只有漂亮的脸蛋是远远不够的，她必须学习，不断地在精神上有所进取。当然，并不是因为我丑才说这番话的。因为相貌一般或欠佳的女性，非常明白自身的缺陷，所以就特别需要懂得去发掘自己的个性美，更注重内在气质的培养和修炼。

我曾在一家国有企业任职，我们办公室有两女三男，另一个女孩的确长得很漂亮，她也因此占尽了便宜。要论能力、论业务，她样样不如我，可一遇到涨工资、晋升职称、疗养的机会，却样样都是她的。

面对这些不公平，我没有说什么，只是暗暗地读书学习，报名参加了英语班、计算机班和舞蹈训练班，给自己“配置”和“升级”了许多优秀的软件，因为我很清楚自己的硬件不足，只有靠软件来补了。

两年后，我辞职来到一家合资企业。在那里，我从一名职员开始做起，一直做到总经理助理。在一次谈判结束后，对方的老总邀请我共进午餐。后来，他成了我的先生，他说那天我在谈判中沉着冷静、不卑不亢的态度和优雅的举止、不凡的谈吐，深深地吸引了他。当时，他觉得我是最美的女人。

现在，我已经自己做了老板，有了一个可爱的孩子。先生说我在家庭中是贤妻良母，在事业上是个优秀的管理者。

看来，有情趣、有智慧的女人是最美的。女性的智慧之美胜过容颜，因为心智不衰，它超越青春，因而永驻。“石韫玉而山晖，水怀珠而川媚。”西晋人陆机这样评说智慧之美。谚语云：“智慧是穿不破的衣裳。”衣裳，自然是与风度美息息相关的。所以，现代女性中注重培养自身风度之美者，在不断改善自身的意识结构和情感结构的同时，无不特别注重改善自身的智力结构，积极接受艺术熏陶，使自己的风度攫获闪耀的智慧之光。

很多男人在言语行文中流露出一种对知性女人心驰神往却又可望而不可即的无奈与惆怅，在他们眼中，这一类女人人间难求，绝对不是俗物。事实上，“知性女人”是食人间烟火的俗人，她们同样离不了油盐酱醋茶，同样要相夫教子，因为只有大俗方能大雅，只有这样才是完美女人。

在卡耐基看来，知性女人的优雅举止令人赏心悦目，她们待人接物落落大方；她们时尚、得体、懂得尊重别人，同时也爱惜自己。知性女人的女性魅力和她的处世能力一样令人刮目相看。

在卡耐基眼里，灵性是女性的智慧，是包含着理性的感性。它是和肉体相融合的精神，是荡漾在意识与无意识间的直觉。灵性的女人有那种单纯的深刻，令人感受到无穷无尽的韵味与极致魅力。

二、具有弹性的性格

弹性是性格的张力，有弹性的女人收放自如、性格柔韧。她非常聪明，既善解人意又善于妥协，同时善于在妥协中巧妙地坚持到底。她不固执己见，但自有一种非同一般的主见。男性的特点在于力，女性的特点在于收放自如的美。其实，力也是知性女人的特点。唯一的区别就是，男性的力往往表现为刚强，女性的力往往表现为柔韧。弹性就是女性的力，是化作温柔的力量。有弹性的女人使人感到轻松和愉悦，既温柔又洒脱。

真正的智慧女性具有一种大气而非平庸的小聪明，是灵性与弹性的结合。一个纯粹意义上的知性女人，既有人格的魅力，又有女性的吸引力，更有感知的影响力。她不仅能征服男人，也能征服女人。

这类女人不必有闭月羞花、沉鱼落雁的容貌，但她必须有优雅的举止和精致的生活；不必有魔鬼身材、轻盈体态，但她一定要重视健康、珍爱生活。她们在瞬息万变的现代社会中总是处于时尚的前沿，兴趣广泛、精力充沛，保留着好奇纯真的童心。她们不乏理性，也有更多的浪漫气质——如春天里的一缕清风。书本上的精词妙句，都会给她带来满怀的温柔、无限的生命体悟。她们因为经历过人生的风风雨雨，因而更加懂得包容与期待，具有了灵性与弹性完美统一的内在气质。具体来说，女人的魅力主要体现在以下几个方面：

1.丰富的内心。

有理想，是内心丰富的一个重要方面；有知识，是内心丰富的另一个重要方面，这是现代女性必不可少的。掌握一定的科学文化知识会使女性魅力大放光彩。除此以外，女性还需要胸怀开阔。法国作家雨果说过：“比大海宽阔的是天空，比天空宽阔的是人的胸怀。”然而，多数女人做不到这一点。

2.突出的个性。

女性的美貌往往具有最直接的吸引力，而后随着交往的加深、广泛的了解，真正能长久地吸引人的却是她的个性。因为这里面蕴涵了她自己的特色，是在别人身上找不出来的。正如索菲娅·罗兰所说：“应该珍爱自己的缺陷，与其消除它们，不如改造它们，让它们成为惹人怜爱的个性特征。”刚柔相济是中国传统美学的一条原则，人的温柔并非沉默，更不是毫无主见。相反，开朗的性格往往透露出女性天真烂漫的气息，更易表现人的内心世界。

3.优雅的言谈。

言为心声，言谈是窥测人们内心世界的主要渠道之一。在言谈中，对长者尊敬，对同辈谦和，对幼者爱护，这是一个人应有的美德。

4.高雅的志趣。

高雅的志趣会为女性的魅力锦上添花，从而使爱情和婚后生活充满迷人的色彩。每个女性的气质不尽相同，女性的气质跟女性的人品、性情、学识、智力、身世经历和思想情操分不开。要有优雅的气质和风度，需有良好的教育和修养。

我们可以这么说，魅力实际上是一种无形的吸引力，是人类社会中各种交往活动不可缺少的条件，也是由心理、社会、文化、习惯经验等诸多因素相融合的统一体，并在人际

交往中得以充分地表现。魅力包含着深厚而丰富的心理内容，是一种人格特征，是人们心理机制与外在行为的完美统一，也是人际间评价美的唯一的标准。

三、展现女人的性感

卡耐基曾说过一句经典的话："我认为女人的性感并不是如何去吸引男人，而是凭借自身的无穷魅力将其发挥到极致。吸引男人的目光并不十分重要，只有吸引男人的心才是完美地诠释了性感。"

一直以来，性感的女人被喻为一朵欲望之花，能够迷惑男人的眼睛，在任何场合，性感女人都会散发出不可阻挡的光芒。不同的女人有不同的味道，很多男人认为性感女人是最有女人味的。

那么，究竟什么是性感呢？据性心理学研究，男人心目中的性感，除了发自女性的性特征和自信心、懂幽默、爱浪漫、刺激及冒险外，还有一些比较虚无抽象的元素，其中的神秘感就是另一个性感元素。电影史上的性感明星如玛琳·黛德丽、碧姬·芭铎等，哪个没有深不可测的神秘眼神？女人在自己喜欢的男人面前，千万别尽情流露、肆意表现，要给对方留有揣摩与想象的空间。留有余韵也是展现神秘感的一种手段，总之，就是不要完全满足对方的好奇心。

现代的性感早已超越视觉、身材或是暴露多少的范围，如花灿烂的笑靥、天真或魅惑的眼波、沉溺于思考或思考时忧郁而出神的神态，都是内敛的性感。性感女人的肢体语言、无奈和惊叹时的扬眉嘟嘴、不经意的自我触摸都是销魂蚀骨的小动作。

性感本身就是每种雌性动物都有的天赋条件。女性刚醒来时的一对惺忪睡眼、喝酒后的微醉与一脸绯红何尝不性感？而这正是构成美感的元素，故性感无须刻意追求，性感原本就是上帝烙在女人骨子里的性磁力，女人只需自信地彰显自己，你的性感，别人自然而然就会感受到了。

四、永葆女人味

每个女人都希望自己青春永驻，但我们最终都会老去。但所幸，女人即使没有青春，还有精神，还有女人味。女人味是一种恒久的魅力，与年龄无关，与身份与关，永远散发着引人入胜的魔力。

青春无法把握，失去了无须惭愧，但女人味却是一种精神，把它丢失了就是一个女人最大的悲哀！青春少女是一首浪漫的诗歌，节奏轻快，旋律优美，恰似春光明媚；成熟女性则应该是一篇抒情散文，情愫悠悠，韵味深邃，令人眷恋。所以，女士们，请一定要珍惜自己，让女人味伴随自己一生。

所谓女人味，指的是一种人格、一种文化修养、一种品位、一种美好情趣的外在表现，当然更是一种内在的品质。简而言之，女人味就是女人的神韵和风采，是真正的女性美，使得女性的形象更美丽，女性的人生更精彩。女人味堪称是对女人最到位的赞美。

那么，到底什么才是女人味呢？无论女人到了哪个年龄段，以下这几个特征都是一个有女人味的魅力女人所共有的：

1.智慧。

外表漂亮的女人不一定有味，智慧的女人却一定很美。因为她懂得“万绿丛中一点红，动人春色不需多。”拥有以少胜多的智慧。容颜可以老去，但智慧不会褪色，一个充满智慧的女人，会具有与时俱进的魅力。

2.有度。

再名贵的菜，食材本身也是没有味道的。譬如石斑和鳜鱼，虽然很名贵，但在烹调的时候必须佐以葱姜才能出味。女人也是这样，妆要淡妆，话要少说，笑要微笑，爱要执着。无论在什么样的场合，都要把握好尺度，好好地“烹饪”自己。

3.品位。

前卫不是女人味，不要以为穿上件古怪的衣服就有品位了。真正的品位来自生活的智慧和丰富的内心。

4.展示最真实的自我。

所有的女人都渴望自己在性格和外表方面对别人具有很大的吸引力。在现实生活中，真实的你是最能打动人的，因为这样的你有血有肉，有喜怒哀乐。真正有修养的人，气质是从骨子里透出来的，绝不是矫揉造作。所以女性一定要学会接受自己的外貌；对别人热情、关心；仪态端庄，充满自信；保持幽默感；不要惧怕显露真实的情绪；有困难时，真诚地向朋友求助。

掌握了这几个小秘诀，你就能修炼成具有独一无二的完美气质的女人。

五、别丢了“矜持”两个字

作为一个女人，毋庸置疑，你的一生将会陪伴一个男人度过，而男人最喜欢的莫过于矜持的女人。与矜持的女人在一起，男人才会真正懂得为什么女人需要男人去珍惜、去尊重。

矜持是人的一种素养。一个有内涵的女人，她的生活字典里是少不了“矜持”这两个字的。那何谓矜持呢？矜持是一种羞涩，也是一份清高，是对自己的爱护和尊重，那是一种高贵优雅的姿态。正因为有了这样的一种矜持，才使人觉得这个女人真是一个有气质、有涵养的人。

因为矜持的女人是婉约的，是高贵的，她在低吟浅笑间就能够流露出一种赏心悦目的温柔。女人的矜持便好似一条内敛、深邃的小溪，她也许没有你理想中的那种浪漫、婉转，但在她目光流转的神思里，你能领略到某种浪漫的滋味。你能说她不懂浪漫吗？矜持女人的浪漫，只有懂得欣赏的男人才能欣赏到。可以说，一个矜持的女人，便是一棵专心的秋海棠，她的所有激情与浪漫，都只为她期待的那个男人而绽放；矜持的女人是傲气的梅，她骄傲却不冷漠，也许她的外表很冷，但是却不失一种“酷酷”的感觉。

矜持的女人原来最是时尚，她知道如何在传统与新潮的思想之间游走。对于该保持的传统，她绝不轻易丢弃；对于该放弃的所谓时髦，她绝不吝啬。所以她的矜持，永远为她的美丽和魅力做了一道加法；矜持的女人，其本身便是一道优雅的风景线。

一个毫无矜持概念的女人是不堪想象的，放荡不羁，没有底线，为了自己的男人做牛做马都心甘情愿、毫无怨言，你以为这样男人就对你无可挑剔了？实际上恰恰相反，你的存在，只是充当了一个保姆，一个男人要一直生活在保姆的臂弯里，哪能活得潇洒、活得肆恣呢？男人别说感受不到爱了，就连生活的趣味也全无了。

女人总要懂得矜持。好男人就是在矜持女人的熏陶下所生成的产物，矜持女人是不怕找不到理想男人的。但最后要切记：矜持也要有度，过于追求矜持，结果只会适得其反。

美丽是女人一生的使命

卡耐基站在一个男人的立场，对所有女人说，一个男人对着女人一张精致的脸说话要比对着一张粗糙的脸说话有耐心得多。尽管男人说出这样的话使大多数女人不满，但这又确实是不争的事实。因此有人说：美丽是女人一生的使命。

一、女人要懂得爱护自己

聪慧的女人，就是懂得爱护自己的女人，不仅要让自己的生活有品质、有情调，还要懂得投资，投资青春、投资美丽。

某电视台有个栏目，由资深心理专家与观众见面交流，现场分析当事人的情感困惑。有一期嘉宾是一对新婚宴尔就起纷争的青年男女，在说起吵架的原因时，年轻的妻子这样抱怨：“和我一起逛街时，见到长得漂亮的女人他就瞅人家，有时候人家走远了，他还回过头去看，这让我很受不了。为这事我们吵了无数次。”

事例中这位女性的话似乎道出了一种普遍的现象：男人有对美女趋之若鹜的“好色”本性。说“好色”，不如说“爱美”。每个男人都喜欢美女，爱看美女，不管他嘴上承不承认。《英国皇家学会生物学学报》公布的一份研究报告称，男性在凝视美女的面部或身体时，会触动大脑的“满足中枢”，从而产生快感。从这个意义上来讲，“好色”可以说是人的天性。其实，“好色”绝非贬义词，它代表着人皆有之的爱美之心。

著名导演李安也说过：“色，是我们的野心、我们的情感，一切着色相。”食色，性也，这是人之本性，而人之本性不可移。

美国杜克大学医学院神经学研究中心的本杰明·海登博士说：“对男性来说，看到异性时的满足感在很大程度上受到异性外表魅力的影响。”如果你是一个聪明的女人，那么就别太在意你的男友对街上的女人多看两眼，因为这只是满足了视觉上的享受。如果你也能给他提供这份享受，还担心什么呢！

一个智慧的女人大可冷眼旁观男人的“好色”，然后从自我修炼做起，把肌肤养得柔嫩细滑，把身体练得凹凸有致，把气质培养得独一无二……如此这般，即使你不是天生的美人坯子，那也是绝佳小女子一个。当脱胎换骨、秀色可餐的你出现在他的眼前时，你还用担心他的目光不停留在你身上吗？

二、维护你的容颜

懂得爱护自己的女人一定懂得打扮自己。因此，从头发的样式、护肤品的选用、服饰搭配到鞋子的颜色，无一不需要你精心地对待。从头到脚的细致，当然是需要花很多的时间和心思的。因此，要想做高贵而有气质的女人，就必须从做细致的女人开始。可别小看了细致，也许仅仅因为指甲油的颜色不协调就导致你前功尽弃。

毫无疑问，女人的脸部呵护是极为重要的。护肤品的选购和使用绝对不能偷懒，因为它关系到你的“面子”工程。

“面子”在女人的形象中占有很重要的地位，因此对女人来说，“面子问题”可谓天底下最重要的事情。从踏入青春期起，年轻的女孩们便日复一日、不辞劳苦地在不足十寸的“土地上”辛勤“劳作”。很难想象，一个蓬头垢面、灰头土脸的女人，能有多少气质美可言。美容界认为，好的肌肤是美丽的基础，完美的妆容是精神美的有效点缀。有些人天生丽质，就算不化妆也光彩夺目。但这样的幸运儿只是少数，很多人都认为自己的长相不够完美：眼睛不够大、鼻子不够高、皮肤不够细腻……而化妆的作用就是掩盖瑕疵，让你看起来更加漂亮。事实上，在正式场合下，女性化一点淡妆也被看作是礼貌的行为。

如果你不太会化妆，可以多翻阅一些美容时尚杂志，或者请教一些会化妆的闺中姐妹。她们会告诉你一些化妆技巧和窍门，并且你在这个过程中也能够更贴近潮流。一位有名的女化妆师说过：“化妆的最高境界可以用两个字形容，就是‘自然’。最高明的化妆术，是经过非常考究的化妆，让人看起来好像没有化过妆一样，并且化出来的妆与主人的身份匹配，能自然表现出那个人的个性与气质。”所以，一般场合里，淡妆最适宜。如果你每天都浓妆艳抹地出

现在别人面前，也很难带给别人美的感受。

现代女性，虽然你的肤色不是很好，你的皮肤也不是“娇嫩可人”，但是只要你掌握了化妆的技巧，就会达到很好的效果，为自己增添无穷的魅力。以下是通常女性朋友觉得很自卑的两种面部皮肤的上妆方法：

1.深色皮肤。

大部分深色皮肤有色斑，需要妥善处理。用比你的肤色浅的遮瑕膏，扫擦较深色或不均匀的部位；宜使用不含油脂的液体粉底，色调应该比你的肤色浅；轻轻扑上透明干粉。对于黝黑皮肤，你可能需要用有色干粉，可抹上紫丁香或粉红干粉，增加暖色的感觉；然后抹上黄褐色或古铜色胭脂；以灰色或深紫色眼影美化明眸。

2.雀斑脸。

用浅色液体遮瑕膏遮掩阴影及瑕点，可将白色修护粉底液混合浅米色粉底，调成遮瑕膏，轻轻点在眼睛周围，小心按摩眼睛周围的皮肤；雀斑皮肤只需要少许干粉，如果面部的雀斑显著突出，可以采用化眼妆的方法来转移视线，把他人的注意力吸引到眼睛上；眼线要贴近眼睫毛，用灰色及褐色眼线笔，这样看来比较自然，切勿使用黑色，因为会与浅色的皮肤形成强烈的对比；涂上黑褐色睫毛液，再用软毛刷涂上浅褐色睫毛液，令眼睛看起来自然柔和；用玫瑰色唇膏掺杂玫瑰水，使朱唇保持湿润，要使妆容自然，可用海绵块轻轻抹去多余的颜色；最后在面颊上施上锈色胭脂，使之艳光四射，引来他人羡慕的目光。

女性除了要会根据自己的肤色化妆外，还要学会根据自己的形态特点给自己化妆，正所谓“欲把西湖比西子，淡妆浓抹总相宜”，这样才能让自己容光焕发、魅力无穷。

1.学会打粉底。

在上浅色的粉底之前，先在脸上抹上薄薄一层肤色修颜液，然后再擦上少量浅色粉底，能使你的皮肤迅速白皙。

2.眼部化妆技巧。

第一步是施眼影粉，眼影粉不能直接抹，应在粉底的基础上施入。涂上以后，要尽量以棉棒使之均匀。第二步是画眼线。画眼线用力要均匀。第三步是上睫毛液。睫毛液一次不能上得过多，先上一遍，等干了之后再上一遍。

3.秀出闪亮的睫毛。

美丽的睫毛能给眼睛带来神秘梦幻般的感觉。在涂染睫毛膏之前，先要用睫毛夹把睫毛夹得卷翘。涂上睫毛时，眼睛视线要向下看，睫毛刷由上睫毛的根部向睫梢边按边涂；涂下睫毛时，眼睛视线要向上看，睫毛刷要直拿，左右移动，先沾在毛端，再刷在毛根上，最后还要把粘在一起的睫毛分开。如果每根睫毛都沾有睫毛膏，而且粗浓均匀，就达到了理想的效果。

4.不同唇形的化妆技巧。

厚嘴唇要先用粉底厚厚地抹一层，盖住原来的轮廓，然后涂一些蜜粉，再涂上口红，要使嘴角微微上翘。薄嘴唇在化妆时，要尽力表现出双唇的饱满，在画唇线时可以稍稍往外画一点儿，并在上唇的中央画优美的曲线。平直的嘴唇要在上唇画出明显的唇峰，下唇的轮廓呈满弓形。涂唇膏时，上下唇的中间颜色要浅一点儿，唇峰的颜色要深一点儿，深浅过渡要自然，突出立体效果。

女人只要掌握了以上这些简单的化妆技巧，就会让自己的“面子”时刻保持光彩夺目，让自己的外在形象更加富有魅力。

三、打理好头发

绝大多数的男人喜欢留长发的女子，觉得那样的女子才够美丽、够温柔。女人飘逸的长发，似乎成了女人温柔、美丽的代名词。

在如歌的岁月里，女人更应该精心地呵护自己的长发，在长发飞舞中展示自己的美丽，彰显自信。多少生活的无奈，多少光阴的瑰丽，都会在飞舞的长发里，或淡然而逝，或翩然凝思。

在不少男人眼里，现在女人的头发越来越没有味道了。现在女人的头发，有了各种颜色的染色剂，有了各种样式的烫发，可唯独缺了一份真正打动男人心的纯美感觉。

很多男人对女人头发的愿望和期待，是一头披肩的长发。有首人们熟悉的歌《穿过你的黑发的我的手》，很多男人都很喜欢，因为它道尽了青春岁月里美丽的忧伤，让人不禁想起了初恋的情人，那位长发飘飘的女孩，三千青丝瀑布般倾泻下来，如山花一样烂漫。人在画中走，指在发间游，长发随风飘起，引人无限遐思。

虽然各大美发品牌、造型店、时尚杂志都在引领各种时尚发型的风潮，可实际上，男人大多喜欢女人直发，而不喜欢烫发。而如今的不少女人选择了烫发，越来越少的女人仍然坚持直发。

男人喜欢幻想，靠在女人的背上，闭上眼睛，从发梢开始嗅到女人的发顶。男人希望女人多留住一抹珍贵的发香，自然的东西才有永远的诱惑力。

头发是女人柔情万般的性感工具。女人也许并不知道，当女人的发梢滑滑地扫过男人的肌肤时，有多少根头发便会传递多少柔情蜜意。

亮泽纤柔的秀发是健康的象征，是美丽的点缀。在短时间内，它可以改变颜色、卷曲、拉直或任意盘束。然而，不当的护理，再加上环境污染、起居无序等，会使头发变成生活中的烦恼。此时，一般的洗护就起不了作用了，非要去美发店不可吗？不必。有了正确的认识和护理方法，就可以把专业洗护的感觉带回家了。

1.购买美发用品。

过去我们都习惯于在商场或超市中购买洗护发产品，现在不一样了，时尚潮流驱动我们选择一种新的购买方式来满足我们修护发丝的需要，这就是去专业发廊，像在护肤品专柜选择适合于自己的产品一样，去发廊选购适合自己发质的洗护产品。长发、短发、烫发、染发，都可以在这里找到最好、最具个性的修护产品。

2.防止头发干枯折断。

使用专业洗发水、护发素可以保护秀发，滋润、顺滑发丝纤维，使秀发如丝、柔顺亮泽，易于排除缠结头发，能为发丝受损部分带来深层修护，强化发质，且无丝毫沉重感，也为烫后、染后或有问题的敏感头发带来生机。

3.为染过的头发护色。

头发颜色最怕阳光和氧化两大杀手，日晒过久会导致头发的染色褪掉。因此，拥有各色漂亮染发的女人如果在夏季旅行的话，最好在出门前使用具有防晒效果的护发精华，以免紫外线加速头发褪色变浅。修护时，选用含有维生素的染发专用洗发水、润发乳也是十分必要的。

四、满含秋波的双眼

男人非常喜欢探索女性的眼睛，认为从女人的眼睛里能读出很多东西。女人可以用一个眼神拒绝男人，也可以融化男人。眼睛是心灵的窗户，内心一点点的波动也会毫无保留地显露在眼睛的神色中。

异性之间免不了会有碰撞出火花的时刻，心灵的感应、思想的碰撞、身体的接触……不过最有情、最动人的是眉目间微妙传递的神情。判断一个女人对男人是否有情意，也从眼神开始。从女人的眼睛中可以判断出，这个女人是否爱你、钟情于你。

通常，最吸引男人的有两种眼睛：一种是纯情的水灵灵的大眼睛，这是少女才有的眼睛；一种是“媚眼”，这是漂亮女人专有的眼睛。“媚”就媚在女人抛眼神的手法和技巧上。很多男人曾经有过被女人的一个“媚眼”电晕，晕得甚至不知道自己在干什么的经历。女人对抛“媚眼”的分寸把握很重要，过了就会恶心、肉麻，分寸恰当才会电力十足。

现在还流行女人有一双迷离的眼睛，死死盯着你，却又似乎没有感觉到你的存在。

最打动人的是女人喝了一点红酒后的眼睛。中国女人一般含蓄、保守，而酒后微醺时的眼睛，满含春意，跳动着激情，这让她们变得妩媚而风情起来。

男人最怕女人哭时的眼睛，古往今来，有多少男人倒在了女人的泪眼下。不过，很多女人并不知道，尽管男人怕女人哭，怕被哭得心烦，怕被哭得心软，但让男人最痛心、最心碎的哭，是心爱的女人把眼泪噙在眼中，含泪地哭，无声地泣。男人知道，那是女人心中淌着有情的泪，不是撕碎了情的号啕大哭。女人扭转身去落泪的一瞬间最动人，最容易击垮天下硬朗的男人。

女人要想征服男人，最好的办法是在自己的眼睛里构筑男人着迷的世界。女人被男人征服，是因为男人有征服女人的能力；男人被女人征服，是因为女人有一双理解男人能力的眼睛。女人的眼睛其实是无边无际的情网，一旦她网住男人，男人就会变成她的“羔羊”。

在无数种女人的眼睛中，秋水眼绝对迷人。这种秋水眼表面有一层亮闪闪的秋水，那秋水神奇得很，除了无比美丽，还有极强的魔力，据说它能净化男人的心灵。

眼睛的美关键就在于要有神，当然要明眸如水才能传神。一汪潭水清澈荡漾，欲语还休含珠泪。所谓“一顾倾人城，再顾倾人国”，眼睛是最具有杀伤力的武器，面对一双含情脉脉的眼睛，没有几个人能够抵挡得了，眼睛的威力不可估量。当然，美丽的双眼不全是天生就长出来的，后天的栽培浇灌也可以让女人由内而外全面美丽。

想要眼睛电死人，千万不要熬夜，睡眠不足肯定会带来黑眼圈，那一对“熊猫眼”着实能把人家吓死，这般模样只能和美女无缘了。

大多数女人只注重眼睛外部的美容，但想要拥有一双美丽的眼睛，更离不开内部的护理。漂亮的女人都是明眸善睐的，一双水汪汪的眼睛最能打动人，它可以不大，睫毛可以不长，但一定要水灵。含水的眸子温情脉脉且深邃地看着男人，光对着他不说话，也能让他感受到千言万语在其中。如果这眼睛一旦变得干燥，目光浑浊涣散，就是配上西施的脸蛋儿也没用了。

用细节**造就魅力**

女人是爱情的主角，女人是家庭的轴心，女人是社会的半边天。女人的一生都在追求完美，无论在别人的眼中还是在自己的生命里，女人都闪烁着一种无比温馨的耀眼的光芒。从细节方面着手，你一定可以成为一个魅力女人。

从外表看一个女人，你如何断定这个人在打扮上所花的心思呢？一般人可能是看衣服的牌子和整体形象，但是装扮高手都是关注一些细节。很多时尚女性，她们对随身小饰品都有着高标准的要求。她们可以穿几十元一件的T恤，却不能容忍在细节处的装饰上随意降格。钱包、鞋、手表、袜子、饰品等，她们十分愿意在这些细节配件中花大价钱。因为她们相信细节决定一切，细节可以让真正有光彩的人散发出更加迷人的魅力来。

对打扮之道颇有心得的明星刘嘉玲也在一次采访中道出了自己对细节的重视。她认为细节的美丽是无法替代的，如果有人不修边幅，头发凌乱、戴劣质手表、穿着勾丝破洞的袜子，这将是一件多么让人难堪的事情。因此，在很多时候，一个上不得大台面的细节，就像一处小小的败笔那样破坏整体的美感。相反，如果在细节处多花点心思，就能展现自己在穿衣打扮上的细致精巧。也许你的积蓄还无法承担名牌置装费用，但只要注重一些细节，在一些小配件上将自己武装起来，你一样能成为人们注意的焦点。所以，一些小细节是非常值得投资的。

女人的魅力和美丽指数

除了要有内涵之外，还有一个关键就在于细节。细节女人指的绝不是那些琐碎的、絮叨的、毫无章法的女人；相反，细节女人指的是那些典雅的女人，也许并不富有，或许外表也并不十分漂亮，但是她给人一种舒适放松的感觉，跟她待久了，你会感到一种通体的惬意和温暖。

细节女人具有一种耐人寻味的美。这种美丽和外貌无关，你可以从一个爱做玩具的小女孩身上看到，可以从一个把自己的白发修饰得整齐美观的老妪身上看到，可以从一个时尚美貌的女人身上看到，也可以从一个朴素但却用心的女人身上看到。细节无处不在，关键在于捕捉细节的眼睛，女人的美丽通常都在细节。那种翩若惊鸿的美只能在刹那间震慑人们的目光，而细节处才能散发出动人的光辉。

著名模特凯特·莫斯喜欢我行我素，很多时候，她被狗仔队在街上抓拍到的镜头都是素面朝天，衣饰简洁，然而她却屡屡被评为“最会穿衣的名人”，靠的是什么？当然是细节的点缀，也许是一副墨镜，也许是一个挎包，或者是那随意的系扣方式……“魅力女神”的魔力就化身在这奇妙的小细节中。时尚只会眷顾有心人，也许我们的衣服不起眼，但经过精心的细节点缀，我们也能成为街头的亮点。

因为细节女人都是善于感受生活的人，当许多人都在抱怨生活里缺少新鲜刺激的时候，她们的生活却过得有滋有味。因为她们能够欣赏细节，从不忽视生活的每一个细节。曾经有人说过，女人20岁的美丽不算美丽，到了50岁依然美丽的女人才是真正的美丽。

细节女人不会给人带来压力，她们不可能是那种张牙舞爪的女人，不会咄咄逼人；相反，她们会替人想得很周全。即使在她们帮助别人的时候，也绝不会让人有任何不舒服或者别扭的感觉。她既给你关爱，同时绝不让你感到尴尬。这种深入到细节处的关爱真的让你有如沐春风之感。

做个细节女人吧！千篇一律的大众美女总是让人审美疲劳，精巧的细节女人却往往能给人清新、自然、舒适的感觉。

当然，要做一个细节女人不是简单的事情，这是一个系统的浩大工程。要做细节女人，最起码的就是要细心。细心的女人会让岁月成为美丽，洗尽铅华，留下精华；细心的女人在自信的舞台上轻歌曼舞，把生活经营成童话般美丽的传奇。做一个细节女人吧，一点一滴，举手投足，一颦一笑，拿捏有度、张弛有序，让你在人生的道路上左右逢源、游刃有余。

每一位追求完美的女性都应明白这样一个道理：魅力是靠你自身全方位修炼得到的。这是一个漫长而又缓慢的过程，靠的是潜移默化、润物细无声的力量。每一个女人都应该美丽，每一个女人都应该成为魅力女人，每一个女人都应该追求完美，向完美靠拢。虽然你无法成为百分百的完美女人，但从细节方面着手，一定可以不断完善自己。

PART 03

“露”出你的风情

做“媚”力女人又何妨

如今，许多女性太不懂得珍惜自身的灵气，过分地艳羡洋风洋雨，邯郸学步，却不知若隐若现的含蓄美比暴露美更具诱惑力，自然美比装饰美更具风情，有民族底蕴烘托的媚态美才是永恒的美！

下面是一位女性研究专家关于“媚”力的解说。

1.媚态：令男人臣服的神情。

且不管美人的器官是真是假，但有一点人们可以一眼见到，那便是美人脸上的表情及眼中的神情，那绝对不是化妆品可以描出的。

表情的媚态主要由眼睛来表达。眼睛是心灵的窗户，因真诚而洁净，因善良而柔和，因修养而典雅，因知识而深沉。内心美好可以使眼睛明亮如两颗闪烁的星星。正如老舍在《四世同堂》里所写的："她的眼会使她征服一切。"

在灵活的眼睛里，可以看到生命的节奏，它给人一种灵动的美感。从美的外部表现看，灵活的眼睛具有美的节奏感，它包括眼睛的转动范围和转动频率。

如果美人不论是在何时、何地做何事，总是同样的脸孔，即使没有丝毫的缺陷，看上去也像人们所说的，是一张"没有表情的脸孔"。虽说有些鸡蛋里挑骨头、找碴儿，可表情实在太单调了，没有给人半点想象的余地，因而会使看者厌倦。"美人三天就会厌倦，丑妇三天也会习惯"，这句话不是没有道理的。

动人的表情贴在漂亮的五官上固然好，但能出现在普通人的面颊上，带给我们的将是一份意外的欣喜。

聪明女孩，要好好打理你的表情。

2.媚气：令男人着迷的味道。

女人的体味是最令男人着迷的。每个女人的体味都不同，这跟她的指纹一样。有些男人会对某个女人的体味终生痴迷，那是因为他们之间生理的性细胞互相吸引。其次是女人所用的香水，虽说女人用香水是一种享受，但香水最本质的功能是与女人自身的体味形成互补，产生更大的魅力。迷人的女人香再加上女人可爱的形态和气质，会使女人显得更加完美。

气质女人的味道，是自己的另一张名片，让你认识朋友，也认识自己。

3.媚姿：令男人心动的姿态。

女人的形体动作是表现情韵的最佳道具。情调高雅的女人，不论摆出何种姿态，都会让男人心旌动摇，而最惹得男人心动、爱怜的姿态就是媚姿。许多人把“媚姿”理解为女人勾引男人的露姿，其实这种理解是很片面的。应该说，凡是女人能够唤起男人的爱怜，使男人心动的姿态、行为，都可叫作媚姿。因此，媚姿的含义是非常丰富的。

男人苦闷的时候，娇媚的女人是最好的解愁药。倒不是非要你解决问题，而是你给了他足够的情绪支持。当然，还有眼神的关注，甚至身体的略为前倾，也是你“在乎他”的肢体语言。

娇媚的女人在说话时会时时注意声音的力度、音阶和速度，音调抑扬婉转，语句简洁明白。她像一个调音师，精心把握每一个音节，奏出整体优美的音乐。

温柔的语言、亲切的态度、婉转的音调、平和的旋律，这些加起来，会使一个女人变得异常有女人味，让其魅力倍增。

像世界超模一样走路

生活中，自卑常常在不经意间闯进我们的内心世界，控制着我们的生活。在我们有所决定、有所取舍的时候，自卑向我们勒索着勇气与胆略；当我们碰到困难的时候，自卑会站在我们的背后大声地吓唬我们；当我们要大踏步向前迈进的时候，自卑会拉住我们的衣袖，告诉我们前面危机重重，仅凭一己之力根本无法应对。自卑就像蛀虫一样啃噬着我们的人格，它是我们走向成功的绊脚石，是快乐生活的拦路虎。可是，我们不能一直活在自卑的阴影中，恢复你的自信，你也可以像世界名模一样走路。

他是英国一位年轻的建筑设计师，很幸运地收到邀请参与了温泽市政府大厅的设计。他运用工程力学的知识，根据自己的经验，很巧妙地设计了只用一根柱子支撑大厅天顶的方案。一年后，市政府请权威人士进行验收时，对他设计的一根支柱提出了异议。他们认为，用一根柱子支撑天花板太危险了，要求他再多加几根柱子。

年轻的设计师十分自信，他说："只要用一根柱子便足以保证大厅的稳固。"他详细地通过计算和列举相关实例加以说明，拒绝了工程验收专家们的建议。

他的固执惹恼了市政官员，年轻的设计师险些因此被送上法庭。

在万不得已的情况下，他只好在大厅四周增加了四根柱子。不过，这四根柱子全部都没有接触天花板，其间相隔了无法察觉的两毫米。

时光如梭，岁月更迭，一晃就是300年。

300年的时间里，市政官员换了一批又一批，市政府大厅坚固如初。直到20世纪末期，市政府准备修缮大厅的天花板时，才发现了这个秘密。

消息传出，世界各国的建筑师和游客慕名前来，观赏这几根神奇的柱子，并把这个市政大厅称作“嘲笑无知的建筑”。最让人们称奇的是这位建筑师当年刻在中央圆柱顶端的一行字：自信和真理只需要一根支柱。

这位年轻的设计师就是克里斯托·莱伊恩，一个很陌生的名字。今天，有关他的资料实在微乎其微了，在仅存的一点资料中，记录了他当时说过的一句话：“我很自信。至少100年后，当你们面对这根柱子时，只能哑口无言，甚至瞠目结舌。我要说明的是，你们看到的不是什么奇迹，而是我对自信的一点坚持。”

不敢坚持自己的想法和决策，这种情绪一旦占据心头，就会腐蚀一个人的斗志，犹豫、忧郁、烦恼、焦虑也会纷至沓来。

其实，世界上每一件事物、每一个人都有其优势，都有其存在的价值。年轻的女孩，自卑是一种没有必要的自我没落。具有自卑心理的人，总是过多地看重自己不利和消极的一面，而看不到有利、积极的一面，缺乏客观分析事物的能力和信心。这就要求我们努力提高自己透过现象抓本质的能力，客观地分析对自己有利和不利的因素，尤其要看到自己的长处和潜力，而不是妄自嗟叹、妄自菲薄。

做一只热情的**小野猫**

“我终究没能飙得过那辆宝马，只能眼看着它在夕阳中绝尘而去，不是我的引擎不好，而是我的车链子掉了。”很多人把这句话当成笑话，却没有人注意到说这句话的人表现出的对生活的热情：你不用管我的车是多大马力的，只要我愿意，我就可以蹬着三轮跟宝马赛跑。

生活就是这样的，有了热情才会有希望，生命中充满热情，生活便每天都充满阳光。

发挥热情，能带给你真正的自信。因为你专注于自己的兴趣而非外表时，你就有了自信。你不再以自我为中心，你不再担心自己的工作表现，只是充分地展现自己的热情。相信你一定看过小提琴家在演奏时满头乱发飞扬的场面，他只顾演奏，丝毫不关心外表如何。恰恰是这份热情为他塑造了一个全新的形象，让他气质非凡，让他魅力无穷，让观众为之倾倒。

《都市文化报》上刊载了一篇《谁是弯弯》的文章。

在中国台湾的年轻人当中，有这样一种说法：“不知道弯弯，就别说你上过博客。”

竟然有这样大的名气，弯弯是何许人?

答案是，她是一个标准的“80后”女生，爱笑、爱唱歌，更重要的是，她会画很好玩的博客漫画。

弯弯很喜欢说自己的这样一次经历：她还在网络游戏公司工作的时候，一次从同事格子间路过，发现他的MSN头像就是自己画的表情符号“懒”，那个得意啊！她故意放慢了脚步，迈出经典漫画动作“悄悄路过”的步子……

不过，弯弯小时候的得意事并不多。事实上，她只是个平凡的小女生——从有记忆就开始学习画画：幼儿园逃课看漫画；小学自制绘本，在数学笔记本上涂鸦成连环漫画，一本卖3元，结果一本都没卖出去，被她爸爸当垃圾丢了……

高中时，她考上了复兴美工，过着暗无天日的绘画生活，画正统漫画，还和很多怀有梦想的女孩子一样，画了不少要投稿的漫画，却从没寄出去过。

然后就是投身网络游戏公司，边学计算机边画自己喜欢的图……

弯弯一直坚持认为，绘图要来源于生活。有事没事，她经常研究如何抓住表情的精髓。比如有一次坐公交车，司机刹车比较突然，一个女孩子从公车后排直接滚到了司机身边，于是，弯弯忽然有了一个很新鲜的灵感。用漫画记录平常的琐事，通过漫画实现生活中的梦想，是弯弯想做的事情。

2007年7月26日，弯弯的博客访问量破亿，还创下了日浏览量23万的惊人纪录。

弯弯的超人气使她可以接到通告，例如作为《康熙来了》的嘉宾，接受蔡康永和小S的访问。同时，她还引起了风投公司的注意，身价上亿元。

和弯弯一样，每一个普通人都可以用梦想绘制生活，热爱生活，生活会还给我们更多。

快乐生活的一个基本要点就是拿出你的热情，不需要依靠别人施舍给你阳光，你就可以成为自己的太阳。热情洋溢的女孩言行举止间会显露一种吸引人的气质，会得到别人的喜欢，就像有人说的那样：“你对我热情，我就喜欢你。”

热情是一种青春的活力，就是待人诚恳，以情感人，同时又不失稳重，做到落落大方、谈吐自然、举止适度。年轻热情的女孩，谈笑风生，以自己的言语感染别人，使周围的人感到愉悦，受到激励。当别人遇到困难时，能热情相助，使人感到可亲、可敬。

当一个女孩充满热情时，她散发的是一种青春朝气、生机勃勃的气质魅力。

一个失去热情，对一切人和事物都采取漠视和冷淡态度的女人，看不到生活的希望和人生的真谛，看不到希望和曙光，不能寻觅到挚友和知音，也激发不起生活的热情和兴趣，终日伴随她的只是内心深处的孤寂、凄凉和空虚。这无疑是一种可悲的自我摧残和自我埋葬。

所以，我们不要做老气横秋、毫无激情的女人，一定要让热情灿烂我们的一生。

肢体语言**不可随意**

很多女孩意识到了肢体语言的重要性，她们尽管不说话，但是一举手一投足之间，表现出来的都是魅力。所以，聪明女孩，你可以不漂亮，但是你的肢体语言一定要美，只有这样才能显现你的气质、你的与众不同。

那么，怎么才能展现完美的肢体语言呢？

1.站姿。

（1）正式站姿。这种站姿一般适合于在正式场合，肩线、腰线、臀线与水平线平行，全身对称，目光直视，展示了一种坦诚的、谦和的、不卑不亢的形象。

（2）随意站姿。这种站姿要求头、颈、躯干和腿保持在一条垂直线上，或两脚平行分开，或左脚向前靠于右脚内侧，或两手互搭，或将一只手垂于体侧。这种随意站姿有时是一种随性的站姿，有时表达了淑女的含蓄、羞涩、收敛。微微含胸、双手交叉于腹前，手微曲放松，则表达了一种性感女性的曲线之美。

（3）装扮站姿。这是一种具有艺术性和表现欲望的站姿，在表达情感上最为生动，有时甚至会让人感到夸张。在舞台上、艺术摄影中常可以见到这种站姿。头斜放，颈部被拉得修长而优美，一手叉在腰上，脚左右分开，重心在直立腿上，向人们展示一种自信的美、一种艺术的美。

2.坐姿。

优美的坐姿，要求上身挺直，两眼平视，下巴微收，脖子要直，挺胸收腹，脖子、脊椎骨和臀部成一条直线。另外，一切优美的姿态让腿和脚来完成。

上身随时要保持端正，为了尊重对方谈话，可以侧身倾听，但头不能偏得太多，双手可以轻搭在沙发扶手上，但不可手心向上。双手可以相交，搁在大腿上，但不可交得太高，最高不超过手腕两寸。左手掌搭在大腿上，右手掌搭在左手背上，也很雅致。

不论坐何种椅子，何种坐法，切忌两膝盖分开，两脚尖朝内，脚跟向外。跷大腿坐时，尤其是一脚着地、一脚悬空时，悬空的一只脚尽量让脚背伸直，不可脚尖朝天。女孩子最忌两脚成“八”字伸开而坐。

这些坐姿做起来都很简单，但是要做得习惯自然，就不是一两天的功夫所能做到的，必须天天练习，时时注意，久而久之，也就习惯成自然了。

3.行走的姿态。

走路时要想保持良好姿态，可遵循以下原则：

（1）上半身挺直，下巴微收，两眼平视，挺胸收腹，两腿挺直，双脚平行。

（2）迈步时，应先提起脚跟，再提起脚掌，最后脚尖离地；落地时，脚尖先落地，然后脚掌落地，最后脚跟落地。

（3）一脚落地时，臀部同时做轻微扭动，但幅度不可太大。当一脚跨出时，肩膀跟着摆动，但要自然轻松，让步伐和呼吸配合成有韵律的节奏。

（4）穿礼服、长裙或旗袍时，切勿跨大步，否则会显得很匆忙。穿长裤时，步幅放大，会显出活泼与生动。但最大的步幅不超过脚长的两倍。

（5）走路时膝盖和脚踝都要富于弹性，否则会失去节奏，显得浑身僵硬，失去美感。

以上几种方法，虽然不能对女孩的肢体语言做到全面总结，但是对于细节方面的校正，还是能够起到一定作用的。

肢体语言不可随便。即使不是故意，一个小小的细节就可能损坏你完美的形象。所以，聪明女孩一定要经常照镜子，根据自己的实际情况和需要，为自己打造出最完美的形象。

第五篇

给自己的情绪安装闸门

PART 01 情绪，请到家门口为止

怨恨让女人远离幸福

怨恨，就像一剂慢性毒药，慢慢地侵蚀我们的生活，甚至会慢慢改变一个女人的面容。善良宽容的女人经过岁月的沉淀，越来越温和、宁静；而总是心怀怨气的女人则越来越冷漠，越来越远离幸福。

有些人早晨睁开眼睛就开始发泄怨气了，谁也没招惹她，她就怨老天爷：天这么闷，怎么不下雨呢？夏天就应该有夏天的样子，不下雨算什么夏天？下了雨，她又说，下雨做什么呢？做什么事情都不方便，这鬼天气，还真是不想让人好过……不管是晴天还是雨天，这天气总是她的一块心病。其实不止天气，工作和生活中的不如意事那么多，让她心怀怨气的事情总是没完没了的。

可是，怨恨又有什么用呢？生活还是老样子，不会因为

我们的怨恨而改变。只是有一些人养成了凡事都看不顺眼的习惯，不管看到什么，都要说上几句，以发泄自己的情绪。他们利用抱怨，麻痹自己的心灵，甚至将自己的某些挫折、失误也归咎于外界的因素，寻求别人的同情。可是，生活对待每个人都是有苦也有甜的，同样的事情发生在别人的身上，就什么事情都没有，放在你的身上就问题一大堆，这是为什么呢？

一位老人，每天都要坐在路边的椅子上，向开车经过镇上的人打招呼。有一天，他的孙女在他身旁，陪他聊天。这时有一位游客模样的陌生人在路边四处打听，看样子想找个地方住下来。

陌生人从老人身边走过，问道："请问大爷，住在这座城镇还不错吧？"

老人慢慢转过来回答："你原来住的城镇怎么样？"

陌生人说："在我原来住的地方，人人都很喜欢批评别人，邻居之间常说闲话，总之，那地方让人很不舒服。我真高兴能够离开，那不是个令人愉快的地方。"摇椅上的老人对陌生人说："那我得告诉你，其实这里也差不多。"

过了一会儿，一辆载着一家人的大车在老人旁边的加油站停下来加油。车子慢慢开进加油站，停在老人和他孙女坐的地方。

这时，父亲从车上走下来，对老人说道："住在这市镇不错吧？"老人没有回答，又问道："你原来住的地方怎样？"父亲看着老人说："我原来住的城镇每个人都很亲切，人人都愿帮助邻居。无论去哪里，总会有人跟你打招呼，说谢谢。我真舍不得离开。"老人看着这位父亲，脸上露出和蔼的微笑："其实这里也差不多。"

车子开动了。那位父亲向老人说了声谢谢，驱车离开。等到那家人走远，孙女抬头问老人：“爷爷，为什么你告诉第一个人这里很可怕，却告诉第二个人这里很好呢？”老人慈祥地看着孙女说：“不管你搬到哪里，你都会带着自己的态度。你如果一直怨恨周围的人和环境，那么你的心中就充满了挑剔和不满，可是感恩的人，却能够看到人们的可爱和善良。我正是根据两个人不同的心理给出的答案啊！”

心态不同，看到的世界就会不同。如果一个女人的心中只有怨气，那么她的人生则是灰色的，她的目光只会为了生活中的不如意而停留，她的生活总会被烦恼占满，她的心里也会总是被沮丧和自卑充斥着。

不可否认，人生的确少不了磨难，生活的五味瓶里，除了甜，没有什么再是人们的向往，可偏偏酸咸苦辣是生活中不可或缺的，它们才真正丰富了我们的人生。人生需要苦难的洗礼，正是因为那些折磨过我们的人，我们才能在挫折中找到自己的不足，才能逐渐完善自己。

眼前的困难，不会成为你一辈子的障碍。所以，即使现在面临困境，也不要因为悲观而落泪，坚持一下，总会遇到自己的晴天。生命，是苦难与幸福的轮回。只要我们在逆境中也能坚持自己，再苦也能笑一笑，再委屈的事情，也能用博大的胸怀容纳，那么人生就没有我们过不去的坎儿。

当我们走出生活的阴霾，用乐观的心重新打量这个世界的时候，我们就会发现，原来不是生活不美好，而是我们一直在怨恨中扭曲了自己。

别有事没事就玩点“小伤感”

生活不是林黛玉，不会因为忧伤而楚楚动人。

在恋爱时，眼泪是女人最致命的武器，可以让男人失去阵脚，妥协投降。但是这并不代表女人有事没事就可以玩点小伤感。

然而，如今还是有很多女人把黛玉式的病态、愁态、苦态理解为女人味。这种女人心中的世界很小，别人的一言一行一不小心就会触动她们敏感的神经，引发内心多愁善感的思绪，整个世界便没有欢乐可寻。这种女人总是不断地怀疑自己，否定自己，放大心中的焦虑与不安。这种女人只看到愁苦，看不到喜悦，只注意灾难的隐患，而忽略了潜在的机遇和快乐的力量。

要知道，整天郁郁寡欢，女人就很容易变老。焦虑和紧张、忧愁都是慢性毒药，会一点点地侵蚀女人的容颜。

再说，生活中真有那么多值得感伤的事情吗？

林曦是一所名牌大学中文系的高材生，毕业之后在一家出版社做编辑，工作很顺利。但是她骨子里是一个多愁善感的文学青年，在大学期间就常发表一些心情文章，有的时候一场雨都可以引起她大发春秋之悲。工作中，她还继续这一作风，整天为一些小事唉声叹气。愁眉苦脸的她周围总是围绕着一层阴云，让同事对她敬而远之。虽然她的能力很强，但在单位被孤立的滋味并不好受，于是更加多愁善感了。最后，她自己无法承受被别人孤立的痛苦，辞职了。

生活中，或许会有很多磕磕碰碰，有一些小烦恼，但我们没有必要放大这些小问题，以此来显示自己的柔弱之美。像林曦这样多愁善感，让悲观的情绪影响大家，只会被别人厌弃，自己也活得不自在。

在竞争激烈的社会里，所有的人都在紧张地忙碌着，许多人并不知道自己为什么而忙。或许，我们担心在竞争的压力下会失去内心的安全感，于是，悲观的感叹油然而生。大方一些，只要我们学会微笑，一切都会烟消云散。没有什么东西能比一个阳光灿烂的微笑更能打动人的了。

不要总是让忧愁爬上你的脸，那样只会过早地增添你的皱纹，也让你的心渐渐疲倦。多一些简单的快乐，多一些微笑，于人于己都是好事。翘一翘你的嘴角，一个很自然的弧度，就能满满地承载你的小幸福。

不嫉妒他人的女人是天使

某大学曾经发生过一个悲惨的故事：一名生物系即将毕业的女研究生，用水果刀将自己的导师刺伤，随即举刀自尽。这位女生自小就有自卑心理，虽然在升学的道路上，她成绩优异、一帆风顺，但孤僻而爱嫉妒的性格始终没有改变。在就读研究生时，她的刻苦精神深得导师器重，但导师更喜欢另一位女生机灵而幽默的性格。于是她妒火中烧，数次在导师面前中伤那位同学。导师明察之后，发现多数事情纯属子虚乌有，便委婉地批评了她。由此，该女生怒不可遏，干出蠢事。

女人的嫉妒是可怕的。有人说，女人的天敌还是女人。因为女人常常忍受不了其他女人的成功，只要对方有一些方面是强于自己的，那么就有可能会对她产生嫉妒。为了自己心理上的平衡感，她们可能会做出一些违反常规的事情。可是，为什么女人对同性的嫉妒心理会这么强烈呢？

单纯地来看女性对于同类的嫉妒，我们就会发现，很多时候她们都是被一种身不由己的心态驱使的。与男人相比，女人要考虑的问题可能会多一些。她们常常要求自己完美，不允许自己有一点不足。所以，一个女人常常是将“精装版”的自己展现在别人的面前，为了维护自己的形象，她已经花费了全部的心思，浪费了几乎所有的精力。这个时候，她们的内心是渴望得到别人的肯定和赞扬的，就好像她们每个人都在努力学习一样，尽管成绩不是很好，但是希望别人对自己的努力给予肯定。这样的心态，让女人对别人的评价太过重视，是产生嫉妒心理的前提之一。

另外，女人都是排外的。即使是最好的朋友之间，她们也希望自己才是唯一的主角，其他人都成为自己的陪衬。可是，如果这样的期待没有实现，自己还成为别人的配角，这时候，女人的内心就如同经历了一次重大的打击，嫉妒之感由此而生。

嫉妒，可以说是女人

的天性。生活中的她们，不可能时时刻刻都做到完美，面对比自己强的人，由于长久的羡慕或者各种感情的混杂会演化成一种嫉妒。那么，身为一个女人，应该怎样克制自己的嫉妒？

首先，对待自己的嫉妒，要摆正心态，要常常告诫自己：即使是嫉妒，也得不到对方的优势，没必要因为别人的好而让自己变得更加不好。

其次，洒脱面对同性的嫉妒，不要因为别人的种种心态就想改变自己。为了别人的嫉妒而改变自己是没有任何意义的。只要掌握了方法，就能控制自己烦忧的情绪，并且弱化别人的嫉妒。

不嫉妒他人的女人是天使，宽容是另一种智慧。聪明的女人会把别人的优秀化作鞭策自己的力量，努力向更优秀的人学习，把她们作为自己前进的动力，这才是积极向上的正确做法。若因嫉妒产生偏激心理，存有自卑心态，终日妒火中烧，最终只能是引火自焚。女人不要再为别人的幸福而徒增烦恼、心存嫉妒了。好好经营自己的幸福，让嫉妒这个由虚荣滋长出来的毒苗消失在自己的乐观和豁达中。驱散心中的嫉妒魔鬼，才能让宽容天使在心中常驻，少一分嫉妒，多一分宽容，就在无形中积聚了自信的资本和力量。

让男人**退避三舍**的女人

任何事情都是相对的，有让男人趋之若鹜的女人，就会有让男人退避三舍的女人。

心理学家调查研究发现，霸道成性、自命“万人迷”、喜欢嚼舌根、过分独立、“纪律”过严、热情过度、一味索爱、打扮妖艳等8种类型的女人，正是如今男士避之唯恐不及的。

1.霸道成性。

许多女人，不但没有发挥柔顺的天性，而且还十分霸道。不但每次约会的节目要男友唯命是从，就连男朋友平时穿什么衣服、梳什么发型，也要向她这位“权威”请示。要是对方不合自己的脾胃，就会雷霆大发。最初，男朋友可能还会千依百顺，但时间长了，性格再好的男士恐怕也无法奉陪到底。

2.自命“万人迷”。

一些女人为了向男朋友显示“实力”，老是在言语间暗示自己追求者很多，现在能够“屈尊”做你的女朋友，实是你的荣幸。这种自命“奇货可居”的态度最要不得。一方面，谁会喜欢自我吹嘘、没有内涵的女人？另外，又有哪个男士能够长期忍受女士施舍式的“将就”？

3.喜欢嚼舌根。

人家说长舌是妇人的专利品，但你可不要拥有这份专利。在男士面前说别人长短、揭发人家隐私，都会破坏男士对你的印象，觉得你是小家子气的无聊人。

4.过分独立。

行事独立、凡事自主是今日新女性的形象，本来是绝对值得提倡的。然而，在与男士的交往中，你若将凡事“亲力亲为”的做事原则搬到谈恋爱上头，就未免有点太不解风情了。例如：你是否会在众人面前，拒绝男友为你穿外套？或者是在咖啡座喝下午茶时，他有礼貌地替你拉椅子，你是否抢着“自

己的事自己做”呢？你们一起逛完街，他要求替你提着大包小包，你是否坚持拒绝他的好意呢？须知一个毫不怜香惜玉的男士，会惹来很多责备的目光，故过分亲力亲为的女士，只怕也会令男士退避三舍。

5.“纪律”过严。

男人最怕与女人约会时，俨如参加纪律部队的集训。领带结子稍微打得大了，你便一脸不高兴，着令他到洗手间重新打过；如若他不小心把一滴水溅到你的身上，你便如遭雷击，斥责他粗心大意；他给你拉来椅子后，还要“认真”地移动到四平八稳的程度方肯罢休……此类犯有“纪律病”的女士，恐怕要找到“趣味相投”的男朋友也真的很不容易。

6.热情过度。

有的女人为了给人以亲切、友善的印象，一见到男士便急于散发自己的热情，把自己的背景、喜恶如数家珍地道出，又向并不熟稔的异性朋友要家中或公司的电话号码，甚至在交谈时拍打对方的肩膀、靠近对方的身体。凡此种种都让男士觉得极不自然，也觉得你太随便。没有女性可爱的矜持，他们不但不敢约会你，而且还会远远见到你便要躲避呢！

7.一味索爱。

爱是相互的，谁都不愿意只付出而没有回报。很多女人有公主的毛病，喜欢男士迁就、爱宠，不开心的时候要求男友千依百顺，你可就要“悠着”点儿了，因为男人有些时候更需要爱护。不过，在你的男朋友失意、沮丧的日子，有些女人还坚持要男友跟她看电影逛街，或做她自己喜欢做的事情，如果男友表示心情不佳，不想赴约，她就立刻冷嘲热讽、闹情绪。这种只可以共欢乐、不可以同分忧的女人，谁也不会愿意和她共度一生。

8.打扮妖艳。

这种女人常常被男人称作“魔女”而不是“美女”。女人为了增加艳丽，化妆、戴首饰、喷洒香水等都是值得鼓励的。可是，有些女人却打扮得太过妖艳，实在让男士们“不敢正视”。此外，一些女士为求引来艳羡目光，把首饰箱内的所有百宝一齐动员，于是头发、脖子、手腕、耳珠，以至足踝上都堆满饰物，清丽不足，庸俗有余。又有些女人喜欢喷上浓郁的香水，呛得人难受。须知轻巧明丽的妆饰、清新隐约的香味才能给人好感，过于夸张、没有自然美的打扮只能暴露你的庸俗与无知。

PART 02

人的成熟比成功更重要

平静、理智、克制

在我们身边，经常会看到一些这样的女士：她们脾气暴躁，为了一点点小事就会大发一顿脾气；只要稍不如意，她们就会愤怒不已、火冒三丈。虽然女人不一定都像男人那样在发怒的时候大打出手，但还是很容易丧失理智，从而出言不逊，导致人际关系受到影响。当然，我知道，很多人在冲动地发怒之后都会觉得追悔莫及。

我理解女士们的心情，当你们遇到不公正的待遇或是受到什么委屈的时候，选择发脾气这种方法来宣泄的确是个不错的主意。然而，女士们有没有想过，这种方法能给你们带来什么？是能够让问题得到解决，还是让对方一起和你分担忧愁？我想两者都不是，你的这种做法只会换来别人的反感、厌恶甚至反抗。威尔逊总统曾经说："如果你是握紧一双拳头来见我的话，那么我绝对会为你准备一双握得更紧的拳头。可是，如果你是对我说‘我们还是坐下来好好谈谈，看看分歧究竟在哪”，那么我将会非常高兴地同意你的意见，而且我们也会发现彼此之间的距离并不很大，而且观点上也没那么大差异。其实，我们之间还是有很多地方存在共同语言的。”

很多女士往往把发脾气看成是人类的天性。的确，人是情感最丰富的动物，会根据自己的判断对事物做出反应。因此，在一定程度上，我同意那些女士的看法。可是，女士们有没有想过，真正喜欢发脾气的是那些小孩子，因为他们的心智还不够成熟，自制力也不够强。也就是说，他们的人性的表现更加突出一些。可是，作为成年人，女士们应该拥有成熟的心理，也就是说能够做到平静、理智、克制。

曾经有一位女士对我说，她不认为我所谓的“平静、理智、克制”很重要，因为在当今的社会，那可能也是“懦弱”的代名词。如果她不能以愤怒来反抗一些事情的话，就不能给自己争取到一些合理的权利。事实果真如此？我不这么认为，因为我的朋友蒂斯娜女士就没有和她那个“吝啬”的房东发脾气，但却达到了她的目的。

蒂斯娜女士住在纽约的一家公寓里。前段时间，她的经济状况出现了一点问题，而这时房东却突然提出要抬高她的房租。老实说，蒂斯娜女士当时真的非常气愤，因为房东的行为的确有点“趁火打劫”的味道。不过，最后还是理智战胜了发热的头脑，蒂斯娜女士决定采用另一种方法来解决这个问题。她给房东写了一封信，内容是这样的：

亲爱的房东先生：

我知道，现在房地产的行情的确很紧张，因此，我能够理解您增长房租的做法。我们的合约马上就要到期了，那时我不得不选择立刻搬出去，因为涨钱后的房租对我来说有些难以接受。说真的，我不愿意搬，因为现在真的很难遇到像您这么好的房东。如果您能维持原来的租金的话，那么我很乐意继续住下去。这看起来似乎不可能，因为在此之前很多房客已经试过了，结果都以失败而告终。虽然他们对我说，房东是个很难缠的人，但我还是愿意把我在人际关系课程中所学到的知识运用一下，看看效果如何。

效果如何呢？那位房东在接到蒂斯娜的信以后，马上找到了她。蒂斯娜很热情地接待了房东，并且一直没有谈论房租是否过高的问题。蒂斯娜很高明，只是不断地在和房东强调，她是多么喜欢他的房子。同时，蒂斯娜还不停地称赞他，说他是一个深谙管理的房东，而且表示愿意继续住在这里。当然，蒂斯娜也没有忘记告诉房东，自己实在负担不起高额的房租。

很显然，那个房东从来没有从房客那里受到过如此之高的评价。他显得很激动，并开始抱怨那些房客无礼。因为在此之前，他曾经接到过14封信，每一封都是充满了恐吓、威胁、侮辱的词语。最后，在蒂斯娜女士提出要求之前，房东就主动提出要少收一点租金。蒂斯娜又提出希望能再少一点，结果房东马上就同意了。

后来，蒂斯娜在和我谈论起这件事的时候说："我真的很庆幸当时没有随便地乱发脾气。虽然那还不至于让我露宿街头，但确实会给我带来很多不必要的麻烦。”是的，女士们，这就是平静、理智、克制的好处，它能让你找到解决问题的最佳途径。

女士们，假如你的财产被别人破坏、你的人格受到别人的侮辱，那么你们会怎么办呢？我想，女士们一定会说：“那还能怎么办？当然是做好一切准备，和那些可恶的家伙大干一场。”如果小洛克菲勒在1915年的时候也和你们一样的话，相信美国的工业史就要改写了。

那一年，小洛克菲勒还不过是科罗拉多州的一个很不起眼的人物。当时，那个州爆发了美国工业史上最激烈的罢工，而且时间持续了两年之久。那些工人显然已经愤怒到了极点，要

求小洛克菲勒所在的钢铁公司增加他们的薪水。同时，失去理智的工人开始破坏公司的财产，并将所有带有侮辱性的词语送给了小洛克菲勒。虽然政府已经派出军队镇压，而且还发生了流血事件，但罢工依然没有停止。

如果真的按照上面那些女士的想法去做，相信她们一定会要求政府严惩那些“暴徒”。可是，小洛克菲勒却没有。相反，他会见了那些罢工的工人，并且最后还赢得了很多人的支持。这一切都要归功于他的那篇感人肺腑的演讲。

在演讲中，小洛克菲勒非常平静，没有显出一点愤怒。他先是把自己放在工人朋友的位置上，接着又对工人的做法表示理解和同情。最后，小洛克菲勒表示，他愿意帮助工人们解决问题，而且他永远站在工人一方。

当然，他的演讲远没有这么简单，不过的确是一种化敌为友的好办法。相信，如果小洛克菲勒与工人们不停地争论，并且互相谩骂，或者是想出各种理由来证明公司没有错的话，结果一定会招来更加愤怒的暴行。

我的偶像，美国历史上最伟大的总统之一——亚伯拉罕·林肯曾经说过：“当一个人的内心充满怨恨的时候，就会对你产生十分恶劣的印象，那么即使你把所有基督教的理论都用上，也不可能说服他们。看看那些喜欢责骂人的父母、骄横暴虐的上司、挑剔唠叨的妻子，哪一个不是这样？我们应该清楚地认识到：最难改变的就是人的思想。但是，如果你能够克制住自己的愤怒，以冷静、温和、友善的态度去引导他们，那么成功的可能性将大很多。”

对林肯的观点我表示同意，而且我还给他找到了一条理论依据。有一个非常古老的格言：“一滴蜂蜜要比一滴胆汁更容易招来远处的苍蝇。”对于人来说也是一样。我们想要解决问题，无非就是想要对方同意我们的观点。然而，你想获得别人的同意，首先就要做对方的朋友。你要让他们相信，你是最真诚的。那就像一滴蜂蜜灌入了他们的心田，而并不是一滴腥臭的胆汁。

当我还是一个小男孩的时候，我曾经从隔壁的泰勒叔叔那里借阅过《伊索寓言》，其中一则寓言给我的印象非常深刻，那是有关太阳和风的故事。

一天，太阳和风在一起讨论究竟谁更有威力。风显然很自信，高傲地说：“我当然是最厉害的，因为所有人都害怕我的怒火。看到没有，我一定会用我的愤怒吹掉那个老人的外套。”于是，太阳躲到了云后面，而风则开始愤怒地吹起来。可是，虽然风已经很卖力气了，但老人却把大衣越裹越紧。最后，风终于放弃了，因为它觉得那是个坚强的老头，自己无法征服。这时，太阳从云后出来了，笑呵呵地看着老人。不久，老人就开始擦汗，脱掉了自己的外套。

结果很显然，与冲动、偏激、不理智的愤怒比起来，温和友善的态度更有效。

能够做到平静、理智、克制不仅可以帮助你们妥善地解决所遇到的各种问题，而且对女士们的身心健康也是非常重要的。女士们回想一下，当你们想要爆发的时候，是不是有这样的感觉？你们会不会觉得心跳在加快、血压在上升，呼吸也变得急促起来？没错，这是由于交感神经过于兴奋引起的。洛杉矶家庭保健研究协会主席阿马尔·杜兰特曾经说："那些爱发脾气的人很容易患上高血压、冠心病等疾病。同时，情绪上太波动还会使人感觉食欲不振、消化不良，从而导致消化系统疾病。而对于那些已经患有这些疾病的人，发脾气也会使他们的病情更加恶化，严重的还会导致死亡。"

我不知道女士们是怎么想的，反正我看到这里的时候真的开始为自己担忧，因为我以前也曾经为了一点小事发脾气。不过幸运的是，我现在已经不会了，因为我现在已经有了一套很好的解决办法。

也许这些方法并不一定适合所有的女士，但却是给女士们提供了一些建议。你们不妨把它当作蓝本，然后再结合自己的情况做出调整。我相信，做到平静、理智、克制并不是一件不可能的事。

练就坚忍的**意志品质**

在我家附近有一家汽车租赁店，店主是一位名叫埃德华·道斯的人。我们相处得非常不错，因此经常在一起聊天。有一次，我们谈论起一个话题，双方都认为那些凡是能够取得成功的人都有一个共同的特点，那就是拥有着非凡的、坚忍的、超乎常人的意志品质。其间，埃德华突然问我："你是否知道那位被称为'海中礁石'的纳尼德·巴德奇？"我点了点头，并问他是不是一位精通航海术的人。埃德华点头说："没错，就是他！在10岁以前，他就已经开始采用自学的方式学习有关拉丁文的知识了，所以他才能在那时研读牛顿所写的《数学原理》。在21岁那年，他已经是一位非常优秀的数学家了。后来，他又迷上了航海，于是转学航海术。听说，他还写过一本关于航海术方面的专业书，还被业内人士称为经典。难以想象，这样一个没有接受过正规教育的人居然能做出这样的成绩来。”

没错，纳尼德·巴德奇的确非常伟大，因为他是在克服了重重困难的条件下取得成功的。我想，从来没有人对他说：“你这个人无药可救，`想成为科学家简直就是在做梦，因为你没有获得过正规的大学教育。”正因为此，纳尼德·巴德奇才练就出了不畏困难的坚忍的意志品质，不顾一切地向着自己的目标前进，采用自学的方式获得了自己需要的知识。对于这类人来说，没有什么是不可能的，“困难”不过是一个词而已，因为他们有着十分坚忍的意志品质。

然而，很多女士是怎么做的呢？她们会对别人说：“不，我不可能成功！其实，并不是我不想成功，而是真的太困难了。我没上过大学，我的身体不好，我家里太穷，我经历过失败，还有……”还有什么？还有数不清的借口。其实，这些都是一种脆弱的表现。那些女士被困难吓得退缩，被外界条件束缚住了手脚。她们不知道该怎么办，也不考虑该怎么办。对于她们来说，最好的办法就是不去招惹那些困难和麻烦。

我想，没有任何东西比疾病更能摧残人的意志了。可事实上，很多成功人士都患有令人“胆寒”的疾病。相信女士们对罗伯·路易·史蒂文森一定不陌生，但你们是否知道，他一生都被疾病所折磨，但却从未让疾病影响过自己的生活和工作。凡是与他交往过的人都有这样一种感觉，史蒂文森永远都是快乐的，并且还把这种精神力量注入他的作品中。相信，如果史蒂文森没有坚忍的意志品质的话，他是绝对不会在文坛中取得骄人的成绩。

如果女士们还把他当成一个特例的话，那么就看看历史上的其他人物吧。拜伦爵士的脚是畸形的，朱利亚斯·凯撒是个癫痫病患者，贝多芬在中年后就变成了聋子，拿破仑是个被人小看的矮子，莫扎特一直饱受肝病的困扰，富兰克林·罗斯福是个小儿麻痹症患者，而女作家海伦·凯勒则在小的时候就是盲人和聋哑人。

女士们想象不到吧？在这些取得辉煌成就的人的背后竟然隐藏着如此巨大的困难和痛苦。然而，他们从来没对别人说过："不行，这些条件制约了我，我不能前进了。"相信女士们一定都非常羡慕好莱坞著名的女影星莎拉·贝拉。的确，能够成为所有男人心目中的偶像是一件让人兴奋的事。可是，女士们是否知道，这位大明星在小的时候被人称为"丑陋的私生

女”，而且还有一段非常悲惨的童年生活。然而，她没有退缩过，而是凭借坚忍的意志品质战胜了所有的困难，终于成为好莱坞的“女神”。

女士们，只有具备坚忍的意志品质的人才具有真正成熟的心灵。他们从来不会让困难挡住自己的去路，而是勇敢地、坚强地面对困难、接受困难，同时还会想尽办法加以克服和解决。这些人从来没有求饶过，也没有绝望过，当然更不会去找任何借口来逃避现实。

著名作家罗阿·斯梅斯曾经写过一本非常具有鼓舞性的传记——《在死神面前的完整生命》，书中讲述的是有关爱慕耳·哈姆的事迹，那个出生在俄亥俄州的可怜的女婴。

当爱慕耳降生的时候，接生她的医生对她父母说：“这个婴儿不会存活太长时间。”可是，爱慕耳还是坚强地活了下来，而且一直活到了90岁。虽然在生命中的每一天里，她都要忍受因右半身严重受伤而带来的痛苦，但她却始终没有向死神低过头。她知道自己不可能从事任何体力劳动，因此就开始把所有的精力都投入到阅读之中。后来，在28岁那年，她加入了

卫理公会，成为一名传道士。

女士们千万不要以为爱慕耳以后的生活就是一帆风顺了，实际上她曾经遇到过两次足以致命的事故。然而，她从未因此而退缩，也没有放弃自己的信念。后来，她的行为引起了一位大商人的注意，并且在经济上给予了她很大的帮助。就这样，经过几个月的治疗，这位在死神宫殿游历一周的女士终于回到了人间。

后来，爱慕耳将自己所有的精力都投入到了公益事业中。她兴建教堂，创立基金，而且经常给附近的学校和医院提供帮助。在70岁的时候，她终于选择退休，但却从未停止过工作。她把自己通过各种途径，包括讲道、写书、募捐等获得的钱全部用在了教育上。临死前，这位老妇人已经是20多所专业学校和一所大学的名誉董事了。

在爱慕耳·哈姆女士的脑海里，根本没有“困难”这个词。她心中只有一个信念，那就是自己是一个有生命的个体，而且这个生命是有其自身的意义的。她活了90年，而且将所有的时间都充分地利用了。同时，爱慕耳·哈姆已经成为“勇气”“坚忍”等的代名词。

也许我上面所说的那些话会让一部分女士哑口无言，但另外一部分女士则会对我说：“我们非常同意你的意见，也很愿意按照你说的去做。不过，很可惜，一切都已经太晚了，我们错过了最好的时机。如今我已经结婚，还是几个孩子的母亲，因此我根本没有机会也没有精力去面对现实的挑战。”

的确，我也承认，如今的社会越来越强调年轻与活力，但这并不代表其他人就不能成功。我想，抱有那些想法的女士没有一位已经70岁了吧？与那个年龄相比，你们的机会还要多得多。我在纽约讲课的时候，曾经遇到过这样一位学员。她的名字叫波尼，是一位身材矮小，而且已经70岁的女学员。她曾经直言不讳地对我说，她自己真的不知道究竟该如何度过她剩下的时间。

波尼女士曾经在一所学校当过教员，后来因为一些原因被强制退休。为了维持生计，她不得不整天忙于奔波。当然，这对她的经济和精神都是很重要的。在她众多的工作中，有一份是她非常喜爱的，那就是到幼儿园去给孩子们讲故事。为了达到最好的效果，波尼总是精心挑选出故事，并且还配上了幻灯片。

当时我问她为什么不考虑把这当成她的事业。也许是受了我的鼓舞，也许是从我这得到了启发，总之当时她显得很高兴，并且告诉我自己已经决定开始她的晚年事业了。她对我说，年纪不是困难，也不是障碍。事实上，年纪大反而是她的优势，因为她现在凭借多年的教学经验，能够把那些故事讲得更加形象、生动。

不过，事情并不像她想象的那么乐观，前面有很多困难在等着她。首先，资金就是一个很大的问题，因为没有人愿意把钱投给一个已经70岁高龄的老妇人。然而，波尼并没有退缩，而是找到了“福特基金会”，因为她知道，这个组织一直都热衷于文化推广工作。她给基金会递上了一份详尽的计划书，而且还当众给其中的成员试讲了一个故事。试讲的效果非常好，于是基金会决定资助她。最后，这位波尼女士通过自己独特的方式，赢得了很多人的喜欢。

女士们，如果波尼也抱怨说：“天啊，我已经太老了，根本没办法再工作了。”那么就会有成千上万个儿童听不到世界上最有趣的故事。她正是凭借自己坚忍的意志品质，藐视了摆在她面前的所有困难，并且把自己的想法付诸行动，才最终取得了成功和胜利。

当我还是个孩子的时候，我曾经认为自己个头太高是一种不正常的表现，因此感到很自卑。许多年后，我终于明白，事实上身高和其他条件一样，可以给我们带来好处，也会给我们带来坏处。而这一切，主要取决于我们的态度。那些不成熟的人总是会把自己与别人不一样的地方看成是一种缺陷、困难、障碍，然后内心渴望自己得到别人的帮助。然而，那些真正心智成熟的人则不是，他们总是先看清自己与别人的不同之处，然后坦然接受它们，继而想办法进行弥补。萧伯纳非常轻视那些面对困难而选择退缩的人，他说：“很多人都习惯性地抱怨自己的处境不好，进而埋怨环境导致他们不能取得成就。我从来不相信这类鬼话。如果你真的没有心中所希望的那种环境，那为什么不自己去制造一个？”

女士们，迈向成熟的第一步就让自己练就出坚忍的意志品质。因此，你们不能再犹豫了，而是应该马上行动起来。

丢掉**理直气壮**的想法

这是一个强调自我的时代，年轻人常常理直气壮地说：“我的人生我开拓。”“走自己的路，让别人去说吧！”

为此，他们可以“理直气壮”地在工作时与同事闲聊，然后准时下班回家，而把当天应该完成的工作丢到一边；可以“理直气壮”地盗用别人的劳动成果，面无愧色；可以“理直气壮”地随便发脾气，永远像一个长不大的孩子……

他们认为尊重自己的内心很重要，对别人尤其是长辈的观点总是持怀疑态度，认为长辈们的看法都很守旧、落后。他们对父母“你一定要争气，活出个样子给他们看看”的苦口婆心总是不屑一顾：我凭什么要为别人而活？凭什么要在意别人的看法？只要我认为该做的事情，我就去做，这才是真正地活着。

但这种想法很容易导致固执己见、一意孤行，从而做出愚蠢的事情。总是做一些不被他人认可的事情，很容易使自己的人生也不被别人认可，这是一件很危险的事情。

虽说人生就是要不断去尝试，跌倒了再爬起来，但如果你走的是一条大家都认为偏颇的路，又何必要固执地走下去呢？与其将来后悔，何不在做出决定之前多考虑一下别人的意见呢？

美国广告界巨擘乔安娜从小对文学痴迷，曾发誓要成为一位著名的作家。于是，高中毕业填报志愿时，她报考了文学系。

大学毕业后，她并没有马上找工作，而是开始为实现自己的文学理想而努力，整日埋头于文学创作，但辛苦创作的两部长篇小说却遭到了无情退稿。不过乔安娜并未因此灰心，她认为自己的小说之所以未被采用，是因为自己缺少生活积累。于是她借了一大笔钱，到各地旅游以增长见识，并写下了很多散文、随笔，但被编辑采用的仍然很少。

这时的乔安娜已是债台高筑、入不敷出，连维持基本的生计都很困难。亲友们劝她把文学创作当成业余爱好，好好找份工作，先解决吃饭问题。乔安娜听从了亲友们的劝告。由于文学底子比较好，她很快被一家报社录用为记者。但由于她仍然对自己的文学创作念念不忘，工作常常出错，不久就被辞退了。

一年中她多次失业，她的作品质量也每况愈下，被采用的次数越来越少。

怎么办？乔安娜的情绪跌到了最低谷。进退两难中，母亲的一席话警醒了她。母亲说："你所爱好的，也许并不是你最擅长的，关键是要找一个你最擅长的事业……"乔安娜陷入了沉思。她开始明白，作家不是仅靠努力就能当的，成为一个作家要具备很多条件和相应的机会，最重要的是要有天赋，而这些自己目前并不具备。

乔安娜决定放弃当作家的念头，而开始从事广告文案写作。优秀的文字写作和组织能力使她在广告界崭露头角，很快她就成为全美最有名望的广告策划人。

试想，如果乔安娜为了自己的作家梦而理直气壮、一意孤行，不知道考虑亲友和母亲的意见，不认真反思自己的追求，恐怕她只能离成功越来越远吧！

"只是当时已惘然。"这样的悲剧不应该再发生了！

丢掉理直气壮的想法其实并不难，最怕的就是自己当初根本就意识不到自己这种想法和做法的后果。如何才能丢掉这种想法呢？提供几点意见供女士们参考。

第一，多听听周围人，尤其是爱你的家人和朋友的看法。

要知道他们是真正关心你的，他们怎么会有意误导你呢？也许有时候他们说话的方式让你难以接受，但是要知道：“良药苦口利于病，忠言逆耳利于行。”这并不是要你自己没有主见，相反，多听别人的意见，有利于让你明辨是非。要多和那些处事灵活或虚心随和的人交往，养成虚心向别人求教的习惯。

第二，读一些好书。

笛卡尔说：“读一些好书，就是和许多高尚的人谈话。”经常阅读伟大人物的传记，从中汲取营养。丰富的知识使人聪慧，使人思想开阔，使人不至于一意孤行。

第三，加强自我调控。

要善于克制自己的抵触情绪。对自己的错误，要大胆承认，善于应用幽默，自我解嘲地找个台阶下来，不要固执地坚持自己的观点和做法。

第四，养成善于接受新事物的习惯。

理直气壮常和思维狭隘、不喜欢接受新事物、对未曾经历过的东西感到担心相联系。为此，我们要养成渴求新知识、乐于接触新人新事和学习其精华之处的习惯。

为目标而努力，就能达成梦想

美国著名整形外科医生马克斯韦尔·莫尔兹博士说：任何人都是目标的追求者。一旦达到一个目标，第二天就必须为第二个目标动身起程了……人生就是要我们起跑、飞奔、修正方向，如同开车奔驰在公路上，偶尔在岔道上稍事休息，便又继续不断地在大道上疾跑。

有一个小女孩名叫罗斯。有一天，老师让学生们把自己的梦想写出来。罗斯写的是拥有一个属于自己的豪华农场，并且还画了一张农场的设计图。老师给她的答卷打了个不及格，并批评罗斯是在做白日梦。老师认为，建农场需要一笔很大的开销，而罗斯年龄这么小，又是个女孩，既没钱又没家庭背景，怎么可能实现这个愿望呢？

小罗斯却很认真，她把自己的梦想细细地描述出来，并且还确定了每个阶段的目标，之后她就朝着这个目标努力。多年后，罗斯终于有了一座属于自己的豪华农场。有意思的是，当年那位批评过她的老师还亲自带着学生来这里参观。这位老师对自己当年的做法惭愧极了。

成功的路是由目标铺成的，为目标而努力就能达成梦想。选择目标的重要性毋庸赘言，关键是如何选择最佳目标、如何为目标而努力。

选择人生的最佳目标：写出曾想过

的目标，再罗列自己的优点、所希望的成功类型、心理素质、健康状况、家庭及社会情况，将自己的目标一一对照，筛选出最适合自己的目标。

即使你现在有工作，你也应该抽出时间到职业交流中心看看，进行行业咨询，收集相关信息，多和朋友联系，多了解社会资讯，以便找到并实现自己的最佳目标。

多留心一些经济信息，多关注社会，随时走在时代的前沿，自然会有宽广的视野。

如果你目前的工作并非你的兴趣所在，不利于你长远的发展，只会白白消耗精力，那你不妨多“充电”，提高自己的能力，转向自己梦想的目标，而不能不负责任地得过且过。

有了目标，如果不懂得如何去为目标努力，那再好的目标也是枉然。为实现目标而努力，不是一味埋头苦干就行的，你还需要突破一些阻碍你成功的心理和现实方面的障碍，学得更活泛一些。

一、多学一些让你更容易成功

为了更接近你的目标，你得有一些业余爱好。别人会的，你也要会一点。

伊莲看起来永远都活力四射。二十几岁的她已经是美国一所著名大学的博士生，全额奖学金让她的生活相当宽裕。一个能通过优异的考试成绩顺利攻读世界知名大学硕士、博士学位的女孩，在人们的心目中，一定是只知道学习、对周围一切都漠不关心的人，伊莲却不是这样。她会在紧张的考试复习时间从教室跑回宿舍看一场足球比赛；她学理科，却会写出一篇篇优美感人的散文；她喜欢跳舞、唱歌、摄影，喜欢各种好玩的游戏……

学习忙碌的她学会了开车，还学习烹饪、绘画、按摩……她学的东西这么多，一定很累吧？但每次见到她，她都是一副很快乐、精力很充沛的样子，让人十分佩服。

毫无疑问，伊莲是一个既会学习又会生活的人。可以说，她现在学业这么出色，应该与她什么都要尝试的积极生活态度有关。我们完全可以想象伊莲将来事业、生活等各方面的出色，因为她具有一个成功人士的素质。

所以，女孩子一定要注重自身管理，这是一种生活的策略。

试想，一个工作努力又多才多艺，能在单位节日晚会上大显身手的人，和一个工作勤勤勉勉却没有什么爱好和特长的人，哪一个更容易得到升职的机会？

不要总是抱怨别人只看重外表，你也应该学习包装自己，让外表更能引起别人的重视；不要埋怨别人喜欢性格活泼、口才好的人，你也应该学会让自己活泼一些、能说会道一些。唱歌、跳舞、打高尔夫、拉小提琴……别人会的，你也应该会一点，至少要有一样拿得出手。

本领多，别人会佩服你，说你有能力。而在职场中、在生活中，别人对你的肯定是你成功的最重要条件。

本领多的人总是受人欢迎，他们和什么样的人打交道都不发怵，都可以畅谈一番，至少不至于冷场。这样的人更有机会接触各阶层的人，尤其是接触那些比自己成功的人。这样的人有一种不输给任何人的自信，有一种在任何环境中都游刃有余、迅速和大家打成一片的能力。

如果一有时间就坐在家里看电视，这当然比较舒适，也比较容易——顺流而下总是比逆流而上容易。但人生不应该在电视机前度过，你应该到外面去，多接触一些人，多做一些事。哪怕你只是拉着朋友一起去挑选衣服、做发型、美容，也比你坐在家里好。

不要总是说一天紧张的工作之后身心疲惫，没时间学这学那，也没时间出去逛街。时间就像海绵里的水，要挤总是可以挤出来的。并且，也许你已经发现，那些要做很多事并且各方面都照顾得很好的人，他们往往看起来永远有用不完的时间。

不要总拿没时间做借口，为了不让人生处处碰壁，你必须逼着自己多学一些东西。学习的过程可以给你带来意想不到的成就感，会给你的生活带来活力。一定要让自己动起来，而不能让你的生活过早地陷入沉闷和枯燥。

二、机遇属于有准备的人

也许你正在为没有机遇而焦虑，不要灰心，机遇属于有准备的人。只要你向着目标孜孜不倦地做准备，并抓住一切可利用的资源寻找机会，总有一天机会会降临到你的身上。

在别人眼里具备了某些条件的人，比那些看起来什么都不会的懒人更容易获得成功的机会。精心地管理自身、包装自己，更容易得到别人的认可。要想获得成功，你必须把自己包装成一个体面的人、一个看起来像样的人。然后渐渐地，你就真的有了成功者的心态。

PART 03

性格的宽度决定幸福的深度

认识忧虑，**抗拒忧虑**

每个人的情况都是不同的，所以每个人的忧虑也都是各不相同的。就算是同一个人，处于不同时期，也会有不同的忧虑。因此，女士们要想让自己能够应对一切忧虑，那么就必须想办法认识忧虑的本质，从而抗拒忧虑。

从古至今，忧虑一直都是困扰人类的一个难题，因此很多古代学者也都在研究，希腊哲学家亚里士多德就是其中之一。他告诉人们，当面对忧虑的时候，一定要学会分析问题的方法，因为这可以帮助你们解决各种不同的忧虑。

首先弄清事实的真相。女士们可能会有疑问，为什么亚里士多德要将这一点放在第一的位置上？道理很简单，如果你连事实的真相都搞不清楚的话，那么你怎么可能会想出解决问题的明智方法？找不到事实的真相，那我们就相当于是在混乱中摸索。

不过，对这一点的认识并不是我发现的，而是哥伦比亚的教授哈勃特·赫基斯研究出来的。这位教授曾经帮助20多万学生摆脱了忧虑的困扰。他曾经说过，世界上所有的忧虑差不多都是因为人们没有足够的知识去做决定而产生的。

在我和他聊天的过程中，他跟我说："你知道吗？产生忧虑的主要原因就是混乱。我们打个比方，比如我有一个问题必须在下周二以前解决。那么，在到达规定时间以前，我是根本没有时间和精力去做任何决定的。在那段时间里，我所能做的只有集中全力去收集和这个问题有关的事情。那时我不会被忧虑所困扰，因为我只是想着如何收集到更多的事情。如果在周二之前，我已经搞清了所有的事实，那么我就不会忧虑了，因为问题已经解决了。相反，如果我还没有搞清事实，那么恐怕我就该开始失眠、发愁和难过了。"

我点了点头，问赫基斯教授，这种做法是否可以让人们完全免受忧虑的侵

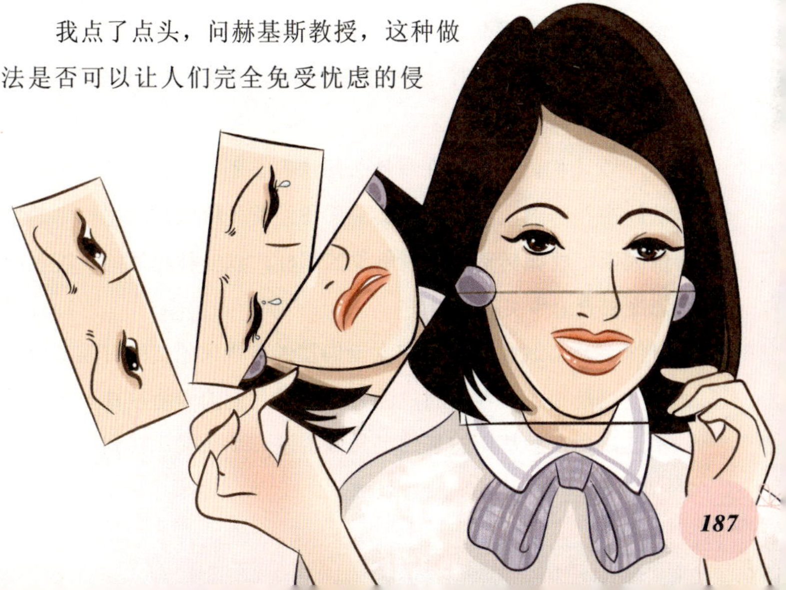

扰。赫基斯也点了点头，说：“是的，老实说，我现在真的一点也不忧虑。因为我发现，如果我们都能够以一种客观的、超然的态度去寻找事实的话，那么困扰我们的忧虑就一定会消失得无影无踪。”

的确，这是一个好办法。然而，大多数人却是怎么做的呢？人们往往不愿意多思考，只想通过各种投机的手段来达到目的。即使人们真的思考了，但却往往像猎狗一样寻找那些已经知道的事情，而忽略了其他重要的事情。我们所寻找的东西都必须符合一个标准：与我们的想法相同，符合我们对事物的偏见。安德烈·马若斯曾经指出：“凡是那些和我们个人愿望相符合的东西，我们就会把它们看成是真理。如果不符合，那么就一定会招致我们的愤怒。”

怪不得我们总是很难找到问题的答案。举个例子来说，如果你在脑子里认定了1加1等于3的话，那么恐怕你连一个会做数学题的小学生都不如。道理虽然简单，但很多人实际上都一直坚信1加1就是等于3，或者是等于300，结果，把自己和别人的日子都搞得不好过。

女士们，你们现在有什么想法？是不是觉得应该马上想办法解决？的确，不能再迟疑了。我们首先应该排除思想中的感情因素，就如赫基斯教授所说的那样，以一种超然的、客观的态度去查清事实的真相。

当然，我也承认，在女士们已经被忧虑困扰的时候，做到这一点是相当不容易的，因为那时候我们的情绪往往很激动。不过，我在赫基斯的基础上又做了进一步研究，找到了两个帮助女士们认清事实的方法：

（1）女士们不妨把自己假设为第三者，以别人的身份来进行事实收集。这样一来，我们就可以让自己保持客观、超然的态度了，同时也有助于女士们克制自己的情绪。

（2）女士们可以把自己设置成对方律师的身份，然后再寻找和忧虑有关的事实。也就是说，女士们在收集事实的时候也要收集那些对你不利的，也就是和你希望相违背的或是你不愿意面对的事实。接着，你再把正反两方面的事实都写下来，这时你往往会发现，真相就在这一正一反之间。

上述就是我要说的弄清事实。发明家爱迪生就十分懂得运用这个方法，人们在整理他所留下的2500个笔记本时发现，里面记满了他曾经面临的各种问题。

是不是把所有的事实都搞清楚就能认识忧虑了呢？不，女士们，这还远远不够。即使我们把世界上所有的事实都收集过来，如果我们不对它们进行分析的话，恐怕也不会对我们有丝毫的帮助。

我曾经也受过忧虑的折磨，因此自己也总结出了一套认清忧虑的好办法。我总是先把所有的事情写下来，然后再逐一分析，这时问题就变得简单多了。我自认为这个方法不错，因为如果我们把事实都写在纸上，那么我们就能够很快地找出一个最好的解决问题的方法。就像查尔斯·凯德里说的：“如果你能把问题讲清楚，那么这个问题你就已经解决了一半。”

你想过**什么样的生活**

你想过什么样的生活？决定权掌握在你手里，生活是自己成就的。

有的人总是不断地抱怨自己现在的生活。既然这样的生活不是你想要的，你为什么不去改变呢？为什么不跳出现在的生活方式，去选择自己想要的生活呢？但喜欢抱怨的女人，往往最害怕改变。她们觉得追求想要的生活是一件有风险的事情，不如先保住现在所拥有的东西。她们安慰自己：这样慢慢地努力，生活总会好起来的。她们所谓的努力其实就是安于现状。

但生活如逆水行舟，不进则退。到头来，你会发现保持你原有的东西也变得很困难。而你只需努力向前迈出一步，就至少不会落在别人身后。

为了你想过的生活，你不应该畏手畏脚，而应该勇于尝试生活的挑战。你的双脚应该迅如闪电，你的手臂应如万钧雷霆，你的灵魂应无所畏惧。

如果现在就没有改变生活的勇气，那么你要等到什么时候去改变？当惰性一点一点侵入你的体内，你会变得越来越被动。生命就这样被消磨，你甚至连审视自己的生活是否如意的时间也没有。

要改变，就要从现在开始，趁着年轻。

多问问自己：我想过什么样的生活？然后写一个目标清单，把你要做的事列出来。

聪明的女人会给自己的生活制定目标，她们首先会制定长远的目标：这辈子要做什么？1年、3年、5年、10年、20年后要达到什么目标？然后她们把目标细化到每月、每天。

如果觉得目标遥不可及，那就先制定一个容易实现的目标。一旦实现了这个目标，你就会尝到成功的滋味，进而坚定实现更大目标的决心。

拥有成就感的女人，她们不会也没有时间去考虑生活是否有意义之类的话题。对于她们来说，每一天的太阳都是新的，每一天都将是精彩的一天。

女人一定要有自己的梦想，梦想让女人格外美丽，梦想让女人变得特别。女人如果没有梦想，生活就没有了目标；没有了目标，人生也就失去了希望。

那些成功的女人，虽然她们的背景和历程各异，但有一点是相同的：她们都有自己的梦想，并勇于实现自己的梦想。

梦想是人生目标，是人生蓝图。如果你的梦想是过好日子，而你只是模模糊糊地拥有过幸福生活的愿望，却没有为自己制订具体的计划，梦想往往容易成为空想。

所以，一定要在脑中具体勾画自己的蓝图，包括每一个细节。当你有一个强烈的念头，愿意倾一生之力去实现、去完成时，赶快为它列一张清单，不要让自己的想法稍纵即逝。

请听听美丽女人格雷娜的故事，并像她那样把自己的梦想转化为切实可见的图像，那么你的梦想将不再遥不可及。

那时候的格雷娜刚刚经历了一场婚变，独自带着3个年幼的女儿生活，还要支付房子和汽车的贷款。有一个晚上，她参加了一场座谈，听到一位先生演讲“想象力乘以V（Vividness，逼真）等于R（Reality，事实）”的原则。这位先生指出，心智以图像而非言语思考，当我们在心中逼真地刻画想要的东西时，这些东西就会变成事实。

格雷娜觉得全身充满了力量，她下定决心要把自己所列出的祷告清单转化成图像。她剪旧杂志并收集能描摹出“心里所求的”图画，装在一本昂贵的相册里，热切地期待着。

格雷娜的图画包括：

（1）一个俊男；

（2）一个穿婚纱的女子和一个穿燕尾服的男子；

（3）花束；

（4）漂亮的钻石、珠宝；

（5）一个岛屿，位于蓝得发亮的加勒比海上；

（6）甜蜜的家；

（7）新的家具；

（8）一个刚晋升为某大公司副总裁的女子。（她当时正在找一个没有女性主管的公司，想成为这个公司第一个女副总裁。）

大约8周后，格雷娜

开车行驶在加州的一条公路上，脑海中全是早上10点半的那笔生意。突然间有一辆很体面的红色凯迪拉克从旁边经过。这辆车太漂亮了，格雷娜注视着这辆车。这时，开这辆车的人也在看着格雷娜，对她微笑，经常面带微笑的格雷娜对他回报了一个微笑。接下来的15里路，凯迪拉克的主人吉米开始追她。

一切像梦一般！开始交往后，格雷娜就发现吉米有一个嗜好就是喜欢收集钻石，而且是大颗的！他希望能找人试戴，格雷娜当然是最好的人选。

大约是他们快结婚的前3个月，吉米对格雷娜说："我已经找到了度蜜月的好地点，我们要去加勒比海上的圣约翰岛。"格雷娜笑着回答："真是出乎我的意料！"

婚礼在加州的拉古那海滩举行，婚纱及燕尾服都变成了现实。就在完成梦幻相簿的8个月之后，格雷娜成为公司人力资源部的副总裁。

就在结婚快一年的时候，他们搬进了豪华的新居，格雷娜用自己想象中的典雅家具来装潢自己的新居。而这时的吉米也刚好成为东岸一家知名的家具制造商在西岸的零售代理人。

就某种层面而言，这听起来像童话故事，但这一切都是真的。自从他们结婚以来，他们已完成了数本"梦幻图画簿"。

每天你和别人一样挤公交车去上班，和别人一样坐在办公室里，做着差不多同样的工作。但你想过10年以后你们的生活吗？10年后，这些看似和你一样的人，其中必定有人会成就一番大业；那些和你在一起工作过的姐妹，其中必定会有人过得与众不同。因为在这些人看似平凡的外表下，隐藏着不平凡的梦想。因为有梦想的人，他们的言行举止都会与同环境的人不同，他们的一举一动、一言一行都在表明他们具有成就美好人生的资质。心怀梦想的人，无论现在的处境多么艰难，他们都依然会咬着牙，事情该怎么做还怎么做，要过好日子的决心从未有过丝毫的动摇。

梦想与现实并不矛盾。梦想不是脱离现实的空想，梦想是建立在现实的基础上的，梦想让现实生活充满了动力和活力。

从现在起，在生活的各方面决定你想得到的东西，详细地勾画你想过的生活，并展开行动吧！

对自己用心，回报更大

你是不是工作很努力、终日劳累，但却发现自己的生活依然很窘迫？如果这时有人对你说“之所以这样是因为你对自己不够用心”，相信很多人都会很生气：我拼命工作，甚至牺牲了很多娱乐时间，难道还不够用心吗？

问题是，你真的“拼命”吗？真的“用心”了吗？

如果你有不错的学历，本来可以像你的同学那样找个既轻松又高薪的工作，但你却因为自己的口才和外语口语能力差而不敢去尝试需要付出努力的工作，只是找了一个自己干着顺手、几乎不用动什么脑筋却薪水微薄的工作，并一直在为自己又忙又累而烦恼。这时的你，如果好好练习一下自己的口才，好好练一下外语口语，说不定你会很快从现在的处境中脱身。然而你却懒得抽出空闲时间去练习这些，有时间还想睡个觉或看看电视，你也就很难摆脱你的糟糕生活。这难道能说你对自己“用心”吗？

很多年轻漂亮的女孩总是把自己的大好光阴浪费在非常普通的职位上，因为她们从来没有想过要提高自己，也没有利用一切可能的机遇去谋求更高的职位。她们既不懂得利用身边可利用的资源，也不想给自己充电。像这样对自己不用心的女孩，很难想象她们会对其他事情，比如爱情、婚姻用心。

很多人只是满足于做好基本任务，对基本任务之外的东西却不愿意多花一点精力。他们不愿意用现在的一点牺牲换取美好的未来，他们宁愿过舒服的日子，不想把空闲时间用在自我提高或改变上。尽管他们也有要过好日子的愿望，但这个愿望只是模糊的，并不清晰，他们对成功的渴望并不强烈。于是，很多人虽然一生都很辛苦，但对改变自己的生活并没有什么太大的效果。他们本来有能力过得更好，却不够用心，没有一种拼命的精神，不想通过奋斗来获得更多的东西。

艾利弗·波瑞特是美国著名的学者，哈佛大学最出色的教授。16岁的时候，他跟着一个铁匠当学徒。整个白天他都得在铁匠铺里工作，晚上才开始点上蜡烛读书学习。他的口袋里始终都装着自己需要读的书，只要有一点空闲就拿出来看。即使在吃饭的时候，他面前也摆着一本书。当别的孩子到处闲逛时，他却抓住每一个机会不断地提高自己。

当时，一位有钱人想供他上哈佛大学，但他拒绝了。他说

員工手冊
BBQ New
ABC
Good Morning

他可以自学，虽然每天他必须在铁匠铺工作12～14个小时。谁会想到，就是在这样的情况下，他在一年内学会了7个国家的语言。

假如艾利弗·波瑞特不对自己用心，而是在空闲时间像其他孩子一样玩耍或在一天的劳累工作后呼呼大睡，他也许一辈子都要在铁匠铺中度过吧！

用心是一种习惯。虽然每个人用心的事情不一样，人的精力也是有限的，没有必要把精力浪费在每一件事上，但是一个能把自己重视的事情用心做好的人，通常在别的事情上也会如此。这样的人，最终都会过上不平凡的生活。

只有对自己的事情用心，你才能每天不管多累都精神百倍。你会知道怎样去收集所需要的信息，做应该做的事，认识该认识的人，而不是得过且过。

如果你想做成一件事，那就全力以赴，把它做到最好，而不要随便应付。“精诚所至，金石为开。”你必须对你要做的事情有诚意，要么不做，要做就做到最好。

一个大人这样教育他的儿孙：“任何人来到这个世界上，其生命的潜在价值都是差不多的，关键的问题是一个人一生怎样让这价值得以开发。比如一块最初只值5元钱的生铁吧，铸成马蹄铁后可值10多元；如果制成磁针之类的东西可值3000多元；如果进一步制成手表的发条，其价值就是25万元之多了。人都应该有一颗进取之心，不断地做大自己。不要让自己的一生都是那块只值5元钱的生铁，内心深处要自始至终都抱有展现自己最大价值的梦想！”

你对自己用心，就会不断想着如何改变自己的处境，让自己生活得更好，就会在司空见惯的生活中发现“金子”。很多创业成功者往往都是靠着一个点子、一个主意而发家致富的。他们都是些普通人，因为对自己的事情用心，所以头脑中才会时时蹦出与众不同的点子。

丽莎在网上开了一个小店，卖玩具、包之类的东西，但和自己联系买货的人寥寥无几。她很失望，觉得自己不是做生意的料，考虑要不要把小店注销。

后来，朋友看了看她的网页，发现了问题的症结所在。首先，商品的种类很少，数量也不多，看起来很冷清的样子；其次，显示商品的图片效果不好，有的尺寸不合适，很模糊，让人看不出商品的动人之处。

当朋友劝她要下一些功夫用用心时，她说：“我从早忙到晚，都快累死了，你还说我不够用心！”朋友耐心向她解释：“用心和花多少时间没关系，而在于你的心思是不是花在关键的地方。你开店不就是为了效益好吗？现在商品不吸引人，东西卖得不好，你就得多想办法让自己的小店赢得顾客的光顾。”

丽莎听了朋友的话，开始着手改变小店的形象。她开始针对潜在顾客群增加玩具、包的种类，注意样式的流行、新颖、别致，还在商品包装上颇下了一番功夫，让人一看就有想买的欲望。

一周后，丽莎激动地打电话给朋友，说小店现在人气很旺，这一周就卖出去不少呢！

之前，丽莎认为自己每天守着店，每天坐立不安为店里的生意着急就是用心。现在她明白了，只有认真想出一些办法让自己的东西卖得更好，才是真正的用心。

人生中，我们也需要不断有新的想法。如果你想和你中意的人结婚，那么就朝这个方向努力吧！你需要在不同的阶段用不同的办法，直到完全俘虏他的心，让他心甘情愿地娶你。

对自己用心，就是在做一件重要的事情时，经常问问自己：我还能做什么？怎样才能把问题圆满解决？

没有不用心就可以办成的事情。如果你想过好日子却又不愿意完全付出，好日子永远不会主动来找你。如果你发现自己做事经常失败，那你就该反思一下自己是不是够用心。

只有对自己用心，你才能有更大的回报。

让真爱与你同行

每一位女士都梦想着获得真爱，不管她的身份是普通的女孩、家庭主妇、妻子或是母亲。的确，真爱是世界上最美妙的东西，正是因为它的存在，才使得人类社会充满了温暖。从古至今，爱一直都是永恒的话题，但同时也是一个最不易弄明白的话题。大多数女士虽然渴望真爱，但却并不能体会到爱的真谛。她们往往是简单地从性和家庭的角度去理解，并且将爱与占有、姑息、纵容和依赖等混淆在一起。

著名的婚姻关系研究学者迪罗·卡克博士曾在他的著作《如何找到真正的自我》中写道：“判断一个人是否具备了完

善的人格，其标志就是看他是否已经拥有付出以及接受成熟的爱的能力。”卡克博士这句话的潜在意思就是说，实际上很多人并不知道爱的真谛，大多数人对爱的理解是很幼稚的。那么，究竟什么是真爱呢？

美国婚姻协会前任主席达波拉·迪图博士曾经在接受采访时说：“大多数人在向他人表达爱的时候，往往是传达这样的信息，比如我想要、我想得到、我能从什么中得到满足、我可以利用或是我为此感到羞耻。比如，一个男人对女士说：‘我爱你！’而他的潜在意思就是说：‘我想要你！’这些爱是很多学者宣扬的，然而却是最典型的假爱。”

“真正的爱，也就是成熟的爱应该就像耶稣所说的‘爱别人就像爱自己’那样。不管这种爱是夫妻之间的也好，是父母与孩子之间的也罢，更或是某个人与他人和社会之间的，总之爱的要素就应该是一成不变的。”

女士们，你们必须把握住一个原则，那就是真爱是伟大的，绝不会阻碍任何人的成长，因为它最根本的作用是鼓励他人的成长。我曾经拜访过一对老夫妻，他们对女儿的做法感到非常不满。原来，女儿在上大学的时候结识了一名外乡男子，并在毕业后和他结了婚。父母对女儿的这种做法非常不理解，因为他们不明白为什么女儿要选择去那么遥远的地方组建新家庭。

那位母亲曾经说："天啊，她长大了，已经不再听我们的劝告了。难道在我们本地就没有好男孩了吗？如果她不走那么远，那么我们就可以经常看见她。为什么她就不能理解一个母亲的心呢？"

相信，如果你敢在这位母亲面前说，她并不爱她的女儿的话，那你一定会遭到一番激烈的反击。然而，事实上，这位母亲对女儿确实不能算真正意义上的爱。因为她要求女儿理解她，但并不要求自己理解女儿，也就是说她把自己对女儿的占有欲看成了对女儿的爱。

女士们，你们必须明白，如果你真正爱一个人，那么就不要紧紧抓住他不放，而是应该让他自由地飞翔。懂得爱的真谛的人是不会想把任何人变成自己感情的傀儡的。他们希望爱的人自由，就像他们希望自己获得自由一样。我要告诉女士们的是，爱与自由是并存的。

著名作家普罗茜·罗伯斯夫人曾经在一家杂志上发表过这样一篇文章，上面写道："爱是什么？它就是一个人毫不吝惜地给予所爱的人需要的东西。这种给予是为了别人而并非自己。爱包括给恋人的自由、给孩子的独立，不管你是什么职业，如果别人需要面包时你给的不是鹅卵石，别人需要同情时你给的不是面包，那么你就真正理解了什么叫爱。很多人都犯下了一个愚蠢的错误，那就是喜欢硬塞给别人一些对方并不想要的东西。这种做法非但不会让对方体会到爱，反而会让对方觉得这是一种含有敌意的做法。我相信，任何一位心理学家都不会把这种做法与真爱混为一谈的。”

的确，女士们，那些婚姻悲剧、家庭悲剧的产生，很大一部分都是因为人们不懂得爱的真谛。对于一段婚姻来说，最可怕的、杀伤力最强的武器莫过于猜忌的爱。很多人都把猜忌和爱混为一谈，但实际上猜忌是一种个人对本身能力的不自信，并在占有欲的指导下逐渐膨胀的结果。几年前，我的培训班上曾经有过一位被猜忌蒙住眼睛的女士，不过幸好她后来幡然醒悟。

卡伊女士已经和她的丈夫结婚10年了，但最近一段时间她却总是生活在恐惧之中。原来，她已经让自己陷入了猜忌之中，内心十分害怕有一天会失去丈夫。虽然她的丈夫并没有给她任何依据，但她还是忍不住感到恐惧。在那段时间里，卡伊女士做出了很多让人难以理解的事情，比如她会去悄悄地翻遍丈夫的每一个口袋，会到汽车里查看烟灰缸里的东西。白天的时候她的心中产生了各种各样的疑心，而一到晚上则被恐惧感折磨得无法入睡。

一天早上，卡伊女士在照镜子的时候突然发现，镜子里的那个女人太憔悴了，脸上没有一丝生气，面容也消瘦了许多，而这个女人穿的衣服看起来就像是那种装垃圾的大袋子。卡伊女士再也受不了了，对自己说：“天啊，这就是你吗？你一直都在害怕失去你的丈夫，可你现在的状况正是在给他创造理由。现在，你必须想办法解决。”于是，卡伊女士开始实施自己新的计划。

从那天起，卡伊女士开始注意自己的外形。她每天下午都会休息一会儿，并且想办法让自己的体重增加一些。接着，她又到美容院学习了一段时间，让自己知道如何化妆。慢慢地，卡伊女士觉得自己发生了变化，认为自己已经变得比以前好看多了，而这时她的态度也发生了改变。她丈夫似乎也发现了妻子的这种变化，并做出了良好的反应。这下，卡伊女士再也没有了任何疑心。当回忆起那段往事的时候，她说：“当初的我真是太愚蠢了，我为什么要把精力放在猜忌上呢？现在我已经成为丈夫心目中最有魅力的妻子了。”

女士们，请你们牢记这一点，当一个女人真正理解到爱是肯定而不是命令时，那么就代表着她已经拥有了去爱的能力。

说完婚姻我们再来看家庭。对于家庭来说，很多时候我们经常会在不自觉的情况下以爱的名义来伤害别人。我们经常会听到父母说：“我之所以这么严厉，完全是为了孩子好！”或是：“我太爱他们了，为了让他们过得幸福，我愿意付出我的一切，甚至于溺爱也在所不惜。”这种爱是真爱吗？我们还是看一下若斯太太的例子吧。

几年前，若斯太太和她的丈夫离婚了。于是，她不得不承担自己照顾一个家庭和两个孩子的责任。虽然这对于一个女人来说未免困难一点，但若斯太太还是决定挑起重担，并且下决心一定要严厉地管教孩子，以便让他们成才。

若斯太太对我说："当时，我给我的两个孩子定下了很严格的规矩。首先，我不接受任何形式的借口，更不会浪费时间去和他们商量什么或是听取他们的意见。我所要做的就是告诉他们该怎么做。他们不可以独立思考，必须对我所制定的规则严格执行。"

我问若斯太太："那您的这种做法有效吗？"

若斯太太回答说："有效，非常有效，但这种效果不是正面的。我发现我们的家庭关系正在起着很微妙的变化。我的孩子们开始躲着我，不愿意和我交流，更不愿意对我示爱。最后我终于明白了，我的孩子怕我，怕我这个母亲。于是，我开始反思自己的做法。最后，我得出这样的结论：我对他们要求严格并不是一种爱的表现，相反，我在不自觉中将离婚后所产生的各种压力都转嫁到了他们身上。我不是为了孩子，是为了我自己。因为我是想让孩子们替我承担我犯下的各种过错，并不是那些孩子不能理解我，而是因为他们感觉到了我这种自私的做法。"

就这样，若斯太太开始改变自己当初的计划。她开始对孩子们和蔼起来，也不要求他们做这做那。她还会时不时地召开家庭会议，好听取一下孩子们的意见。她不再把所有的时间都安排在做家务上，而是抽出很多时间来陪孩子们。最后，孩子们从母亲身上体会到了真正的爱，整个家庭的环境和气氛也变得和睦多了。

是的，真爱的力量可以影响一个家庭，甚至还会影响到个人与整个社会的关系。著名的心理学家米阿德说过：“一个人对朋友、工作、陌生人以及世界的态度，绝大多数是从家庭中学来的。如果一个孩子在家的时候能够得到真爱，那么他就一定会将这种真爱反馈给他的家人、朋友以及其他人。”因此，女士们必须要明白，爱并不仅限于家庭。实际上，只有我们真心地去爱别人，才能从别人那里得到爱的力量。爱是最伟大的东西，可以让你对生活和世界充满热情，也会让你变得健康和长寿。

女士们，相信我的话，也相信爱的力量，只要你们做出努力，只要你们是发自内心的，那么你们就一定可以做到让真爱与你们同行。

健康女人，**平安快乐**

阿里科谢·卡若厄博士是诺贝尔医学奖获得者，他曾经说过：“一个商人如果不懂得如何抗拒忧虑，那么他一定会早死很多年。”其实，不只是商人，家庭主妇、职业妇女等都是一样的。这并不是凭空捏造的，因为有事实可以证明。

当谈起忧虑对人的影响时，医学博士德贝尔是这样说的：“事实上，在我接触的所有病人中，有三分之二的病人只需要抗拒忧虑和恐惧就可以战胜疾病。我不是说他们没有病，他们有病，而且非常严重。不过，我在叙述时必须在那些病人所患的诸如胃溃疡、心脏病、失眠、头疼等疾病的前面加上‘神经性’这个词。你知道吗？对疾病的恐惧会使你无比的忧虑，而忧虑又使你感到紧张，接着又影响你的胃部神经，然后你就得了胃溃疡。”

是的，不光是德贝尔博士这么认为，约瑟夫·蒙达德博士也在他的《神经性胃病》这本书中写道：“并不是因为你吃了什么东西才导致你产生胃溃疡，实际上真正的病因是你在发愁什么事情。”

忧虑才是产生很多疾病的罪魁祸首。有关专家曾经指出：心脏病、高血压以及消化系统溃疡这三种疾病在很大程度上来说都是由于忧虑的情绪所引起的。很多女士有上进心，或是说成野心，她们希望自己成功，或是希望在自己的帮助下使丈夫获得成功，这些想法本来都无可厚非。然而，她们对成功的渴望太强烈了，每天都让自己生活在忧虑之中。真的不明白，即

使你成为全世界的女王那又代表什么呢？你不过是要每天吃三顿饭，然后晚上睡在一张床上而已。有许多普通的农妇，没有人知道她们是谁，可她们中却有许多人活到了90岁。

著名的精神学专家梅奥兄弟对外宣称，在他们治疗的病人中，有绝大部分人的精神是非常正常的，他们所谓的精神疾病其实是悲观的情绪以及那些烦躁、忧虑、恐惧等。

在2300多年前，所有的医生都没有意识到人的精神和肉体是统一的，应该合并治疗。如今，很多人已经发现了这一真理，并且开设了一门新的学科——心理生理学。的确，这门学科诞生得正是时候。因为长时间以来，人类已经消灭了很多由病毒引起的可怕疾病，比如天花、霍乱和各种传染病。可是，我们不得不遗憾地说，时至今日，人们还没有能力有效地治疗那些由忧虑引起的疾病，而且这种疾病给人类带来的灾难正在日益壮大。

曾经有医生说，在二战期间，美国每六个妇女中就有一个人患有精神失常。天啊！是什么原因导致这种事情的发生？虽然到现在也没有人能准确地说出原因，但有许多人认为很有可能是由于对现实的恐慌和忧虑造成的。当人们不能适应现实时，她们就会选择逃避，让自己生活在脑海中的世界里。

忧虑对健康的影响：

（1）对心脏产生很坏的影响。

（2）可能产生高血压。

（3）可能引起风湿病。

（4）可能引起胃溃疡。

（5）易感冒。

（6）甲状腺同样害怕忧虑。

（7）糖尿病人都很容易产生忧虑。

最后，把上面的观点进行一下总结，那就是忧虑很可能要了你的命。女士们不必认为这是在夸夸其谈。

很多人一定不会相信忧虑的情绪会和关节炎有关，可事实上这却是真的。美国康奈尔大学的罗斯·萨斯尔博士是治疗关节炎的权威人士，他曾经说过："如果一个人的婚姻生活很不好，那么他就有可能患上关节炎；如果一个人经济上出现了问题，那么他也容易得关节炎；如果一个人长期感到寂寞、孤独、忧虑或是愤怒，那么他得关节炎的概率将是普通人的几十倍。"

罗斯·萨斯尔博士并没有骗我们。有一个女性朋友，身体一直都很健康。经济大萧条时期，她丈夫失去了工作，整个家庭陷入了经济危机。祸不单行，煤气公司因为她家不交煤气费而切断了煤气，而银行也把她家作抵押用的房子没收了。这位太太受不了这种突如其来的打击，一下子就患上了关节炎。在那段时间里，尽管她尝试了各种手段，但都不见效。最后，直到大萧条结束，家里的经济状况改善之后才算完全康复。

还有一点必须要告诉大家，那就是忧虑会摧毁你们最看重的资本——年轻美丽的容貌。著名女星莫勒·阿巴鄂说："在我刚踏入影视圈的时候，每天都生活在忧虑之中。我害怕极了，因为我是只身一人来到伦敦的，在这里我一个朋友都没有。可是我需要生活，因此必须要找一份工作来养活自己。我和几个制片人谈过，但他们却都不打算起用我。那段生活真的很悲惨，忧虑和饥饿同时困扰着我。有一天，当我透过镜子看我自己时，发现忧虑已经开始摧毁我的容貌了。我看到了忧虑的皱纹，于是我告诫自己，从此以后再也不会让自己忧虑，因为那会毁掉我的容貌。"

的确，恐怕没有哪一件武器比忧虑对女人容貌的杀伤力更大。忧虑会让你整天愁眉苦脸，会让你终日咬紧牙关，会让你的头发提早变白，更会让你的脸上长满皱纹。

在美国，心脏病已经成为威胁人类健康的头号杀手。第二次世界大战期间，美国大约有30多万人死于战场，却有200多万人死于心脏病。在这200多万人中，又有将近一半的人是由于忧虑而引发心脏病。

中国人和生活在南方的美国黑人很少患有这种因忧虑而引起的心脏病，这是因为他们的传统文化告诉他们遇事一定要沉着冷静。有人做过统计，每年死于心脏病的医生要比农民多出二十几倍，这是因为医生总是过着很紧张的生活。

很多人都认为全世界每年都会有很多人被可怕的传染病夺去生命，然而实际上每年死于自杀的人数要远远高于死于传染病的人数。造成这一可怕现象的根本原因就是忧虑。

古代，如果一个将军想要让他的俘虏得到最残酷的惩罚时，总是会把他们的手和脚全都捆起来，然后在他们的头顶上放一个不断滴水的袋子。水滴并没有杀伤力，它只不过是一滴一滴默默地向下落。开始的时候，那些水滴的声音还很小，但是几个昼夜之后，那些声音已经大得像是木槌敲击地面了。俘虏们受不了了，他们精神失常了，这的确是比死亡还要可怕的一件事。

忧虑就是那一滴滴的水珠，它们不停地向下落着，慢慢地折磨着你的心灵，最后让你精神失常而选择自杀。

要想获得健康的身体并不是很难，因为你只要保持住一颗平常心就一定不会忧虑。不要担心你做不到，因为只要是一个正常的人都可以做到，而且是绝对可以做到。事实上，我们每个人都比想象中的那个自我坚强得多，有很多潜力是我们所不知道的。

只要拥有了克服忧虑的信心，就一定会让自己生活得快乐无忧，而那时你们也将会有一个健康的身体。

第六篇

修炼气场，增强自信

PART 01 看起来就要像个成功者

增强吸引力，**一出场就有气场**

我们与人相处，有的人虽然话不多，但我们却喜欢和他待在一起，因为他能让你感到轻松愉快；有的人逢人便滔滔不绝，夸夸其谈，不但无法让我们喜欢，反而令我们十分讨厌，总想与之拉开一段距离。出现这些不同情况的原因是什么呢？

主要就是人的吸引力和气场的问题。

有时我们确实感觉得到，有一种人无论出现在哪儿，都能立即成为众人瞩目的焦点，即使他们不言语，就那么站着或坐着，也带给人一种特别的感觉和深刻的印象，甚至还能令人毫无保留地对他产生信任感。

气场与外貌漂亮与否并没有什么关系，关键是看你能否通过你的面部表情、形体动作、语言等展示你迷人的个性气质。真正能打动人的是气质，而不是外貌。

每一个人都具有一个理想的自我形象，这就是心理学上所说的“理想的自己”。“理想的自己”往往被赋予很高的价值。尽管这些人来自于不同地方，成长在不同环境，各自具有不同的自我形象，但他们的“理想的自己”也许具有一些共同点，如丰富的情感、敏捷的思维、幽默的语言，等等，而且都希望给对方留下亲切善良、聪慧正直、才学渊博的印象。所有这些，都要求自然而不做作，随和而又机敏，由此所透露出来的权威感，会产生一种无形的气场，一点一滴地注入对方的心田，在他们的心里产生连锁反应，使对方在不知不觉中被吸引、被征服。因此，思想、行动与感情构成了气场的三大基石，所以若要从具体的方面来改变你的气场，增强个人的吸引力，你应该在思想、行动与感情方面进行努力。

你的外在表现，也就是你气场的特征，主要不是由当时当地的环境决定的，而是由你的内在创造的。你能否改变自己也主要不是由于别人是否对你进行了批评，而是你自身是否想改变自己。所以是你的思想创造了你本身，使你成为今天这个样子的。可能你没有意识到，但你仔细想想，是不是你怎么想决定了你的性格？你为什么不被人喜欢呢？大概是你的想法不受欢迎。你为什么气场四射呢？首先是你的想法，其次才是你其他条件的配合，使你引起了人们的普遍关注。有的人之所以无法成功，是因为他的想法使他难以成功。

别人通过你的行动——你的说话方式、你的做事方式、你的脸部表情——才能给你一个评判，才能使他们心中形成一个印象。行动是造就气场的关键，还因为只有通过行动你才能改善自身。通过很多小的行动，通过人格的训练，通过对自我行为的反思与调整，你就可以创造新的自我，使你自己变得更富有魅力。

人们通过你的外在表现、你的行动与思想，对你产生了喜欢以至某种带有神秘色彩的感情。如果你的感情特征是积极的、友善的、温和的、宽容的，那么别人就会很喜欢你、赞赏你，因此你往往气场大增；反之你就会成为一个没有气场的人。

所以，如果你拥有令人愉悦的个性，你往往会使自己的气场大增。并非所有的性格都是令人愉悦的，有很多性格令大部分人感到没有气场。比如人们一般不喜欢消极的、极端化的性格特征，人们对报复性的、敌意的性格特征更是感到厌恶，一般人们都喜欢富有热情的、积极向上的、友善的、亲切温和的、宽容大度的、富有感染力的性格。所以，如果你能够培养起为大部分人所喜欢的正面性格，你的气场就大大增加了。

打造自己的**外形**

“看起来像个成功者”能够让你感受成功者的自信；激励自己走向成功，像成功者那样行事。因而，当成功的机会到来时，你就是成功者！

成功的外形是一个人无形的资产，“看起来像个成功者和领导者”，那么幸运的大门会为你敞开，让你脱颖而出。对外进行商务交往时，由于你“像个成功的人”，人们可能愿意相信你的公司也是成功的，因而愿意与你的公司进行交易。

为了取得成功，你必须在脑中“看到”你正在取得成功的形象，在脑中显现你充满自信地投身一项困难的挑战的形象。这种积极的自我形象反复在心中呈现，就会成为潜意识的一个组成部分，从而引导我们走向成功。

努力在外表上塑造“像个成功人士”的例子数不胜数，因为他们深刻理解“看起来像个成功者”的形象对事业有多大的

促进作用。

在20世纪70年代末上大学时，一位企业老总就有着强烈的“领导意识”。他认为伟人具有散发着魅力的外形和举止，他开始模仿我国某位伟人的举止和仪态，通过练习腹腔发声，他把自己原本并没有权威感的脆弱音质改为具有磁性魅力的浑厚的男低音。在1995年他又有了国际领导人的新意识，他请了形象设计师，为自己设计具有国际标准的世界巨商的形象。他完全接受国际化的商业形象理念，无论是西装还是休闲服，他只穿能够衬托一个领导宏伟气派的高质量、有品位的服装，他还不放过每一个细节。如今，无论在外观、口音、思想意识上，他都更像一位来自华尔街的金融家。

人们都希望成功能够早一点到来，而树立良好的形象就是其中的方法之一。在成功之前我们就要树立一个成功者的形象，因为成功的形象会吸引成功。

创造出色的个人品牌，**你会因此而更加成功**

品牌体现价值观也体现影响力。人人都有价值观，人们正是因为按照自己的价值观才取得成功。只有保持真实的自我，只有恪守自己基本的价值观，才能创造出自己的品牌。

无论对于企业还是个人，成功品牌都是其创造者内在核心的准确、真实的反映。为了以现实赢得信誉（认可、接受、赞许），创造者必须每天积极地体现出品牌的价值观，并在个人和专业“市场”中进行检验，观察他人是否接受这些价值观。

归根结底，个人品牌是否出色并可行，要看关系是否已经成型，关系的深度和广度如何。

你需要将自己的价值观融入生活中，塑造品牌要从这里开始，最后也是到这里结束。正如我们强调的，这么做的目的不只是用价值观作为出色的个人品牌的基石，而且还是为了获得信誉，为了让周围的人认可你。如果你没有为自己的价值观树立起信誉，别人就无法通过你的品牌认识到你为这些价值观付出的努力。周围的人也无法通过观察你与他人的关系看到这种内在的联系，最终也就无法认识“真正的你”。

个人品牌是一种提升影响力的途径，你要取得成功，就必须提升自己的影响力，所以，你有必要创造出自己的个人品牌。成功的个人品牌定位都有这些共性：

1.定位必须明确。

定位的目的是让个人品牌在人们心中占据一个有力的竞争地位。只有明确、清晰的定位，才有利于人们铭记于心，才会有影响力。

2.定位必须区别于竞争对手。

只有区别于竞争对手的定位，才能为雇主找到雇用你的理由，才能提供给雇主判断个人品牌的依据。

3.定位必须适合雇主需求。

个人品牌定位的根本目的是提高你的影响力，有利于你的就业和职业发展，因此个人品牌的定位一定要以雇主的需求为根基。若你的个人品牌定位是一个农业专家，肯定没法吸引一个汽车制造商的兴趣。

你应该给你自己经过奋斗可以成功的机会，将自己放在可以取得成功的位置上，把自己拉出注定要遭遇失败的地方（或者必须牺牲价值观才可通过的地方），坚持树立自己的个人品牌，要知道，出色的个人品牌比华而不实的表面形象深刻得多。因为品牌是关系，它们反映影响力。

所以，创造并活出一个出色的个人品牌，这是你能够做的最好的投资。世界需要有影响力的品牌，并且尊重、依靠有影响力的品牌。如果你能够成就一个有影响力的品牌，你会因此更加成功。

增加自己的曝光率，**让成功者形象深入人心**

日常生活中，人们总喜欢用“曝光率高”来形容成功人士或知名人士。其实，真正出色的人都懂得利用一切机会让自己在重要场合“抛头露面”，因为这样可以让更多的人认识自己，扩大自己的影响力，提升知名度，进而让自己的成功者形象更加深入人心。

由于在重要场合“曝光”时需要面对很多人，有认识的，也有不认识的，所以对个人来说，这是需要很大勇气的。想做到这一点，必须克服胆怯、羞涩的心理，要对自己充满自信，讲话或办事应当底气十足，这样才能赢得更多人的青睐。

平时我们应该多关注身边的各种仪式或活动，积极参加。例如，你的公司因职员有红白喜事而举行的仪式，因有人要出

国或退休而举办的派对，或因解决了一个大难题而举办的小小的庆典……这些都是你“曝光”自己的好机会。尽量多参与这类活动，并在这些场合里做精彩的演说，或者送点什么礼物，举止得体，保证不显尴尬、不出洋相，你的个人形象、知名度一定会增色不少。

当朋友举行婚礼的时候，也可以借此机会在朋友的亲人及朋友面前“曝光”自己。一般而言，这种情况下大家还不认识你，那么，你不妨在婚礼正式开始前向新郎新娘及其父母们做一番自我介绍，说说你是谁，为什么会来参加婚礼，代表谁来的，等等，然后呈上你的礼物，并祝福新人。这样他们一定会对你的举止印象深刻并心存感激。婚礼开始后，你可以在享受这种喜庆聚会的气氛和环境中，观察一下周围形形色色的人，通过聊天或敬酒等行动，让自己充分“曝光”，使更多的人认识你。

除了主动去参加别人的活动外，你还可以自己组织聚会，如生日宴会、孩子满月、乔迁新居等。一旦你成为聚会的主人，应好好计划一下，或者将它委托给某个具有丰富组织经验的高手，尽量让你的客人和你都感到满意，让他们记住这段快乐的时光，并觉得你不愧为一位细心而好客的主人。这样，一定会有很多人在这次聚会上记住你。

要注意的是，在重要场合仅仅是“曝光”自己还远远不够，因为“曝光”的真正意义是要给在场的人留下深刻印象。你在“曝光”的同时必须不断地寻找机会宣传你自己——你的主张和你的价值等。你可以通过发言、演讲等自我宣传的形式，也可以请知名人士或朋友当众介绍，总之要让自己深入人心。

此外，宣传自己也要遵循一定的原则，过于明显的个人宣传恰恰适得其反，会让别人误以为你在自我吹嘘、炫耀价值。因此在宣传时不要弄许多花招噱头，应当谦和地、不温不火地展现自己，以免哗众取宠、适得其反。

增加自己的曝光率，让自己深入人心，有利于树立自己的成功者形象，从而能最大化你的影响力。

PART 02

不做别人的影子

自抬身价，把自己武装成“绩优股”

有句俗话叫：“王婆卖瓜，自卖自夸。”虽然其中蕴涵了一些对自吹自擂者的讽刺意味，但这种自吹自擂在某些情况下还是很有必要的。

社会就如同一个大丛林，有许多机会都是要靠自己去争取的。如果有能力，就应该自告奋勇地去争取那些别人无法完成的任务，千万不要让自己淹没在人群中，或者躲在被人们遗忘的角落里。成功者会让自己闪耀夺目，像磁铁一样吸引各方的注意。

有一匹千里马，体型非常瘦小，它混在众多马匹之中，默默无闻。主人不知道它有与众不同的奔跑能力，它也不屑表现，它坚信伯乐会发现它的过人之处，改变它的命运。

有一天，它真的遇到了伯乐。伯乐径直来到千里马面前，拍了拍马背，要它跑跑看。千里马激动的心情像被泼了盆冷水，它想：真正的伯乐一眼就会相中我，为什么不相信我，还要我跑给他看呢？这个人一定是冒牌的。千里马傲慢地摇了摇头。伯乐感到很奇怪，但时间有限，来不及多作考察，只得失望地离开了。

又过了许多年，千里马还是没有遇到它心中的伯乐。它已经不再年轻，体力越来越差，主人见它没什么用，就把它杀掉了。千里马在死前的一刻还在哀叹，不明白世人为什么要这么对待它。

客观而言，千里马的一生是悲惨的，可以说是“怀才不遇”。它终年混迹于平庸之辈中，普通人不能看出它的不凡之处，伯乐也错过了提拔它的机会。但是谁导致这种悲剧的呢？是它的主人，还是伯乐？都不是，怪只怪千里马自己。假如它当初能够抓住机遇，勇敢地站出来，在伯乐面前不顾一切地奔跑，表现出自己与众不同的优秀品质来，用速度与激情证明自己的实力，恐怕它早就离开那个狭窄的空间，到属于自己的广阔天地尽情施展才能了。

人们过去总说“酒香不怕巷子深。”但事实并非如此。试想，要有多么浓郁的芳香才能从深巷里传入人们的鼻中呢？又有多少人能够耐下心来寻找这芳香的源头呢？再香的酒，只怕最终也不过落得个“长在深巷无人识”的结局。许多人常慨叹怀才不遇，却不知道，能力是需要表现出来的，有本事就要发挥出来。不吭声、不动作，谁会知道你胸中的万千丘壑，谁会将你这匹千里马从马群中挑选出来呢？

不少人总是满怀希望地等待着，期待伯乐发现自己、提拔自己。只可惜千里马常有，而伯乐不常有，并不是所有领导、上司都独具慧眼，将机会拱手送上。在你做白日梦的时候，别的千里马，甚至是九百里马、八百里马们早已迎风驰骋，令众人瞩目，获得了充分展示自己的舞台。而默不作声的你，自然只能被淹没在无人问津的平庸者当中。

因此，即便是实力再强的人，也要学会表现自己，要善于表现自己，才能让自己的优势展现于世人面前，才能使自己成为求才若渴的人们心目中的抢手货。

以现代职场为例，默默无闻、埋头苦干的人，往往不一定能够得到重用，要想出头，不仅要拥有雄厚的实力，还要善于表现自己，这样才有机会脱颖而出。

正如卡耐基所言："你应庆幸自己是世上独一无二的，应该把自己的禀赋发挥出来。"

让自信心不足的人**提升自信**

有些人天生就充满自信，为人乐观开朗、形象良好、气场强大，做什么都容易成功；而有的人生性比较悲观自卑，总是畏畏缩缩、犹豫不决，不能获取别人的信任，也往往不会抓住机会取得成功。放眼望去，那些社会各界的成功人士，无一不是充满自信的。自信的形象，总能带来强大的气场，对一个人的成功有着巨大的作用，所以，人人都应该充满自信。对于那些自信心不足的人，我们给你准备了一些能够提高你的自信的简单方法：

1.自我激励。

不断地发现自己的优点并加以肯定，有助于自信心的形成和培养。这样做的好处是肯定可以产生信心。

自信，并非意味着不费吹灰之力就能获得成功，而是说战略上要藐视困难，战术上要重视困难，要从大处着眼、小处动手，脚踏实地、锲而不舍地奋斗拼搏。扎扎实实地做好每一件事，战胜每一个困难，从一次次胜利和成功的喜悦中肯定自己。

2.多做少想。

自信的人，做的时间多于想；自卑的人，想的时间多于做。这可是一句名言，意味着缺乏自信的人老把时间浪费在胡思乱想中，这不仅无法完成任务，反而会因为胡思乱想而打乱心中计划。

3.定期评估自己，正视自己的不足。

定期对自己的工作进行评估，确定没有偏离正确的方向。把自己的不足和错误看作是正常的，想办法去解决问题，而不必因此憎恨自己。

4.明确最想要的。

如果发现了你最想要的，就把它马上明确下来，明确就是力量。它会根植在你的思想意识里，深深烙印在你的脑海中，让潜意识帮助你得到所想要的一切。这个世界上没有什么做不到的事情，只有想不到的事情，只要你能想到，下定决心去做，就一定能做得到。

5.点燃成功的欲望。

你的欲望有多么强烈，就能爆发出多大的力量；当你有足够强烈的欲望去改变自己命运的时候，所有的困难、挫折、阻挠都会为你让路。欲望有多大，能克服的困难就有多大。

6.选择积极的环境。

与比你优秀的人在一起，当你失败时，他会帮你检讨总结，为你加油助威；当你成功时，他会提醒你，让你重新给自己定位。找一个比你要求的还积极的环境来陶冶自己，一定要这样做，因为选择积极的环境是获取成功的关键。

自信不是专属于某些人的，只要你想拥有，只要你采取了上面这些提高自信的简单方法，你也可以成为一个自信满满的人，最终获得成功。

挺直腰杆，展示自信的说话办事姿态

高中毕业生小杜到深圳后就兴冲冲地抱着简历去参加人才交流会。整个会场人如潮涌，唯有××公司的展台前冷冷清清，与会场的气氛形成了鲜明的对比。

小杜好奇地走过去，看××公司招聘启事上的内容，当即吓了一跳。它招聘20名业务代表，却指明要名校毕业生，并且还得有3年以上从事零售业的工作经验。条件那么苛刻，难怪没有人敢贸然应聘。

小杜揣摩了一番，虽然没一条够得上，可××公司业务代表的工作对她却很具吸引力。她心一横，决定试一试，真要被拒绝，就当是一次锻炼好了。

小杜径直走到应聘席前坐下，那位中年主管看了她一眼，面无表情地指了指那招聘启事问："看过了吗？"她点点头说："我看过了，不过很遗憾，我既不是名校毕业，也没有从事过零售工作，只有高中文凭。"

那位主管看了她好半天，才说："那你还敢来应聘？"

小杜微微一笑："我之所以还敢来应聘，是因为我喜欢这份工作，而且相信自己有能力胜任这份工作。"停了停，她又说："如果求职者真要具备启事上所有的条件，那他肯定不会应聘业务代表，至少是公司主管了。"

说完，小杜就把自己的简历递了过去，那位主管竟然没有拒绝，而是微笑着收下了。

第二天，小杜就接到了录用通知书。后来她才知道，那些苛刻的招聘条件只不过是公司故意设置的门槛罢了，其实当她和主管谈完话之后，她就已经通过了公司的两项测试：勇于挑战条款的信心和勇气以及分析问题的能力。

小杜的故事告诉我们，即使我们处在劣势地位，即使我们需要他人的帮助，也没有必要哭哭啼啼、畏首畏尾地追随别人，做别人的跟屁虫。挺起胸来，昂起头来，以自信的姿态面对他人，因为自信具有一种神奇的力量，就像一种磁场，能够吸引别人的关注和好感，自信的人才能得到别人的尊重，说话办事才能更加顺利。

人应该有自信，这似乎是一个成功学上的真理。可是自信要怎么表现出来呢？这就要我们挺直腰杆，不卑不亢，在说话办事中展示自信的姿态。

在说话办事中存在一个态度与姿态的问题，这态度与姿态又总是与身份、地位、角色和自身的个性息息相关。通常情况是，身份较高、地位较高的人容易出现高傲的情绪，这种情绪是不易为人所接受的，一旦地位或角色发生了变化，他们便在一种人世的落差中尴尬起来了；还有另外一种人，他们出身卑微、地位低下或性格懦弱，常常表现出卑微落魄的姿态，这种姿态令人轻蔑，致使很多人不屑于与之为伍。

以上这两种态度，一者为亢，一者为卑，是说话办事的大敌，不仅会造成彼此相处的心理障碍、精神障碍，而且也给说话办事气氛笼罩了一片乌云，使彼此相处不愉快、不和谐、不融洽。一般而言，人们大多喜欢在彼此平等的正常状态下交往，由“卑”或“亢”所产生的鸿沟，使彼此无法构建友谊的桥梁。

虚荣心强的人，若自己处在优势地位，容易流露出高傲的神情，使人讨厌；反之，若自己处于劣势地位，又常常自信心不足，说话细声细气，眼睛也不敢看对方，同样会让人瞧不起。所以，聪明的人在说话办事中应该保持的最佳姿态是挺直腰杆、不卑不亢。

很多人不是因为被别人看不起而垂头丧气，而是因为自己总是爱贬低自己，所以变得无精打采、没有自信。如果你认为自己浑身是缺点和毛病，如果你自认为是一个笨拙的人，是一个总是面临不幸的人，如果你承认你绝不能取得其他人所能取得的成就，那么，你只会因为缺乏自信、自我贬低而失败。

在西方国家进行的一项调查发现，工薪阶层之所以贫困和缺乏社会地位，大部分原因在于他们有低人一等的感觉。他们想当然地认为自己低人一等，而不是以勇敢和独立的姿态站立于人们面前。如果说有一种做法任何明智的雇主都会轻视，那肯定就是雇员对他的唯命是从、唯唯诺诺、百依百顺和卑躬屈膝的心态。明智的雇主常常更喜欢他周围那些能以平等身份接近他的人，他会本能地蔑视那种点头哈腰、卑躬屈膝和唯唯诺诺的人，也绝不可能去尊重那些自我贬低的雇员。他喜欢那些有骨气的人、使他觉得具有人格尊严的人和渴望获得尊重的人。

同样，无论是工作还是日常生活中，唯唯诺诺绝不是说话办事成功的途径，想要做一个气场强大的成功人士，更要抬头挺胸、自信大方。

PART 03

修炼十足底气，拥有强大的自信气场

自信是成功者的气度，**自信满满才能令人信服**

一位公司经理，他把全部财产投资在一种小型制造业上。由于世界大战爆发，他无法取得他的工厂所需要的原料，因此只好宣告破产。金钱的丧失，使他大为沮丧。于是，他离开妻子儿女，成为一名流浪汉。他对于这些损失无法忘怀，而且越来越难过。到最后，他甚至想要跳湖自杀。

一个偶然的机会，他看到了一本名为《自信心》的书。这本书给他带来勇气和希望，他决定找到这本书的作者，请作家帮助他再度站起来。

当他找到书的作者，说完他的故事后，那位作家却对他说："我已经以极大的兴趣听完了你的故事，我希望我能对你有所帮助，但事实上，我却毫无能力帮助你。"

他的脸立刻变得灰白。他低下头，喃喃地说道："这下子完蛋了。"

作家停了几秒钟，然后说道："虽然我没有办法帮助你，但我可以介绍你去见一个人，他可以协助你东山再起。"刚说完这几句话，流浪汉立刻跳了起来，抓住作家的手，说道："看在老天爷的分上，请带我去见这个人。"

于是作家把他带到一面高大的镜子面前，用手指着镜子说："我介绍的就是这个人。在这个世界上，只有这个人能够使你东山再起。除非坐下来彻底认识这个人，否则，你只能跳到密歇根湖里。因为在你对这个人有充分的认识之前，对于你自己或这个世界来说，你都将是个没有任何价值的废物。"

他朝着镜子向前走几步，用手摸摸他长满胡须的脸孔，对着镜子里的人从头到脚打量了几分钟，然后退几步，低下头，开始哭泣起来。

几天后，那位作家在街上碰见了这个人，几乎认不出来他了。他的步伐轻快有力，头抬得高高的。他从头到脚打扮一新，看来很成功的样子。他对作家说："那一天我离开你的办公室时，还只是一个流浪汉。我对着镜子找到了我的自信。现在我找到了一份薪水丰厚的工作，我的老板先预支了一部分钱给我的家人，我现在又走上成功之路了。"他还风趣地对作家说："我正要前去告诉你，将来有一天，我还要再去拜访你。我将带一张支票，签好字，收款人是你，金额是空白的，由你填上数字。因为你介绍我认识了自己，幸好你要我站在那面大镜子前，把真正的我指给我看。"

以一副自信的形象出现在别人面前，你就会给别人更多的暗示。别人从这种暗示中读到了你的自信，因而就极有可能对你伸出援助之手，那么你离成功也就不远了。

有人说：“这个世界是属于有自信的人的，自信的形象带给人的是无穷的价值。”

我们如果对自己没有信心，忽视自己也有许多优点，那么我们如何坦然地与别人沟通？更别谈有一个成功的形象了。我们必须相信自己是“很好的”，是“很有能力的”！假如连我们都认为自己不好，那么，别人怎么会认为我们很好？

因此，我们必须改变“自我形象”，试着稍微“隐藏自己的缺点”“多表现自己的优点”，想象自己是个干练的沟通高手，正以一副镇定、微笑、从容及受过专业教育的模样，自信地与别人交换意见。

在任何情况下，我们必须学会“了解自己、肯定自己”，进而“改进自己”！事实上，肯定自己就是自信，这是生命中最重要的部分，若是少了它，生命就会“瘫痪”。

自信是获得成功至关重要的因素。你不必妄自尊大以及言行莽撞——无声的自信同样能给人留下深刻的印象。如果你自己表现得不自信，那么其他人也不会对你有信心。不管怎样，你应该明白自己在做什么，这样别人才能服从你的领导。你会看到人们总是愿意信赖身边那些信心十足的人，他们有时甚至说不清为什么如此信赖这些人。

鉴于自信的形象对一个人的职业生涯有着巨大的作用，一些国际知名企业都很重视对员工自信心的树立。他们认为：对自己足够了解、充分自信，有这样一副好形象才能更好地发挥优势，从而获得成功。

其实，只要你有足够的自信，全世界的人都会认为你是最美的。正如爱默生所说："人无所谓伟大或渺小，任何一个人都会由自己来主宰并且走向成功，任何一个人都有大于自身的力量，这就是你自己。"树立自信的形象吧，它是必胜者的气度，是令人信服的力量，是引领你走向成功的旗帜。

底气十足先赢三分，**开口就将对方吸引住**

当我们与人打交道时，别人通常会从我们的言谈来判断我们的能力。一个人如果说话畏畏缩缩、细声细气，即使确实有才能，也很难让人相信；而那些自信满满的人，说话办事时底气十足，他们明白自己的优势和劣势，不夸耀自己，也不轻视自己，这样的人更容易赢得他人的认可和欣赏。

例如在面试的时候，没有人不希望自己能获得理想的职位，但是绝大多数人在面对考官的时候，缺少必需的自信和说话的底气，因此他们不能打动考官。但是有少部分人真的相信他们会成功，他们抱着"我就要坐上这个位置"的积极态度来进行求职面试，最后，他们终于凭着十足的底气赢得了主考官的青睐。

吉拉德欲步入推销界的时候，曾因多次遭遇拒绝而感到极端沮丧。

吉拉德重新开始建立信心，他拜访了底特律一家大的汽车经销商，要求获得一份推销工作。推销经理起初很不乐意。

“你曾经推销过车子吗？”经理问道。

“没有。”

“为什么你觉得你能胜任？”

“我推销过其他的东西——报纸、鞋油、房屋、食品，但人们真正买的是我，我推销自己，哈雷先生。”

此时的吉拉德已表现出了足够的信心。

经理笑笑说：“现在正是严冬，是销售的淡季，假如我雇用了你，我会受到其他推销员的责难，再说也没有足够的暖气房间给你用。”

“哈雷先生，假如您不雇用我，您将犯下一生最大的错误。我不抢其他推销员的店面生意，我也不要暖气房间，我只要一张桌子和一部电话，两个月内我将打败您最佳推销员的纪录，就这么定了。”

哈雷先生终于同意了吉拉德的请求，在楼上的角落里，给

了他一张满是灰尘的桌子和一部电话。就这样，吉拉德开始了他的汽车推销生涯。

吉拉德在求职的谈话中体现了十足的底气，这不可否认地让主考官对他建立起了一种信任感，使他的求职面试成功了一大半。

在有的面试过程中，主考官会故意采用一种压力面试，来测验你的抗压能力。所谓压力面试一般是指在面试刚刚开始时，主考官就风向一转，给应试者以意想不到的一击，以此观察应试者的反应。比如，面试官会突然提出一些不甚友好或具有攻击性的问题，这时，如果你能顶住压力，从容不迫，表现出你十足的把握，那你多半能在面试中获胜。要是遇到问题就发软，说起话来有气无力，谁能相信你并录用你呢？

同样，我们在生活和工作中说话办事也要有底气，在别人面前拿出你的自信。只有信任自己的人，别人才会被你的好形象吸引，才能放心地与你合作。

让你看起来更强大的**6个简单策略**

生活中有很多人即使不说话也能让人感受到威严，他们的一举一动似乎都散发出强者的气势。你也许会说，有的人本来身材高大、长相威严，看起来自然很有气势，但其实任何人都可以运用一些小技巧来提升气势，下面给大家提供几个简单而实用的策略。

1.站着开会。

站起来完成所有的简短的决策型会议。社会学家经过研究表明，站着说话比坐着说话要简短得多，而且那些站着开会的人会被人认为比坐着开会的人地位更高。每当有人走进你的工作空间的时候，站着和对方交谈也能节约很多的时间，所以不必在自己的办公室里安放太多来访者的专用椅子。

有时候，站着能够更快、更有针对性地做出决定，对方也不会浪费你的时间来进行一些客套话，或者是问一些诸如“你的家人怎么样了”之类的问题。

2.让对手坐在背对门的位置。

据研究表明，当我们背对着空旷的空间坐的时候，我们就会变得恐惧、紧张、不安，血压会随之升高，心跳也会加快，大脑的波动频率、呼吸也会变得更加急促。因为我们无法看到后面的情景，身体已经做好抵御来自背部攻击的准备。所以，这是安置对手的最佳位置，只要对手坐在这个位置上，你就已经占了先机。

3.把你的手指并拢。

那些喜欢在说话时配以手势的人，如果他们能够保持手指并拢，同时保持手的位置低于下巴，就能获得更多的注意力。反之，如果把手指张开，或者是把手放在下巴以上的位置，就会显得较无力。

4.手肘向外伸。

如果你坐在椅子上，请把你的手肘向外伸展，或者是放在椅子的扶手上。只有那些消极、胆小的人才会把手肘缩起，以保护自己，这让别人认为他们胆小怕事。

5.使用一些有力的词组。

加利福尼亚大学的一项研究表明，最有说服力的口头语包括“发现”“保证”“经过证实的”“结果”“节约”“简单”“健康”“金钱”“新鲜”“安全”等。平时在说话时多练习使用这些词组，你就会发现这些很好用的词组能够帮助你获得更多的成功机会，也能够有助于你节约更多的钱财，而且使用这些词组是百分百安全和简单的。

6.提一个小巧的公文包。

重要人物都会提一个带有密码锁的小巧的公文包，因为他们所关心的仅仅是最重要的细节。而那些必须负责所有工作的人才会提着笨重的公事包，并让别人产生他们做事条理不够、无法按时完成任务的消极印象。

强大的气势是可以营造的，只要你用对方法，就能一举一动间都释放出光彩，吸引别人的注意。

第七篇

一等女人
用交际定胜负

PART 01 30岁前靠自己，30岁后靠交际

孤芳自赏的“冷美人”是交际场上的失败者

有一种说法一直颇为流行，那就是“赞扬能使羸弱的躯体变得强壮，能让恐惧的内心恢复平静和信赖，能让受伤的神经得到休息和力量，能给身处逆境的人以务求成功的决心。”

美国《幸福》杂志研究的结果表明：人际关系的顺畅是成功的关键因素，而赞美别人是交际的最关键课程。因此如果你懂得如何去赞美别人，再加上你聪明的脑袋，还有脚踏实地的精神，就等于事业成功了一半。一个只会孤芳自赏的“冷美人”是不可能在交际场上获得成功的，可以说，学会赞美他人是女人获得交际成功的第一步。

有一位女领导，快50岁了，但是保养得不错，看起来比实际年龄要小一些。这天，一个下属在跟她聊天的时候说道：“我刚见您的时候，您看起来也就30岁左右的样子。我还想

着既然当了这么高职位的领导，怎么也得有35岁了吧。后来才……”女领导非常高兴，过段时间就给这位下属升了职。

在特定场合，女性本身认为自己打扮得很漂亮，这时你的夸赞就可以大胆一些，以表达自己的赞赏之情，比如在舞会上，这是找到舞伴的重要技巧。

一天，小何去参加舞会时没有带舞伴。当他看见旁边坐着一位身穿长裙的女士时，他决定请她跳舞。他走近这位女士，夸赞道：“小姐，您今晚的一袭长裙配上舞场的灯光，简直就是仙女下凡，真是太迷人了！要不是您穿在身上，我真不知道这座城市的某家商场里居然有这样漂亮的长裙在卖！我已经静静地欣赏了您好久，终于忍不住过来邀请您跳一支舞，您不会拒绝一个崇拜者吧！”这位女士笑了，答应了小何的要求。

真诚的、发自内心的赞美可以优化你的人际关系。赞美从一定意义上讲，是一种有效的感情投资，当然，有付出就会有回报。

一位精明的裁缝往往会说："太太真是好眼光，这是我们这里最新潮的款式，穿在太太身上，太太一定会更加漂亮。"几句话就让这位太太眉开眼笑，马上开包拿钱。

美国的商界奇才鲍罗齐就曾说过："赞美你的顾客比赞美你的商品更重要，因为让你的顾客高兴你就成功了一半。"

赞美他人，是女人在处理人际关系时的一种技巧，学会赞美他人的女人用口才去推广自己的影响力，在无形中增添自己的魅力，使别人更乐于接纳自己，所以赞美他人的女人会使自己变得越来越美丽。

赞美对于你的家人、朋友同样重要，俗话说："家和万事兴。"家庭和睦，则万事兴旺。作为父母，适当地赞美自己的孩子，可以使孩子更具有自尊心和自信心，可以拉近家长与孩子的感情。另外，朋友之间适当的赞美也是必不可少的。

赞美可以让女人获得更和谐、更亲密、更甜蜜的亲情、友情和爱情。一个懂得在适当的场合赞美他人的女人，一定是充满魅力的女人，并处处受欢迎。真诚的赞美是衡量女人影响力的一个标准，也是衡量她们交际水平的标准，有助于女人影响力的提高。如果一个女人学会了赞美别人，她就拥有了开启和谐人际关系之门的钥匙。

借助高质量朋友**提升自己**

有人说，要判断一个人是怎样的人，只需看他身边的朋友。所谓“近朱者赤，近墨者黑。”真正能做到出淤泥而不染的那是人中圣贤。朋友之间的价值观念、性格气质都会相互影响，聪明的女人要适当地提高自己的交友水准，要懂得借助高质量的朋友圈提升自己的素质修养。想一想，你和童年的小伙伴在一起，学到的是不是也只是怎么玩“跳房子”的游戏？你和中学的好伙伴学到的是不是也只是一些学习上的小技巧？你和大学的好友学到的是不是只是最近哪个商场又在打折了？这样想来，如果你认识和来往的都是这些朋友，你会知道现在哪个行业最有发展前景吗？你会知道怎样投资才最能赚钱吗？你会知道女人应该找一个什么样的另一半才是最大的幸福吗？

相同的精神追求，才能让你们找到共同语言。只有拥有同样的人生信仰，你们才能彼此发现、彼此懂得、彼此珍惜。所以，是时候提高你的交友水准了。只有在更高一层的精神领域里，你才能遇到可以引领你生活的“星探”。

有两个毕业一年的曾同寝室的女人在对话。她们中一个光艳照人、谈吐不凡，另一个却愁眉苦脸、未老先衰。第一个女人感慨道：“我认识的人都好强，他们才刚刚毕业几年，就买房的买房，买车的买车。我从他们身上学到了好多东西。我感觉现在生活很充实，需要我去实现的梦想也很多。”第二个女人却苦笑着说：“我认识的人都不如我，好多都是咱们以前的同学，大家过得差不多。我现在感觉生活就这样了，也没有什么追求。”

是什么导致两个曾经同寝室的姐妹人生观这样不同呢？那就是她们的朋友圈不同，朋友的质量不同。一个女人的朋友都比自己成功，她在自己朋友的身上学到很多东西，也拥有了很多积极的心态，所以她就会向着成功的方向努力；而另外一个女人，处在和自己一个水平，甚至还不如自己的朋友圈里，时间一长，她认为大家的生活状态都是这样的，所以也就不思进取了。

提高自己的交友水准，可以让你找到自身的不足，促使你学习朋友身上的优点，拓展自己的知识面。如今，不再是女子“大门不出，二门不迈”的时代。作为女人，你不仅要走出去认识他人，与他人交往，更特别要与成功人士交往。一个人只活在自己的世界里，不会有大的建树，只有与强者做朋友，时间长了，你才会有一个成功者的思维，你才会用一个成功者的思维去思考。思想决定行动，当你和优秀人士的想法相近时，你自然会朝着成功的方向迈进。

交际要学**薛宝钗**

但凡读过《红楼梦》的人，无不为黛玉、宝钗两人的才情所打动。两人都各有优点，但却很少有读者真心喜欢宝钗这个人物，大都觉得此人太过持重圆滑、工于心计。但就为人处世来讲，宝钗的“人缘学”却是值得女人学习揣摩的，因为人际交往不能缺少一些圆滑和心计。

宝钗人缘好的原因是关心人及体贴人。袭人因身上不爽，请湘云帮忙为宝玉做双鞋，宝钗知道湘云的难处，于是主动将活揽过来。她生日那天，贾母问她爱听何戏，爱吃何物，“宝钗深知贾母年老人，喜热闹戏文，爱吃甜烂之食，便总依贾母往日素喜者说了出来，贾母更加喜悦”。黛玉谈起自己的病情相当悲观，宝钗不仅要她换个高明医生，而且有鼻有眼地指出她药方有问题，提出改进意见：“昨儿我看你那药方上，人参、肉桂觉得太多了。虽说益气补神，也不宜太热。依我说，先以平肝健胃为要，肝火一平，不能克土，胃气无病，饮食就可以养人了。每日早起拿上等燕窝一两，冰糖五钱，用银铫子熬出粥来，若吃惯了比药还强，是滋阴补气的。”她还真诚地说：“你放心，我在这里一日，便与你消遣一日，你有什么委屈烦难，只管告诉我，我能解的，自然替你解一日。”因而黛玉亦认为自己往日对宝钗是以小人之心度君子之腹了。希望得到别人的理解和关心乃人之常情，善解人意的人总是受到所有人的欢迎。

即使是对下人，宝钗待他们都彬彬有礼，不对谁特别好，也不冷淡任何一个不得意之人。当凤姐患病，探春奉命当家，王夫人命她协助。探春决定把大观园中的花果生产交给几个老婆子掌管，宝钗就接着提出一种调剂性的主张：凡经管生产收入，除供应头油香粉外，其余盈余不必再行交到账房，作为经管人的贴补，而且应当也分些给其他的婆子媳妇们。这样，公家省了钱，又不显得太吝啬；其他未经手的人得到利益，也便不会抱怨或暗中破坏别人。于是各方面都欢喜叹服。

宝钗的处世哲学中体现了尊重他人、乐于助人、待人以诚等美德，无怪乎她在贾府赢得了上上下下一干人等的欢迎。她的成功也告诉我们，好人缘是需要付出的，真心的付出必将收获真情的回报。

好人缘的力量是神奇的。在交际场合，长袖善舞的女性也许并不貌若天仙，但好人缘使她具有专属自己的独特吸引力，令她得到每一个人的欢迎和欣赏。她们如翩然起舞的蝴蝶，在人生的各种角色间轻松游走，好人缘让她们不断收获成功和幸福。

在家庭里，她们会向亲人倾吐自己的欢乐和忧伤，也会及时送上自己的温情与慰藉；在职场里，她们会和同事们亲切地交谈，真诚合作，也会为别人的成功献上自己最真诚的祝福；在上下班的路上，她们会向熟人热情问候；在朋友生日宴会上，她们会道上一声真诚的祝福。

她们无时无刻不把与他人联系当作是一种极大的快乐，懂得尊重别人。人缘就像山谷的回音，你

付出了真诚，回应的也是诚挚之声。与人为善、尊重他人也就是与己为善、尊重自己。

她们拥有容人之量。人事纠缠，盘根错节，矛盾和摩擦都是无法避免的。小肚鸡肠者终日耿耿于怀，无法解脱；而宽容之人都能一笑而过，大度处之。

她们最有人情味。关心他人、爱护他人、理解他人，在别人最困难的时候伸出友谊之手，“雪中送炭”，排忧解难。

她们待人以诚。在处理人际关系时，总是真心实意，心口如一，从不藏奸耍滑，戴上虚情假意的面具。她们总是光明磊落，胸怀坦荡。

好人缘，给女人一片展现自我的天空。与人交往使女性不再孤独，获得理解、尊重、认可，让女人生活得更有滋味。

好人缘，让女人的心田得到情感的滋润。常与人交往和分享，快乐更显生动，烦恼和忧伤不会久驻，心中永远是朗朗晴空、徐徐清风。

好人缘，为女人搭建成功的桥梁。“多个朋友多条路”，有好人缘的女人不会缺少成功的机会。好人缘，让幸福女人的人生更加精彩！

别让你的前程毁于**糟糕的人际**

有人才华横溢，却终生不得志；有人能力平平，却能节节高升。这其中，个人的机遇是一方面，另外很重要的则是个人的人际关系状况。一个人如果孤立无援，那他一生就很难幸福；一个人如果不能处理好人际关系，就犹如在雷区里穿行，举步维艰。“条条大路通罗马”，而人际关系好的人可以在每条大路上任意驰骋。古往今来，许多杰出的人士之所以被能力不如自己的人击垮，就是因为不善与人沟通，不注意与人交流，被一些非能力因素打败。不能融入人群无异于自毁前程，把自己逼入进退两难的境地。

刘红在一家公司做一名管理人员。在公司产品遭遇退货、赔款，濒临倒闭，公司高层们急得团团转而又束手无策时，硕士毕业的刘红站了出来，提供了一份调查报告，找出了问题的症结。此举不仅一下子解决了公司的难题，还为公司赚了几百万。

因工作出色，刘红深受老总的重视，不久就成为全公司的一颗明星。凭着自己的智慧和胆略，她又为公司的产品拓展了国内市场，立下了汗马功劳，两年时间内为公司赚回几千万利

润，成为公司举足轻重的人物。

刘红踌躇满志，以为销售部经理一职非她莫属。然而，她却没有获得升迁。本来公司董事会要提拔她为销售部经理，却由于在提名时遭到人事部门的强烈反对而作罢，理由是各部门对她的负面反映太大，比如不懂人情世故、骄傲自大……让这样一个人进入公司的决策层显然不太适宜。

销售部经理一职被别人担任了，她只好拱手交出自己创建、培养成熟的国内市场。这就好比自己亲手种下的果树上所结的果子被别人摘走一样，她非常痛苦。

她不明白，公司怎么能这样对待自己？自己到底错在哪里？后来，还是一个同情她的朋友为她解开了疑惑。难怪有一次，她出去为公司办理业务，需要一批汇款，在紧要关头却迟迟不见公司的汇票，业务活动泡汤，令她很难堪。实际上是因为平时她从未注重和出纳打交道，每次遇到了也都匆匆地“擦肩而过”，出纳便认为她瞧不起自己，心里很不甘心。

还有一次她在外办事，需要公司派人来协助，却不料人还没有到，马上又被撤回去了，原来是一些资格较老的人觉得她“很孤傲”“目中无人”，在工作上从不与他们交流……所以想尽办法拖她的后腿，让她的工作无法展开。

尽管刘红的工作业绩辉煌，但她忽视了人际关系的重要性。那些她不熟悉的、不放在眼里的“小人物”，在关键时刻照样会坏她的大事，阻碍她在公司的发展和成功，在无可奈何的情况下，她只好伤心地离开了公司。

正如荀子所说：“水则载舟，水则覆舟。”人在社会中生存，人际关系能推动你走向成功，也能让你顷刻间一无所有。千万不要忽视了你身边任何一个人的力量，也许关键时刻他们会是你成败之间的决定因素。做个聪明的交际女人，适当时进行感情投资，树立良好的交际形象，会为你带来意想不到的收获。

PART 02

“语”众不同，从第一次见面开始

不要忽视“小人物”

在积极寻找身边的“贵人”、寻求“贵人”帮助的同时，也不可忽视身边“小人物”的作用，有“心计”的女人深谙此理。一些看似无足轻重的人物，在关键时刻，也许能帮上大忙，也有可能拦住你前进的去路。常言道“三十年河东，三十年河西”，今天的小人物难保日后不会时来运转，成为炙手可热的红人。

清朝雍正皇帝在位时，按察使王士俊被派到河东做官，正要离开京城时，大学士张廷玉把一个很强壮的用人推荐给他。到任后，此人办事很老练、谨慎，时间一长，王士俊很看重他，把他当作心腹使用。

王士俊任期满后准备回京城，这个用人忽然要求告辞离去。王士俊非常奇怪，问他为什么要这样做。那人回答：“我是皇上的侍卫某某。皇上叫我跟着您，您几年来做官，没有什么大差错，我先行一步回京城去禀报皇上，替您先说几句好话。”王士俊听后吓坏了，好多天一想到这件事就两腿直发抖。幸亏自己没有亏待过这人，要是对他有不善之举，可能小命就保不住了。

这个例子告诉年轻的女人们，千万不可轻视身边的那些“小人物”，跟他们搞好关系非常重要。这些人平时不显山不露水，但是到了关键时刻，说不定就会成为左右大局、决定生死的“重磅炸弹”。

所以，平常无论是说话还是办事，一定要记住：把鲜花送给身边所有的人，包括你心目中的“小人物”。不要总是时时处处表现出高人一等的样子，要知道，再有能力的人也不可能把所有的事情都办好，再优秀的篮球运动员也不可能一个人赢得整场比赛。在经营管理中，人至关重要，有了人才能带来效益。俗话说：“不走的路走三回，不用的人用三次。”说不定有一天，你心目中的“小人物”会在某个关键时刻成

为影响你的前程和命运的“大人物”。

常言道：“深山藏虎豹，田野隐麒麟。”更何况一百个朋友不算多，冤家一个就不少，越是小河沟越可能会翻大船。所以，精于营造人际关系的女人，要随时随地广泛交往，重视身边的“小人物”，多结善缘才行。

对于“小人物”一般不要轻易得罪，不要与他们发生正面冲突，要学会与“小人物”交朋友。不要用实用主义的观点去处理与“小人物”的关系，应记住：你平时花在“小人物”身上的精力、时间都是具有长远效益的。在不远的一天，也许就在明天，你将得到加倍的报答。

机会总会留给那些印象深刻的人

和素不相识的人见面，总会让人有些局促和紧张。因为我们不了解对方，见面时，又需要配合对方的反应调整自己的行为举止，而且在这个过程中，还不能够推心置腹、吐露真言。这样的交往会让人感到疲惫和无趣。

面对陌生的人尚且如此，更何况是自己所喜欢并想追求的人呢？所以，在初次见面的时候，一定要做好准备。

文竹是个漂亮的女人，当年去北京，誓将“北漂”进行到底。那时她还是个很穷的女生，挤了一夜的火车。她到北京的时候，男友有事，无法接她，就委托好友刘川替代自己去接她。文竹很聪明，也懂得打扮自己，身上的穿戴虽然不是样样名牌，但都搭配得时尚而得体。

刘川看到文竹的第一眼，便下结论：这个女人真漂亮，这种漂亮和一般女人不一样。他兴奋地认为，文竹肯定是个未来的新星。和文竹接触的时候，一种说不清道不明的情愫慢慢在刘川心里滋生着。后来，在刘川的追求下，文竹和男友分了手，和刘川相恋了。

他们经历了一场非同一般的恋爱。虽然后来两人因为性格及其他原因，经历了种种波折，最终分手，但文竹也如刘川的第一印象那样，成了一个耀眼的明星，演出了不少成功的角色，成为北漂一族中少有的成功者之一。

这是海岩的小说《深牢大狱》里的情节。初次见面给人的印象是如此重要，甚至可能决定你一生的感情。不管与谁见面，提前做好准备，会让自己更加从容，在感情上也会有备无患。

或许，初次见面，你的服饰、装扮，你的一颦一笑就已经让他认定了——你就是那个应该出现在他生命中的女人。那么，女人初次与男性见面，需要注意哪些细节呢？

1.礼仪。

异性之间，初次见面的时候，点头加微笑的问候是比较适合的。女人不要主动去和对方握手，一是显得不矜持，二是显得过于正式。当然，当对方伸出手来时，你也不要拒绝，大大方方地接受。

2.穿着。

选择适合自己形象且得体的着装。整洁是最重要的，风格最好选择休闲装。不要过度隆重，也不要在服饰的细节上给人

留下邋遢而可笑的坏印象。

3.装扮。

过度化妆不一定好，比如过长的假睫毛、长而尖的红指甲、浓而重的艳丽眼影通常都只会给女人增加负面分。但是，如果你不是天生丽质那类女人，素面朝天也是一种失败的装扮。你可以选择薄薄的粉底、淡淡的口红、浅粉的指甲油等，这些可以令女人显得更加柔美。

4.言谈。

不要喋喋不休，这会显得嘴太碎。交谈不是发表演说，不能搞成只顾表达自己意愿的单方面倾诉。在交谈中，适当地说话，也要懂得倾听对方的表达，这也是一种了解对方的方法；同时，也不要沉默寡言，交流从来就是两个人的事情，如果你一味地等着对方说话、听他说，会令对方无所适从，当他找不到话来说的时候，会形成一种尴尬气氛。

5.心理。

心理方面也是个比较重要的问题，可以适当注意以下几点：

首先，不要掩饰自己。有些女人喜欢把自己真实的性格隐藏起来，不想让对方看透自己，觉得对方发现自己的弱点是个糟糕的后果，可是这样做的结果是你束缚了自己，无法畅所欲言、自由表现。把自己性格的真实一面展示给对方，真实有时也是一种特殊的吸引力，比矫揉造作给人的印象好得多。

其次，即使是好朋友之间也会有矛盾和彼此讨厌的地方，初次见面的两个人更是如此，所以，为对方准备周到的礼节是必须和应该的，但也不要奢求自己能百分之百地被人接受和喜欢。别人对你的评价是别人的事情，你只要尽量表达自己的诚意就可以了，不要过分在乎。

总之，越是表现一个真实的自我，越容易让人感觉到你的率真，便越容易吸引人。

分享是为了**以后的得到**

无论是机会、利益还是其他各种人们都想得到的东西，你越吝啬，觊觎的人反而会越多，适当地分享既能保证你的利益，其他得利的人也会对你更加忠诚，而一旦你有需要时，你便能从他们那里得到更多。很多女人吝啬分享，害怕别人得利，自己便会失利。其实你选择了分享，会为自己增加一份人情。

金楠是一家外企的高级白领，由于公司规模很大，她所在的宣传部门就设立了两个办公室。金楠的办公室在6层的最里边，十分隐蔽，而且透过窗子可以眺望不远处公园的美丽风光。因此，公司的许多同事都喜欢聚在她的办公室聊天，哪怕只是临窗看看公园，也能驱散些工作的劳累。因此，金楠的办公室在休息时间总是有许多人，大家坐在一块儿互相交流工作心得、谈谈公司规章的缺陷，而公司的一些管理者也都愿意来到金楠的办公室与大家一起交流。

金楠却私下总是抱怨太多的人在她的办公室，她的工作都被影响了。于是，她就在办公室门的把手那儿挂了一个牌子，上面写着“工作中”。这样，金楠就可以一个人安静地工作了，窗外那一大片美丽的风景也独属于她自己了。

开始时，一些同事还是三五成群地在休息时间到她的办公室串门，但是金楠总是以她在工作为由，说自己没时间休息。后来，同事不再来她的办公室，即使来办公室，也只是因为工作的关系。一段时间后，金楠成了公司内的孤家寡人，同事们都不愿和她交流，工作中出现问题时，同事们也不再热心地帮助她。再后来，由于公司的经营出现了一些问题，不得不裁减人员，裁减人员名单上的第一个就是金楠。

由于吝啬与同事分享办公室的美景，金楠失去了一份令人艳羡的工作。吝啬是一种极端自私的表现。任何人都有自私的一面，不为自己打算的人很少，然而在人际交往中，要做到公私兼顾并不困难。所谓礼尚往来，来而不往非礼也，人敬你一分，你回敬三分，这当然好，回敬一分，也不为过。如果总想让人敬你，而你不回敬别人，就会得到“吝啬”的评价。吝啬的毛病在女人的身上表现得非常突出。

仔细想想，我们是否也有这种毛病呢？小时候有好玩的玩具，我们只是自己玩；有了好吃的，自己偷偷藏起来；上学时别人借笔记，我们却拒绝；买了一件漂亮的衣服穿给朋友看，朋友也想买一件我们却谎称卖完了；老板给了我们一个“肥差”，我们却拒绝别人的帮忙，想要自己独立完成……

分享是为了以后的得到。所谓“拿人手短，吃人嘴软。”乐于拿出自己的东西与人分享的人，人缘总不会太坏。人是社会性动物，没有谁能够独立生活。人与人之间少不了交往，我们也总有需要别人帮忙的时候。所以，不要吝啬分享你的东西，有时只是一杯小小的可乐，就可以让你拥有一个朋友。

所以，女人的目光不要太短浅，心胸不要太狭窄。学会分享，其实是一项“长远投资”，有利于提升我们的形象，有利于改善我们的生存环境，有利于我们在社会中更好地立足并发展。

“曝光”自己，提高你的身价

如今的社会不再是那个“酒香不怕巷子深”的社会，纵然我们是“皇帝的女儿”，要想嫁出去，也免不了要走出“深宫”，主动推销自己。

在这个世界上，真正比我们聪明的人只有5%，而比我们愚蠢的人也只有5%，我们大多数人都是普通人。既然这样，我们靠什么理由去说服买家，证明自己比别人有更高的身价、更值得他选择呢？这里给你提供几个自我推销的技巧。

1.确定交往对象。

请考虑一下：你在公司里喜欢与哪些人交谈？他们对你有什么期望？你有哪些特点能够对你的“对象”产生影响？请注意观察优秀同事的行为准则，并学习他们的优点。

2.善用别人的批评。

许多营销部门利用民意调查表，了解消费者对产品好坏的评价。你也应了解别人对你的评价，应该坦诚地接受批评，从中吸取教训应当注意言外之意。例如，如果你的上司说你干活很快，那么在这背后也可能隐藏着对你的批评。

3.要善于展示自己。

要尽量展示自己的优点。例如，你的语调是否庄重、不令人讨厌。语调与握手和微笑一样可以说明一个人的许多特性。

4.精心包装自己。

超级市场的货架上灰色和棕色的包装为什么那么少？这是因为没有人喜欢这些颜色的包装。你要不想成为滞销品，也应当检查自己的“包装”——服装、鞋子、发型。要经常改变自己的“包装”，时常给人耳目一新的感觉。

5.说话要明确。

说话要言简意赅，不要用“也许”或“我想只好这样”等词句来表达。上司一般都喜欢下属能有一个明确的态度，不论对人还是对事。

6.占领“市场”，建立关系网。

你在公司里的知名度怎么样？要使自己引起别人的注意，可以在夏天组织一次舞会或与同事们一道远足。要与以前的上司们保持联系，建立一张属于自己的关系网。

7.适当地表露自己的成绩。

不要怕难为情，大胆地说出你自己已经取得的成就。没有必要总是谦虚，你得学会表扬你自己，尤其是在上司面前。但要注意找准时机，不显山不露水地提及。

8.不要害怕危机。

如果你负责的项目遭到失败，不要惊慌失措，而应勇敢地承担责任，积极寻找解决问题的办法。在紧张状态下头脑清醒、思路敏捷的人会得到上司的器重。总之，女人要想提高自己的身价，就需要适时适地“炒作”自己、推销自己。

PART 03 好女人好在心上，坏女人坏在嘴上

你的前程系在你的嘴上

在现代社会中，语言艺术对社会交际的重要性已越来越明显。美国人类行为科学研究者汤姆士指出："说话的能力是成名的捷径。它能使人显赫，令人鹤立鸡群。能言善辩的人，往往令人尊敬，受人爱戴，得人拥护。它使一个人的才学充分拓展，事半功倍，业绩卓著。"他甚至断言："发生在成功人物身上的奇迹，一半是由口才创造的。"美国著名的政治家、外交家富兰克林也说过："说话和事业的进步有很大的关系。"无数事实证明，说话水平是事业成功的重要因素之一，口语表达的好坏会影响到事业的成败。

女性要想在交际中占据优势，口才是一大武器。女孩若成为一个健谈者，运用自己在交流沟通方面非同一般的技能，就能够引起别人的兴趣，吸引他们的注意力，自然地使他们聚集

到自己的周围。

生活中，口才出众的女性受人欢迎，讨人喜欢，能够使许多不认识的人成为自己的朋友，也能使许多毫无交往的人了解自己，还能替人排忧解难，消除人与人之间的猜忌和疑虑。同时，能说会道的女性往往成为众人瞩目的核心人物，赢得不少人的信赖和欢迎。

才女林徽因令许多青年才俊为之神魂颠倒，梁思成、徐志摩、金岳霖……每一位都是响当当的人物。她的魅力，来自先天美丽与后天才华的交融，来自良好的修养和高贵的人格，来自她对语言艺术的绝佳把握。如“大珠小珠落玉盘”一般，她用语言完美地展现了她的智慧、她的灵秀、她的柔情、她的细腻。

林徽因和梁思成结婚之后，梁思成曾问林徽因为什么没有选择徐志摩而选择了他，这是一个令人尴尬的问题。

林徽因这样回答：“我想我要用一生来回答这个问题。”

这真是一个绝妙的回答，不但让梁思成相信她说的话的真实性，还使他下定决心要表现出色，才不至于让她失望。

从这句话里面就能看出林徽因的智慧——不贬低谁，反显出自己人格的高贵；没有像男人一样棱角分明，可是水一般的柔情却能够让人感动。

除了自身的美丽和智慧之外，林徽因在社交方面更是魅力无穷。林徽因在北京东城北总布胡同家中的“太太客厅”里，结交了不少当时才华杰出的人才，不仅是人文学科的学者，连许多自然科学家也对那里流连忘返。

林徽因说起话来别人插不上嘴，沈从文、梁思成以及金岳霖等都心甘情愿坐在沙发上抽着烟斗倾听。这就是女人妙语连珠所散发出来的魅力。林徽因是一个不仅知道自己的资本，也懂得如何利用自己的资本的女人。

对于林徽因的谈话，萧乾多有赞美之词，认为“是有学识、有见地、犀利敏捷的批评”，还认为：“倘若这位述而不作的小姐能像18世纪英国的约翰逊博士那样，身边也有一位博斯韦尔，把她那些充满机智、饶有风趣的话一一记载下来，那该是多么精彩的一部书啊。”

虽然不是每个女孩都能如林徽因拥有容貌、家世、才华，但至少可以改进自己，锤炼自己的语言艺术。让我们立志做舌灿莲花的女人吧，谈吐自如，妙语连珠，在谈笑风生中尽展女性的风采和魅力。

生活是个沉闷的男人，**要用幽默来调剂**

美国一位心理学家说过：“幽默是一种最有趣、最有感染力、最具有普遍意义的传递艺术。”幽默的语言能使社交气氛轻松、融洽，利于交流。人们常有这样的体会，疲劳的旅途中、焦急的等待中，一句幽默话、一个风趣故事，能使人笑逐颜开，疲劳顿消。

杨澜在主持《正大综艺》时，语言风趣幽默，很受观众好评。有一次，她的一位搭档夸张地说："只要提到位于北极圈的加拿大，身上就会冷得直打哆嗦。"杨澜接过话头，更加具体、形象地说："我也听说，有两位加拿大人在室外说话，因为那里天气冷得出奇，话一出口就冻成冰碴儿了，所以很快用手接住，进屋用火烤了才听见说了些什么……"杨澜的幽默，使演播厅的气氛更加轻松、活跃，电视机前的观众听了也禁不住捧腹大笑。

这种幽默的谈吐是杨澜知识丰富、才思敏捷的直接表现。

一个女孩如果善于创造幽默，不仅可以让自己在生活中如鱼得水、左右逢源，更能笑对人生、豁达处世。

幽默是女孩的思想、知识、智慧和灵感的结晶，幽默风趣的语言风格是女孩的内在气质在语言运用中的外化，在公关交际中有很重要的作用。

不懂幽默的女孩，就像绿叶中缺少红花一样没有情致。

所以，要想做一个聪明女孩就要注意培养自己的幽默感，掌握幽默语言的艺术，努力使它成为自己的知识和本领。

（1）注意丰富自己的幽默资料。看得多了，听得多了，拥有的幽默资料多了，运用幽默语言的能力自然会得到提高。

（2）注意从别人的幽默语言中体会幽默的要领。仅仅是从抽象的概念中学习幽默的要领，往往是不深刻的，只有结合大量的幽默语言实例进行深入体验，才能深刻理解幽默的要领，使自己对幽默语言运用自如。

（3）注意从别人的大量幽默语言实例中启发思路。运用幽默语言，要有独特的思维方式，要有借题发挥、创造幽默语境的技巧，而且要求反应敏捷、思路明快，这些从幽默语言实例中都能体验出来。

（4）多找机会应用。实践出真知，幽默语言的修养也是这样。从书上学来的幽默语言知识，只有经过自己在实践中练习和运用，才能变成自己的东西。而且，在实践中练习和运用幽默语言，也能加深对幽默的理解，丰富幽默知识，这本身也是一种学习，是书本学习的继续和深化。通过多练习多运用，能有效提高使用幽默语言的水平。

（5）幽默只是手段，并不是目的。不能为幽默而幽默，一定要根据具体的语境，选用恰当的幽默话语。另外，人的才能不一样，有的会幽默，有的不会幽默，不会幽默的则不必强求，故作幽默反而会弄巧成拙。

社交活动中，懂得幽默的女孩，就好像一只翩翩起舞的蝴蝶，吸引众人的目光；懂得幽默的女孩，又好像一个美丽的音符，摒弃了生活的枯燥，为沉闷的氛围增添了一抹亮色。

做只会唱歌的百灵鸟

美国小说家马克·吐温曾说过："只要一句赞美的话，我就可以充实地活上两个月。"喜欢听好话、受到赞美是人的天性。每个人都会对来自社会或他人的适当赞美，感到自尊心和荣誉感的满足。当我们听到别人对自己的赞赏，并感到愉悦和鼓舞时，不免会对说话者产生亲切感，从而使彼此之间的心理距离缩短、靠近。人与人之间的融洽关系就是从这里开始的。

聪明女孩不妨学做一只会唱歌的百灵鸟，经常说些好听的话。因为，每个人都希望获得别人的赞美，没有人喜欢遭到别人的指责和批评。赞美的好处不胜枚举，可是生活中却常常有年轻女孩吝啬这么做，这种女孩理所当然无法得到良好的人缘。有人说“吝啬赞美是最大的吝啬”，赞美一个人你不必损失什么，只要动动口就行了，连这点小事都不愿做，甚至故意对别人的优点视而不见，这种人除了得到别人的厌恶，根本不可能获得别人的真心认可。

赞美是一种良好的修养和明智的选择。赞美是人际交往中最便宜的“投资”，它投入少、回报大，是一种非常符合经济原则的行为方式。对领导的赞美，让领导更加器重你；对同事的赞美，能够联络感情，使彼此合作愉快；对下属的赞美，能赢得下属的忠诚，增强他们的事业心和创造力；对商业伙伴的赞美，能赢得更多的合作机会，赚得更多的利益；对男友或丈夫的赞美，能使两人之间更加甜蜜；对朋友的赞美，能赢得崇高的友谊。

赞美的话不仅要当面说，更要背后说；而且背后说别人的好话远比当面恭维别人或说别人的好话，更让人觉得可信。因为你向一个不相干的人赞美他人，一传十，十传百，你的赞美迟早会传到被赞美者的耳朵里。这样，你既博得了他的尊重，也赢得了大家的信赖。

《红楼梦》中有这么一段描写：

史湘云、薛宝钗劝贾宝玉做官为宦，贾宝玉大为反感，对着史湘云和袭人赞美林黛玉说："林姑娘从来没有说过这些混账话！要是她说这些混账话，我早和她生分了。"

凑巧这时黛玉正来到窗外，无意中听见贾宝玉说自己的好话，不觉又惊又喜，又悲又叹。

在林黛玉看来，宝玉在湘云、宝钗、自己三人中只赞美自己，而且不知道自己会听到，这种好话就是极为难得。倘若宝玉当着黛玉的面说这番话，林黛玉很可能会认为宝玉是在打趣她或想讨好她。多在第三者面前赞美一个人，是你与那个人关系融洽的最有效的方法。假如有一位陌生人对你说："某某朋友经常对我说，你是位很了不起的人。"相信你的感动之情会油然而生。那么，我们要想让对方感到愉悦，就更应该采取这种在背后说人好话、赞扬别人的策略，因为这种赞美比一个人当面对你说"我是你的崇拜者"更让人舒坦，更容易让人相信它的真实性。

恰到好处的批评是"甜"的

人无完人，在这个世界上，没有人不犯错误。在错误面前，有的女孩或许要忍不住怒目圆睁。狂风暴雨过后，女孩可能会沮丧地发现，她的善意并没有被对方所接受，甚至可能换来的结果与预想的结果截然相反。

有这样一个故事：

山顶住着一位智者，他胡子雪白，谁也说不清他有多大年纪。男女老少都非常尊敬他，不管谁遇到大事小情，都来找他，请求他提些忠告。

但智者总是笑眯眯地说："我能提些什么忠告呢？"

这天，又有年轻人来求他提忠告。智者仍然婉言谢绝，但年轻人苦缠不放。

智者无奈，他拿来两块窄窄的木条，两撮钉子——一撮螺钉、一撮直钉。另外，他还拿来一个榔头、一把钳子、一个改锥。他先用锤子往木条上钉直钉，但是木条很硬，他费了很大劲也钉不进去，倒是把钉子砸弯了，不得不再换一根。

一会儿工夫，好几根钉子都被他砸弯了。最后，他用钳子夹住钉子，用榔头使劲砸，钉子总算歪歪扭扭地进到木条里面去了。但他也前功尽弃了，因为那根木条裂成了两半。

智者又拿起螺钉、改锥和锤子，他把钉子往木板上轻轻一砸，然后拿起改锥拧了起来，没费多大力气，螺钉便钻进木条里了。

智者指着两块木板笑了笑："忠言不必逆耳，良药不必苦口，人们津津乐道的逆耳忠言、苦口良药，其实都是笨人的笨办法。硬碰硬有什么好处呢？说的人生气，听的人上火，最后伤了和气，好心变成了冷漠，友谊变成了仇恨。我活了这么大年纪，只有一条经验，那就是绝对不直接向任何人提忠告。当需要指出别人的错误的时候，我会像螺钉一样婉转曲折地表达自己的意见和建议。"

没有人喜欢被批评，不要相信“闻过则喜”。如果一味指责别人，我们将会发现，除了别人的厌恶和不满外，我们将一无所获。如果你能够让对方感到你是来解决问题纠正错误的，而不是仅仅来发泄不满的，那么你的形象一定会大大提升。学会恰到好处地“批评”，是聪明女孩应该掌握的技巧，这里有几点小建议：

1.批评宜在私下进行。

被批评可不是什么光彩的事，没有人希望在自己受到批评的时候召开一个“新闻发布会”。所以，为了被批评者的“面子”，在批评的时候，要尽可能避免第三者在场。不要把门大开着，也不要高声叫嚷使周围的人都知道。在这种时候，你的语气越温和，越容易让人接受。

2.不要很快进入正题。

做错事的一方，一般都会本能地有种害怕被批评的心理。如果很快进入正题，被批评者很可能会产生不自主的抵触情绪。即使他表面上接受，也未必表明你已经达到了目的。所

以，先让他放松下来，然后再开始你的“慷慨陈词”。有句话说得好“胡萝卜加大棒”，这样才能达到比较好的效果。

3.对事不对人。

批评时，一定要针对事情本身，不要针对人。谁都会犯错误，这并不代表他人品有问题，错的只是行为本身，而不是某个人。一定要记住：在批评时，永远不要针对某个人。

4.提出解决问题的办法。

批评的同时，你必须要告诉他怎么做才是正确的，这才是正确的批评方法。不要只是指手画脚，一定要使他明白：你不是想追究谁的责任，只是想提醒他解决问题。而且，他有能力解决。

恰到好处的批评应该是“甜”的，它所产生的效果，应该是使被批评者心悦诚服，主动接受批评、改正错误，并且受到鼓励，让对方感受到你的亲和力。巧妙把握批评的分寸，会让你与他人之间建立起和谐的人际关系，大大提高工作效率。

第八篇

性感是一种气质

PART 01 女人性感第一

女人可以不漂亮，**但不能不性感**

性感是一种状态、一种气质、一种表达。

女人可以不漂亮，但不能不性感。脸蛋是天生的，性感却是可以后天修炼的。当女人外貌的鲜艳随着年岁而逐渐淡去时，还能用什么来留住她心爱的人？成功的女人告诉我们她的秘诀——来自举手投足间的性感和女人味。女人更应该懂得感受和珍爱自我给予的馈赠，爱自己的心灵、身体，并让它们焕发出恒久的光彩。

男人是注重感官的，喜欢性感的女人。一直以来，性感的女人被喻为一朵欲望之花，能够迷惑男人的眼睛。在任何场合，性感女人都会散发出耀眼的光芒。不同的女人有不同的味道，很多男人认为性感女人是最有女人味的。

说到性感，会使人想起感性这个词。性感和感性就好像一对孪生姐妹，如影随形。一个感性的女人，无论是凝神静思还是侃侃而谈，她的一举手一投足，都是那么细腻和充满感染力。一个很简单的例子，假如你不是个外表充满野性的女人，那么涵养一份内心的野性，也会让别人觉得你充满刺激乃至有种神秘感。而所谓的“内心的野性”，可以是爱冒险、爱尝试新事物、好幻想及随时为了实践梦想而豁出去。

性感在不同的女性身上，散发出不同的味道，产生不一样的效果。女人的性感是烙在骨子里的。女人真正的性感并不局限于女人的外表，比如相貌是否妩媚迷人，衣着是否风情撩人。女人性感的本质是一种发自内心的活力，这种活力彰显着女人丰富的内心，令男人情不自禁地遐想连篇。千万不要误认为穿得越少越性感，女人不应该把妩媚和性感当作荣耀，男人的“回头率”也不是女人的资本。如果某个女人在街上穿得过于暴露，人们免不了对她品头论足，尤其是一些在职场里身居要职的女人更会成为公众目光的焦点，她们应该清楚，职场和性感永远都不可能友好携手，上班时穿得太暴露是一种缺乏教养的表现。总之，女人追求性感千万不要采取媚俗的方式。

据性心理学研究，男人心目中的性感，除了发自女性的性特征和自信心、懂幽默、爱浪漫、刺激及冒险外，神秘也是性感的一种元素。女人在自己喜欢的男人面前，千万别尽情流露、肆意表现，要给对方留有揣摩与想象的空间。所谓“犹抱琵琶半遮面”，若隐若现、若有若无、留有余韵也是体现神秘感的一种手段，总之，就是不要完全满足对方的好奇心。现代的性感早已超越视觉、身材或是暴露多少的范围，如花灿烂的笑靥、天真或带媚态的眼波、沉溺于思考或想象时忧郁而出神的神态，都是内敛的性感。

现在，越来越多的现代女性都只为自己而不是为讨好男人而性感。正如今天的女性爱好打扮只为“自我感觉良好”，不是为“悦己者”容，而是为“悦己”容。性感无须刻意追求，性感原本就是上帝烙在女人骨子里的性磁力。女人只需自信地彰显自己，你的性感别人自然而然就会感受到了。

在一米左右所散发的香味，**是最能使人接受的香味**

法国的一位很有名的服装设计师让模特儿在一个比较高的天桥上来表演他的服装。为了引起人们的注意，他特地嘱咐模特儿改变往常把香水洒在颈部和上身的做法，而把大量香水洒在腿上，结果效果非常差。因为在她们走路时，坐在下面的人很容易就闻到浓烈的香味，这强烈的香水味让观众们感觉到很不适，大家也没有心情欣赏表演了，这当然对时装表演是大有坏处的。

一部好莱坞名片《闻香识女人》生动形象地说明了香水在人际交往中所蕴含的缕缕情怀。恰当地喷洒香水，能够令自己更加引人注目、更出色。然而，使用香水不当，则会像上述事例一样，取得适得其反的效果。香水就如同“必杀技”，用得好则轻松获胜，失误了往往会伤害到自己。所以，喷香水一定要讲究方法，要注意以下事项：

1.香水要喷洒或涂抹在适当的地方。

香水一般洒在耳朵后面或是手腕的脉搏上，手臂内侧和膝盖内侧也是合适的部位。除了直接涂于皮肤，还可以喷在衣服上，一般多喷在内衣和外衣内侧、裙下摆以及衣领后面。而面部、腋下的汗腺、易被太阳晒到的暴露部位、易过敏的皮肤部位以及有伤口甚至发炎的部位，都不适合涂香水。

若想保持香味持久，不妨涂在丝袜上。当你希望香味持久，又希望香气由下而上散发缭绕，涂在大腿内侧、脚踝内侧、膝盖内侧都是很好的方法。

2.使用不要过量，避免产生适得其反的效果。

使用香水时要注意一个浓度问题，欧洲人和中东人因为体味大和习惯问题，用的香水会比较浓，我们没有必要效仿西方，因为大多数东方人还是习惯淡雅的香味，浓烈的香味往往会令人反感。如果你想发挥好香水的作用，就一定要谨记这条香水使用黄金原则：在一米左右所散发的香味，是最能使人接受的香味。

3.应该根据场合和自己的角色来选择适合的香水。

在工作时，应用清新淡雅的香水，这样才不会给人以唐突的感觉；在运动旅游场合，就应用各品牌中标有“运动”字样的运动香水；而在私下亲密的时刻，当然可以用浓烈诱人的古典幽香了。白天和冬季由于湿度低，香水可相应增加浓度。

另外还应选择适合自己的香水。香水是无形的装饰品，没有比香水能更快、更有效地改变一个人的形象了，你的香水也在表述着关于你的个性、品位、修养等信息，所以，选对适合自己的香水，有助于你形象的树立。

性感“美人”修炼法则

每个女人都不想让岁月在自己的身体上留下痕迹，于是，所有的女人都希望自己能够留住时光的脚步，留住青春。

那么，怎样才能提升女人的修行，让她们迅速地修炼成

“美妖”呢？

1.不再与“大饼脸”为伍。

一张脸是否漂亮对女人的形象有着重大的影响。脸蛋儿的魅力会为我们的整体吸引力加分，但一旦我们不幸被称为“大脸猫”“大脸妹”，那么美丽是要被打折的。

为了甩掉这个外号，试试下面这些对我们有帮助的方法吧。

（1）进食时慢慢咀嚼食物，锻炼脸部肌肉。

（2）用温水、冷水交替洗脸，促进血液循环及新陈代谢。

（3）多喝咖啡以帮助排除多余水分。

（4）改变高枕睡觉的习惯。

（5）避免太夸张或面无表情的讲话方式。

（6）定期保养肌肤，防止皮肤因为失去弹性而松弛。

2.小“腹”婆变成小“腰”精。

中国自古以来就推崇女性的细腰美，于是，如何拥有纤细腰肢成为众多女性的日常功课之一。

（1）细腰操。

平躺，双腿并拢向上伸直（运用腰腹部的力量）。

背和臀部也同时向上挺直（离开接触面）。

慢慢放落，速度一定要慢。

重复进行5～10次，也可根据自己的体能多做几次。

（2）消除小腹赘肉的运动操。

仰躺，臀部紧缩，两脚分开与腰同宽。

两脚尖向内侧靠拢，双手枕在脑后。

边吐气，双腿边往上抬至离地5厘米高，并伸展跟腱。两手支撑着头部往上抬，伸展颈部。充分伸展之后，吸气、憋住，直到憋不住时，恢复原来姿势，重复做10次。

3.热辣翘臀很简单。

我们总羡慕那些穿着合身牛仔裤，能包出翘翘臀部的女人，那么快来做对塑臀有益的运动吧。

锻炼臀中肌，即臀上部肌肉，能够塑造出漂亮的圆形臀部。而锻炼臀大肌则是针对臀部后侧的大部分肌肉，可以塑造出臀部侧面的圆窝。多做踢腿运动，可以把两部分肌肉都锻炼到，并且还能够帮助加强稳定性和协调性。每周做2～3次，加上4～5次有氧运动（45分钟1次），4周之后，你就可以拥有完美的臀线了。

除去上述的美臀方法外，简单按摩也是快速美臀的捷径。

持之以恒地按摩承扶穴、涌泉穴，臀部自然会浑圆优美。

4.从此告别大象腿。

对每个女人来讲，决定形体美的重要因素之一是腿，但它的形象却总不能让我们满意。粗壮的大腿脂肪过多，很难减，怎么办？

不用着急，我们将为女人的美腿运动给出专业的三种改善腿粗的方法：

以双腿为主的锻炼。如果你把目标定在粗胖的大腿上，你最好还是选择一种以锻炼双腿为主的运动。锻炼大腿和臀部肌肉的最佳运动是步行、骑自行车（包括在室内骑健身车）、越野滑雪、爬楼梯。

步行与跑步方法。以步行为主，途中进行几次短距离跑

步，每次跑一两百米，习惯后，逐渐将跑步的时间延长。

游泳。水的阻力会使双腿活动比较费力，却不会像在地面上跑步那样承受较大的震荡，因此是减去腿部和臀部脂肪的好方法。

5.“太平公主”也要抬头挺胸。

有句经典的广告词——做女人“挺”好，所以我们要及时地摘掉“太平公主”的大帽子，做个丰胸美人。

（1）体操法。伸直背部肌肉，并且抬头挺胸，双手合十置于胸前，这时彻底撑开肘部，双肩不要摆动，要平心静气；始终让胸部保持用力的状态，同时在手心上用力，相互推压缓慢地向左右移动。当手到达中心位置时，吸气，左右交替动作10～20次。

（2）沐浴法。将水温调到40℃左右，不能太热，否则会使皮肤松弛。用蓬头对乳房由下往上冲，水流可以强一些，左右交替各1分钟，或水开小些，以圆形运动方向按摩乳房周围。

（3）按摩胸部法。由下往上、由内往外将乳房往上提升，以双手的手温及适当的力度交替来回按摩双乳约2分钟。可以使用美胸的产品或是身体按摩油，滋润胸部的肌肤及增加弹性。

这个世界上，没有丑女人，只有懒女人。想要成为美女的你只要按照上面的方法持之以恒，会越变越美丽的。

“贝蒂”变身“梦露”，一点点性感就足够

当玛丽莲·梦露穿着那条著名的白裙子站在地铁的通风口处，一股自下而上的风将她的裙子吹起——好莱坞历史上最为经典的一刻瞬间定格：全世界的男人都见识到了那双完美的大腿，“性感女神”由此诞生。没有任何一个女人可以从梦露手中抢走“性感女神”的头冠，懒洋洋的金发、前凸后翘的身材、魅惑的美人痣……梦露满足了所有男人对美的憧憬，她任何一个衣边裙角都足以让男人们的血管在刹那间爆掉。

性感并非美丽女子的专利，当在美国电视剧《丑女贝蒂》中戴着红色眼镜、箍着牙套的贝蒂一出现时，不仅所有的男性观众惊恐不已，连大多数女性观众也大吃一惊：世上竟有如此

丑陋的女子？而走出《丑女贝蒂》的片场，走上英国版杂志*Marie Claire*时，贝蒂的扮演者亚美莉卡·费雷拉却是别样的性感美丽，长长的波浪鬈发，时而冷峻时而迷蒙的眼神，微厚的嘴唇流露出莫名的性感味道，黑色礼服包裹下的身体曲线玲珑。是又一个梦露诞生了么？谁也难以将这样性感的尤物和笨重的丑女贝蒂联系在一起。

世界上没有丑女人，只有懒女人。许多女人只知道嫉妒梦露的性感，在心里抱怨自己的贝蒂外形，难以吸引男人的眼光。其实，你只需要给自己增添一点点性感，丑陋如贝蒂的你也能成功变身“梦露”，发出巨大的魅力电波，电倒一个又一个男人。美丽，有时候就这么简单，带一点性感就足够。

性感是一种妖娆的气质美。性感之所以是性感，在于它能引发一种性的吸引力。性感是烙在骨子里的，由内而外散发出来的无言诱惑。性感放诸不同的女人身上，会产生不同的味道和意境，女人要懂得如何张扬自己的性感魅力。

俗话说“女为悦己者容”，女人的每一分美丽和性感，都牵动着身边男人的心，更何况性感本身就是每种雌性动物都有的天赋条件。它不需要什么技巧，是女人本性的自然流露，是上帝烙在女人骨子里的性磁力。

谁说只有美丽、丰满、野性的女人才性感？真正的性感从来都是耐人寻味的，超越视觉之上，成之于内而形之于外。

女人的性感源于内心的活力和生活的体验，这种活力彰显着女人丰富的内心和灵动的思绪，令男人情不自禁地浮想联翩。

PART 02 宁可略输文采，不可稍逊风骚

温柔是女人百试不爽的**终极武器**

不知是不是从《我的野蛮女友》的热播开始，越来越多的男人开始抱怨“现在的女人都一副咄咄逼人的样子，一点儿也不温柔”！柔顺体贴、小鸟依人的女人似乎已经不再流行了，取而代之的，是蛮横刁钻、张牙舞爪的所谓“新潮女性”。对于男士的“悲叹”，你可能会柳眉倒竖、杏眼圆睁、气势汹汹地反驳：“时代不同了，现在我们可是和男人‘平起平坐’的。他大学毕业，我还念过研究生呢；他月收入3000，我还年薪5万呢！我干吗对他百依百顺，做出一副可怜兮兮的柔弱状？”

言谈之间，一副野蛮无礼的“河东狮吼”状。

这些话虽然有理，但是自古雄性代表阳刚，雌性代表阴柔，无论如何，女人都不应失去女性特有的温柔。

女人最能打动人的就是温柔。温柔而不做作的女人，知冷知热，知轻知重。和她在一起，内心的不愉快也会烟消云散，这样的女人是最能令人心动的。

所谓女人味，是指那种含蓄、优雅、贤淑、柔静的女人味道，也是一种令男性不可抗拒的力量。尤其是处于相对保守的东方社会，男人所期望的仍然是富有母爱温柔的女性。如果女性的行为太开放、言语太大胆、语气太强硬，男士们都会望而却步。

温柔是女性独有的特点，也是女性的宝贵财富。如果你希望自己更完美、更妩媚、更有魅力，你就应当保持或挖掘自己身上作为女性所特有的温柔性情。须知：做女人，不能不懂温柔；要做个百分之百的好女人，不能丧失温柔；要成为幸福快乐的女人，绝对不能不温柔。

温柔是女人的本色，正如阳刚是男儿的本色一样。缺少温柔的女人会被人视为“女汉子”，缺乏阳刚的男人会被人叫作“娘娘腔”。

一个有魅力的女人，善于在纷繁琐事、忙忙碌碌中温柔，善于在在轻松自由、欢乐幸福中温柔，善于在柳暗花明时温柔，善于在关切和疼爱中融合情人与妻子两种温柔，善于在负担和创造中温柔，更善于填补温柔、置换温柔。

温柔是一种足以让男人一见钟情、忠贞不渝的魅力。的确，男人挑剔的眼光，盯着女人的美丽的同时心里还渴求温柔。在充满浪漫青年时代，美丽或许会占上风，可当从感性回到理性的认识中时，男人就会越发明白：温柔比美丽可爱。事实上也是如此，在季节的变迁、时间的轮回中，美丽的外表会失去光泽，而温柔将会永驻。女性的温柔古往今来给人间带来多少深情挚爱、温馨和谐，让男人不能忘怀。恋人的温柔如催化剂，催促着爱情的花果早日绽放成熟；夫妻的温柔像缕春天的阳光，像轮秋夜的明月，为生活平添着温馨和明净。

温柔里面包含着深刻的东西——爱。这种爱之所以深刻，是因为它不是生硬地表演出来的，而是生命本身的自然散发。温柔可不是娇滴滴、嗲声嗲气，这里有真假之分。娇滴滴、嗲声嗲气是假惺惺，是故作姿态；而温柔是真性情，是骨子里孕育出来的东西。一个女人站在面前，说几句话，甚至不用说话，我们就能感觉到这个女人是温柔还是不温柔。

温柔的女人就是上帝派来的爱的天使。人们常说：“水做的女人，泥做的男人。”有了如水般的温情，再硬的顽石也会消融。女人用温柔征服男人、征服世界。

温柔的女人具有一种特殊的魅力，她们更容易博得男人的钟情和喜爱。这样的女人像绵绵细雨，润物细无声，给人一种温馨的感觉，令人回味无穷。

一脸娇羞胜过无数情话

时尚，似乎总与羞涩为敌。吊带裙、露脐装，裸肩露背、大胆奔放。

羞涩，成了现代女性最为缺乏的元素之一。

羞涩是人类文明进步的产物，然而社会越发展，女人反而越来越不懂得羞涩了。其实，暴露只能唤起肉欲，而性格气质的性感，才是性感的最高境界。

娇羞曾是女人独特的美丽，是一种青春的闪光、感情的信号，是被异性撩动了心弦的一种外在表现，是传递情波的一种特殊语言。当心仪的他出现在眼前，女人内心深处的一颗心不由自主地悸动，红晕爬上了青春美丽的脸庞，似一种无声的诱惑语言，撩动了男人内心的爱情之弦。当女人知道了羞涩对男人的魅惑力，便学会了在脸庞涂抹淡淡的红色胭脂，似一抹羞涩的红云，男人看在眼里，心里愈发荡起层层的涟漪。

许多时候，女人一脸的娇羞反而胜过了无数的情话，让男人的心怦怦跳动。娇羞的女人，在男人的眼中有一种别样的魅力，令他们魂牵梦萦，欲罢不能。有男人爱煞女人一脸娇羞的表情，曾写诗赞道："姑娘，你那娇羞的脸使我动心，那两片绯红的云显示了你爱我的纯真。"就连著名诗人徐志摩都写诗赞叹道："最是那一低头的温柔，像一朵水莲花，不胜凉风的娇羞。"知名作家老舍先生也以为："女子的心在羞耻上运用着一大半，一个女子的脸红胜过一大片话。"

韩剧《星梦奇缘》中，男主角江民之所以爱上女主角涟漪，正是源于她时时流露的娇羞女儿姿态，让他内心腾升出一股想要拥她入怀、终生呵护她的欲望。娇羞的涟漪，尽管她也深深地爱着江民，但总不敢像时下的热情奔放型女人一般，大胆将内心的爱意说出口，总是将那份深深的爱埋藏心底。她和江民相处了那么久，只有唯一的一次告白，那是在相思之苦的煎熬下，才让一句“你知道我有多想你吗”脱口而出，让江民为之动容。虽然涟漪不擅长用言语表达自己的爱意，但她含情的眼神、绯红的脸颊和温柔的笑容，却在默默地向江民袒露心迹，告诉这个优秀的男人她有多爱他。

娇羞朦胧，魅力无穷。娇羞犹如披在女人身上的神秘轻纱，增添了一种迷离朦胧的美感，这是一种含蓄的美，是一种蕴藉的柔情。温

柔似水是大多数女人的天性，纯真善良是女人应有的品质，而娇羞正是二者的结合与体现。娇羞的女人是春天的草，似露非露；娇羞的女人是清晨的雾，朦朦胧胧；娇羞的女人是山中的泉，清凉心间；娇羞的女人是一缕风，柔柔拂面。娇羞的目光清澈如皎洁的月光，娇羞的潮红明艳如含露的花瓣，娇羞的语言含蓄委婉地传递女人的兰心蕙质。

娇羞的女人，美在含蓄，美在执意，美在精致，美在柔情，美在朦胧。这样的美，是自然的美，是内心最最真实的心境美。只有这样朦胧的美丽，才能牵扯着他的魂魄，让他日思夜想，惦记在心里。

练就余音绕梁的**迷人嗓音**

生活中，我们有过这样的经验：一个女人看起来年轻漂亮，但是她一开口，声音却低沉得像个上了年纪的老年人，无论如何，这个女人给我们的形象就大打折扣了。通常情况下，一个声音好听的女人，更容易被周围的人接受。

有一个在电子行业工作的先生，在朋友的介绍下认识了一个女人。开始的时候，两个人只是偶尔通一次电话，可是过了不久，两个人就亲密无间了，最终走在了一起。朋友们都很惊讶，那位先生介绍说，虽然她的相貌与他理想中的类型有一些偏差，但是每次听到她的声音，都觉得很柔和、很温暖，让他那颗疲惫的心有了安全的依靠，最终他决定牵起她的手，跟她走完一生。

男人对于女人的声音再熟悉不过了，尽管每天都会跟不同类型的女人打交道，但是并不一定每一种声音都能让男人有触动。但是有这样几种声音，一直是男人喜欢的类型：

柔媚之音：这种声音集中了女性的妩媚、阴柔，甜甜的，软软的，腻腻的，还有一种绕梁三日不绝于耳的感觉，让男人很是着迷。但是这种声音在当今的社会已经很难再听见了。偶尔有那么一两个五星级大饭店的接线员可能传递出类似的声音，却都包含了一种职业化的气息，语调过于专业。

甜美之音：电视剧《甜蜜蜜》的热播，又掀起了人们对邓丽君的喜爱。从20世纪80年代走过来的人，都会深深地记住她的名字——邓丽君，这个女人的声音影响了一代人。她的声音甜美、清新，脱去了俗尘，也去除了浮躁。她的声音温润了一代人，更让迷失与迷茫的男人的心得到了缓解，获得了平静。邓丽君未必是最美的女人，却轻而易举地捕获了所有男人的心。

磁性的声音：男人声音的磁性多带有一定的性感成分，女人的声音磁性则是一种中性化的，既有一部分女性的柔美，又有一部分男性的坚韧。女人低沉磁性的声音更能打动和穿透男人。用这种声音演绎女性柔美的味道，如同一杯陈年的老酒，芳香中带有一种悸动。

性感的声音：性感的声音通常都不好定义，但有一个主要的特点是柔。柔是女性的特质，也是男人对完美女性的期待和渴望。

以上是比较极致的声音，很多女人并不一定拥有。女人没有很好的声音并不是特别重要，不过，千万要注意避免不好的声音。以下几种需注意：

（1）说话不要带鼻音，否则会让人听起来不舒服，显得没有生气。

（2）说话声音切勿高而尖。用尖嗓音说话，会使周围人心情烦躁，应尽量抑制这种尖声，使语气柔和些。

（3）说话的声音切忌单调。通过恰如其分地运用停顿增加语言的表现力，在声音里注入情感。

（4）调整讲话速度，太快或太慢都不利于自己的表达。合适的说话速度大约是每分钟120～160字。

（5）说话时嘴唇尽量活泼一些，这可增加女性的柔美可爱。

女人要找到属于自己的声音，走进自己的灵魂，唯一的通行证是用感觉去说话。

培养女人**隐形的品位**

女人的妆容、服装都是看得见、摸得着的，只有香水是无形地萦绕在女人周围，但它同样昭示着女人的品位。如果女人少了香水，总觉得缺少那么一点引人入胜的情趣。女人以香水为名片。她们一般选择一种最能表达其个性特征的香水，来展现其独特的魅力。因为她们知道，没有谁会永远在自己的身边，唯有玉体上的那缕芳香，才会分分秒秒与自己在一起。

香水与女人的关系源远流长。在很早以前，香水曾被颇有心计又有地位的女人当作一种实施阴谋手段的工具。美丽的埃及艳后每当温柔时刻，总不会忘了在她的船帆上洒满香水，制造梦幻迷人的陷阱。因这股芬芳气息的迷惑，也因这个美人的千般风情，至少恺撒与安东尼在这种精心制造的温柔乡中沉醉了，艳后满足了她强烈的政治欲望，香水在其中发挥了它的神奇作用。

在古埃及、印度及中国的古老文化中，都有关于香水的记载。那时的人类开始懂得运用熏香提炼的方式来处理香料，并从美妙的香味中享受无以言表的喜悦。到13世纪英国伊丽莎白女王时期，一瓶加入乙醇的名叫“匈牙利之水”的香水，成为世界上第一瓶香水。法国路易十四时期，香水的使用已成为当时上流社会贵妇人最时尚的宠爱佳品。

1920年以前，妇女使用的香水仍是几种简单的花香味。至1920年初，服装设计师们认为，只有香气馥郁的女子才能与华丽的时装相匹配。说到香水，不能不说到一个伟大的人物——可可·香奈儿，这个让人即刻联想到时装、香水、女性解放和自然魅力的名字，被玛丽莲·梦露称之为“唯一睡衣”的女人。香奈儿认为：“一个女人不该只有玫瑰和铃兰的味道，一个衣着优雅的女人同时也应该是个气息迷人的女人，没有味道的女人没有未来，香水会增添她无穷的魅力。”

香水不但会使女人的打扮更趋完美，也会使男人享受一种浪漫的气氛。香水调配师称香水是“液体的钻石”，而女人又称调配师为“调和全世界香味的艺术家”。女人的优雅、女人的娇艳、女人的爱情，甚至女人的命运都同一瓶瓶的香水有着剪不断理还乱的情愫。法国女性认为，与其被男性称赞说“你的穿着十分得体，很漂亮”，不如一句“你的香水多么适合你，你太有魅力了”。对衣饰的赞美只是外在的恭维，可是当一个男人已经注意到你身体散发的香味时，就是从内在了解你，或者对你有非常的好感了。

由此可见，香水与女人之间，一直存在亲密而微妙的关系，女人的美丽优雅、性感浪漫、恬静柔情、洒脱活泼借着曼妙的香气暗暗传送，展现着独特的个性宣言。闭着眼睛什么都看不见，但脑海中常常浮现比睁大眼睛见到的多得多的形象，因为那是想象力最活跃的时候，闭着眼睛就能凭气息来判断她是谁。

香味犹如女人的一张名片，透露着一个女人的故事，不用只言片语。在电影《闻香识女人》中，那位盲人上校从一个女人用的香水中判断出她的家世、性格喜好……并非只有电影里才会有这么神奇的故事，人们对气味的敏感程度以及香味对人情绪的影响力，远远超乎我们的想象。

一个女人从你身边袅袅婷婷地走过，尽管她朱唇未启，可她身上特有的幽香已在不经意间透露了她的品位。“闻香识女人”，一个女人身上所散发的气息一旦被固定，被人记住，这个女人就成了他心中的“名牌”。

童话故事里，是水晶鞋让灰姑娘成为美丽动人的公主，然而，哪一个公主不是周身香气袭人？要想从灰姑娘变成美丽的公主，光有美丽的衣衫哪里够？还需要一滴香水，你才能完成从灰姑娘到公主的完美变身。

第九篇

一味标榜内涵而轻视门面，也是肤浅

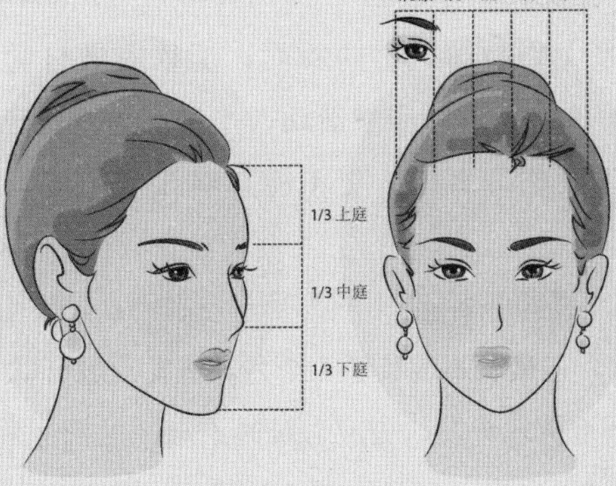

PART 01 用好形象“征服”对方，第一回合就要赢

好形象从“头”出发

按照一般习惯，一个人注意和打量他人，往往是从头部开始的。而头发生长于头顶，位于人体的“制高点”，所以更容易先入为主，引起重视。鉴于此，要想打造良好形象，首先应该从“头”出发。

1.勤于梳洗。

头发是人们脸面之中的脸面，所以应当自觉地做好日常护理。不论有无交际应酬活动，平日都要对自己的头发勤于梳洗，不要临阵磨枪，更不能忽略此点，疏于对头发的“管理”。

通常理发的间隔，男士应为半月左右一次，女士可根据个人情况而定，但最长不应长于一个月。洗发一般可以3天左右进行一次。至于梳理头发，更应当时时不忘，见机行事。总之，

头发一定要洗净、理好、梳整齐。

如有重要的交际应酬，应于事前再进行一次洗发、理发、梳发，不必拘泥于以上时限。不过切记，此类活动应在“幕后”操作，不可当众“演出”。

2.发型得体。

发型，即头发的整体造型。在理发与修饰头发时，对此都不容回避。选择发型，除个人偏好可适当兼顾外，最重要的是要考虑个人条件和所处场合。

（1）个人条件。

个人条件，包括发质、脸形、身高、胖瘦、年纪、着装、佩饰、性格等，都会影响发型的选择，对此切不可掉以轻心。

在上述个人条件里，脸形对发型的选择影响最大。选择发型时，一定要考虑自己的脸形特点。例如，Ω发型，主要适合鹅蛋脸的女士，头发的下端向外翻翘，可展示此种脸形之美，要是倒三角脸形的女士选择了它，就不太好看了。

（2）所处场合。

在社会生活中，人们的职业不同、身份不同、工作环境不同，发型自然也应有所不同。总而言之，在工作场合抛头露面的人，发型应当传统、庄重、保守一些；在社交场合频频亮相的人，发型则应当个性、时尚、艺术一些。至于前卫、怪异的发型，大约只有对艺术工作者才是适合的。

3.长短适中。

虽然说想要头发或长或短完全是一个人的自由，但是从社交礼仪和审美的角度来说，头发到底该多长或多短是有讲究

的。具体来说，其受以下几个因素的影响：

（1）性别因素。

男性和女性的区别，在头发长短上就有所体现。一般大家的观点是：女士可以留短发，但是却很少理寸头；男士的头发虽然也可以稍长，但是不宜长发披肩、扎辫子之类的。

（2）身高因素。

从美观的角度来说，头发的长度在一定程度上应该与个人身高有关。以女士留长发为例，头发的长度应该与身高成正比。如果一个矮小的女生，头发却长过腰，反而会显得自己的个头更矮。

（3）年龄因素。

如果一头飘逸的长发出现在少女的头上，会有相得益彰的感觉；但是如果一位六七十岁的老奶奶却留很长的头发，则会让人感觉有些怪异，且显得自己没有多大的精神。

（4）职业因素。

职业对头发的长短也有一定的影响。比如，野战军的战士通常会理寸头，这是为了方便负伤时抢救，但是商政界人士则不适合这样。对于在商界工作的女士来说，头发最好不过肩，而且应以束发、盘发作为变通；男士则不宜留鬓角和发帘，长度最好以不触及衬衣领口为宜。

4.美化、自然。

人们在修饰头发时，往往会有意识地运用某些技术手段对其进行美化，这就是所谓的美发。美发不仅要美观大方，而且要自然，不宜雕琢过重或是不合时宜。

在通常情况下，美发有4种形式，它们分别是：

（1）烫发。烫发，即运用物理手段或化学手段，将头发做成适当形状的方法。决定烫发之前，先要看一下本人发质、年龄、职业是否合适。如果一个不到20岁的女孩子烫了小波浪卷的头发，就会显得老气横秋。

（2）染发。发色不理想，或是头发变白，即可使用染发剂令其变色。对中国人而言，将头发染黑无可非议，而若想将其染成其他色彩，甚至染成多色彩发，则须三思而行。

（3）作发。作发，即运用发油、发露、发乳、发胶等美发用品，将头发塑造成一定形状，或对其进行护理。作发的要求与烫发的要求大体相似。

（4）假发。头发有先天缺陷或后天缺陷者，均可选戴假发。选择假发，一是要使用方便，二是要天衣无缝。

3项建议帮你**打造美丽容颜**

想拥有一个美丽的容颜，让自己的形象看起来更吸引人，就要做好美容护理。具体来说，下面的这3项建议可以帮到你：

1.保持乐观的情绪有利于美容。

保持平和乐观的心态、愉悦的心情，是必不可少的美容法。

皮肤与情绪之间有着密切的联系，情绪影响到神经—体液—内分泌系统，影响到包括皮肤在内的整个机体，真正影响人容貌的是其情绪的好坏。

愤怒、恐惧、焦虑、痛苦、惊慌、不满、嫉妒等情绪常常会使神经体液调节发生紊乱，使交感神经兴奋、小血管收缩、毛细血管的脆性增加、心率改变、呼吸频率改变、皮肤温度下降。

由于现在的生活节奏加快，几乎每一个人都生活在重压和紧张的氛围下，这样的紧张会影响血液的正常循环，进而使皮肤变得粗糙干燥。而且，神经自律功能陡降，促使皮脂的分泌旺盛，于是青春痘或面疱就冒出来，也容易产生雀斑、黑斑、皱纹。由紧张所引起的不安、不满、烦躁等现象，会充分反映在皮肤状况上。

无论是在工作中还是生活中，我们都会有不少纠纷与烦心事。但是无论怎样艰难，希望你都能保持乐观的心怀、豁达坦荡的胸怀以及稳定的情绪，它们对保持年轻、健康、美丽起着十分重要的作用。

因此，不要使自己生活在这种压力和紧张下，懂得改变现有的生活状态，让自己的心态平和。

2.充足的睡眠是美容的法宝。

健康充足的睡眠是美容的法宝，但是不少职业女性却没有好的睡眠习惯。

当你年轻的时候，当然有少睡的本钱，第二天早上起来洗漱完，又是一个精神自信的形象。但随着年龄的增长，这样的资本会一天天减少，如果你希望少长皱纹，就需要保证充足的睡眠。

假如你习惯深夜工作，那么你也应该在白天补足睡眠。每个人需要多少睡眠时间，是根据自身的身体状况来决定的，太多或太少的睡眠都对健康有影响。只要你一觉起来，又觉得精神饱满、无疲倦之感就够了。

人的身体有一定的生理节奏。很多人都有过这种经历，就是睡眠不足时，皮肤马上反映出来。皮肤利用人睡觉的时候接受营养的补给，以消除疲劳、恢复元气。可是在没有黑夜的大都市的一些繁华场所，熙来攘往的人潮当中，有很多人是“夜猫族”。

25岁以上的人，如果不充分掌握睡眠的黄金时间，晚睡晚起，肌肤就会过早地出现小皱纹，造成皮肤的衰老。而人到中年往往是操劳最多的时候，况且中年又是皮肤变化最大的时期，过度疲劳与睡眠不足是必须避免的，否则长期疲劳会使你的皮肤失去光泽与老化，平添许多皱纹。

人体生物钟是有规律的，违背自然规律地少睡或不睡，不仅你的眼睛由于深夜的重负会造成周围皮肤过早地松弛，而且你平静的心情得不到及时调节，会出现紊乱，其结果就是皱纹增多，整体皮肤未老先衰。

虽然我们对机体在睡眠过程中停止活动的机理研究还不完全，但我们知道，机体在睡眠中是很活跃的，简单地说，我们把在醒着时所支出的东西在睡眠中再补充回来，从而使我们得以复原，而且是身体和精神两方面的复原。美丽的一个必要前提是有足够的睡眠，给你的机体充足的时间和机会好好休养，积蓄新的力量以开始新的一天。

因此，想要拥有良好的皮肤状况，形象看起来更健康，那么生活作息时间一定要规律，每天要按时起床、按时就寝，避免睡前谈使人兴奋的事。为了晚上能自然入睡，要保持白天有足够的活动与工作，这样晚上自然由兴奋转入抑制，睡眠就有了保证。

3.自然美容简单而有效。

自然美容既简便又易行，且效果也不错，是许多爱美人士的首选。其中最流行、效果也不错的自然美容方法就是蒸面美容法。

蒸汽护肤是一种更为深层的洁面方法，只有在洗脸和面膜都没有达到预期的效果后使用为好。假如你的皮肤光洁而有弹性，又能坚持正确的方法每天洗脸，那么蒸汽护肤和磨砂膏是可以少做和省略的。

蒸面是通过水蒸气的蒸熏，使干燥或粗糙的皮肤毛孔扩张，从而达到去除污垢、增强面部皮肤的血液循环、让皮肤更好地吸收水分和营养、滋润肌肤，使之变得细腻和光洁的效果。国内外不少美容院都用蒸面器来改善顾客脸部肌肤的性能，但是在家中，你一样可以采用一种简单蒸面法来达到同样的效果。

首先，要净面。不管是何种保养法，如果不把面部清洁干净就进行，是不会有好效果的。净面可用洁肤乳、洗面奶，也可用植物油，涂上以后，略加按摩，再用柔软的拭面纸将洁肤物轻轻拭去，用毛巾把头发包好，然后就可以开始蒸面了。

蒸面的用具很简单，一个水壶或脸盆。用水壶烧开一壶水，在水壶下继续加热，使其能保持一定温度，不断有蒸汽冒出即可。用一块大毛巾将冒着蒸汽的水壶围住，形成一个筒状。闭目俯身，脸与盆相距10厘米左右，让蒸汽不断地升到脸部。油性肌肤的人，水温可以高一些，但时间不宜长，持续约5分钟，使面部感觉发烫为宜。

需要注意的是，虽然市面上有不少中药面膜和放在蒸面器中随蒸汽一起作用于皮肤的中药美容用品，但是这种药品性的东西对自己的皮肤是否合适，还是应该根据自己皮肤的状况慎重地判断，以免因使用不当，而使面部色素沉着、发黑。

得体的妆容要遵循“8字箴言”

每个女人都应该学一些基本的化妆技巧，这是女人爱自己的一种表现。化妆不仅能改变女人的外在形象，还能改变女人的内心，让女人更自信、更从容地面对人生。爱美而聪慧的女人都应该懂得用化妆来弥补容貌的缺憾，色彩、线条、层次……这些化妆技巧能让女人瞬间焕发光彩。

看看下面的“8字箴言”并加以熟练运用，你也可以成为化妆高手。

正确：正确是化妆最基本的要求，是化妆一定要把握的基本原则。比如画眉毛，要知道眉毛正确的起始点和高度、角度等原则，否则即使你画得再用心，也难免会给人不顺眼的感觉。

一般来说，眉头的起始位置和内眼角的位置是一致的，“三庭五眼”所说的“五眼”便是在两个眉头之间可以放下一个眼睛的长度，如果眉头超出内眼角，两眼之间距离过短，人会显得压抑；相反，如果两眉间距离过宽，人会显得呆板、缺乏活力。因此，在初学化妆时，一定要搞清楚各部位化妆的基本要求。

精致：精致其实是化妆过程中比较容易达到的，只需要在

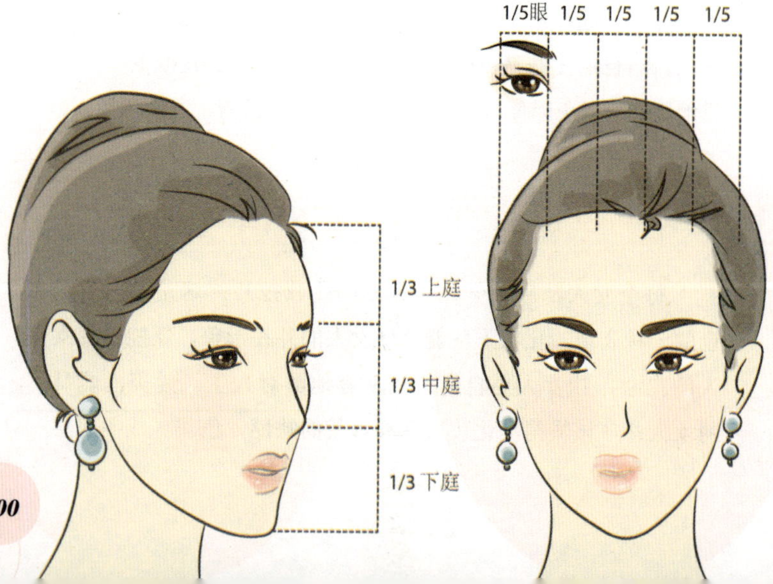

化妆过程中多一些细心和耐心，再加上每时每刻保持形象不松懈的意识，就能使自己的妆容给人以精致的感觉。比如涂口红时一定要注意边沿是否整齐清晰，粉底是否薄厚均匀、有无浮粉现象，眉毛修得是否整齐、有无杂乱现象，等等。要做到精致，需要的只是你的反复练习和坚持不懈。

准确：准确是在正确基础上的进一步要求，掌握了正确的化妆原则，在具体操作时还要做到准确，准确地把正确的化妆原则体现出来。比如说唇形化得好不好，不能单从大小、厚薄等方面来评价，还要学会与自己的脸形、气质及将要出席的场合相匹配。要达到准确的化妆效果，需要经过充分的练习。

和谐：和谐是化妆的最高境界，和谐的妆容能自然而得体地表现出你的个性和品位。和谐包含三个层面，第一个层面是妆面的和谐，表现在各个部位的化妆上，风格、色彩都要统一，比如眉形如果是属于柔美型的，那么唇形也要画成柔美型的；如果眼影是暖色调的，那么口红也要相应地涂成暖色调的，这样才能在整体上达到一种和谐的效果。第二个层面是妆面与整体形象的搭配，面部妆容要与你的发型、服饰、饰物等相搭配。第三个层面是妆容与外环境的和谐搭配，比如你要表达的气质、情感，将要出席的场合，你的职业，等等。

化妆不仅仅是一种美化外表的手段，同时也是情感的表达，它可以体现出女人的生活态度。妆容精致的女人能够传达出热爱生活、尊重别人、在乎自己以及积极的生活态度，这样的女人往往具有无穷的魅力。

控制体重才是对形象负责任的态度

人的形体美在很大程度上与体重有关系，一个身材臃肿的人给人的印象很难会是干练的，而一个身材过于干瘪的人也会给人无精打采的感觉，而且一般来说，体形不好的人都会显得比实际年龄要老。由此可见，体形对一个人的形象有很大影响，及时控制自己的体重不仅是时代潮流的需要，更是一种对个人形象负责任的态度。

控制体重是一项长期的工作，需要不断坚持和长久的耐心。要控制好你的体重，有很多方法可以选择，你可以不断地尝试，选出适合自己的。但一般来说以下3点是必须要注意的：

首先，要长期控制食量。一般来说，食量应掌握在七八分饱，不能到十分饱，更不能有饱胀的感觉。中国传统的中医养生也讲究“食不过饱”。长期控制食量是件比较困难的事情，最忌在坚持一两天或一段时间后，再大吃一顿，这样不仅不能达到控制体重的目的，还会损害身体的健康。人的胃是有伸缩功能的，如果能把控制食量长期坚持下来，胃的伸缩也会维持在相应的平衡状态下，人就不会再有太多的饥饿感，控制体重就成为身体能够适应的良性循环。

其次，要避免高脂肪和过油的食品。在我们日常饮食中，身体所需要的脂肪含量一般是足够的，不需要再额外补充脂肪。过多地摄取脂肪会造成身体脂肪堆积，严重影响身体健康和形体美。过油的食品不仅会使人长胖，还会加速皮肤的衰老，应该避免吃这些食品。

最后，最好不要吃甜食。在我们的日常饮食中，糖分的摄取已经很充足，所以，甜食在节日的时候稍微吃些就可以了，平时最好不要吃太多。

饮食是控制体重最为重要的一个方面，另外一个方面就是运动。选择一项适合你的运动，并且长期坚持下去，对控制体重也是非常有帮助的，而且还会让你的身体更健康、更有活力。将自己的体重控制在一个合理的范围之内，无论对于男人还是女人来说都是非常有益的，这会让你拥有形体美，也会让你的心态变得更年轻。需要特别提醒的是，饮食控制体重时一定要注意营养的搭配和均衡，如果以牺牲健康为代价，可就得不偿失了。

PART 02 不修边幅的人是没有影响力的

面容修饰，铸出亮丽容颜

面容是人的仪表之首，也是最能动人之处，所以面容的修饰是仪容美的重头戏，特别是在社交场合，对于面容的修饰更为重要。

一般来说，女士的美容化妆应特别注意如下几点：

（1）化妆的浓淡要考虑时间、场合的问题。

随着时间与场合的改变，女士化妆应有相应的变化。白天，在自然光下，一般女士略施粉黛即可；在工作的时候也应以清新、自然的妆容为宜。而在参加晚间的娱乐的活动时，浓妆比淡妆更好。

（2）化妆治标而不治本，属消极的美容，应提倡积极的美容。

面部的皮肤比我们想象中更娇嫩，任何不科学的外部刺激都会对其产生不同程度的损伤。正如大家所知道的，任何化妆品中都含有一定量的化学物质，这些化学物质对皮肤多少都会有不良的刺激。不少女士喜欢浓妆艳抹，这样也许会为她增添几分妩媚，但事实上，这是消极美容，会对皮肤产生一定程度的伤害。因此，要想使面容的仪表更好，最好的方法是采用体内调和的美容法。

首先，在生活中要多多参加户外体育活动，促进表皮细胞的繁殖，使表皮形成一层抵御有害物质的天然屏障。

其次，良好的心境与充足的睡眠也是不可少的。这对皮肤的新陈代谢有一定的作用，也会使面容有光泽。

再次，合理的饮食也不可忽略。多喝水，多吃富含维生素C较多的水果蔬菜等，少吃辛辣、高糖、高盐的食物。

最后，坚持科学的面部护理与按摩也是十分重要的。它能促进血液的循环，使面容更加红润健康。

无论男性女性，都应该注意自己的面容修饰，让亮丽的容颜增加你的吸引力。

把稀疏头发变浓密，**让你的形象更有活力**

头发较为稀疏的人，常常会给人一种年龄较大或者缺少魅力的感觉。于是，许多人便常常烫发，以使头发看上去变得丰厚一些。其实这个方法是不适当的，因为经常烫发会使发质受到损伤，对头发稀疏的人更为不适宜。

那么，到底该如何使稀疏的头发变多呢？可以通过以下一些简单可行的护法技巧，使头发变“浓”。

（1）剪个齐发脚的短发，使人在比例上感到头发浓密。长发会使稀薄的头发显得更稀少，削发也会使头发显薄，所以一定要齐着发脚剪。

（2）可以电卷头发，主要指卷起底层的头发，以增加头发的厚度。

（3）经常梳理头发，能刺激血液循环，有利于头发生长期的延长，避免头发的过早脱落。头发稀少者在梳理的过程中，一定要讲究方法适当。

一是注意步骤。由里向外梳(头部中线向两侧)，再从后脑往前梳，然后再顺发型。

二是次数。早晚轻轻各梳一次，不可用力过猛，避免扯断头发。

三是梳具。梳、刷和卷筒要常清洗，以保持洁净。头发稀少者需选用梳齿稍密的梳子，有利于对头皮血管神经的良性刺激，不要用塑胶发梳，以免产生静电，造成对干性头发的伤害。

（4）适当而合理地吹理，不仅能使头发蓬松，显得密、厚，而且从外观上可以掩盖头发稀少的缺陷。但是，应注意吹发的次数不要过多，否则会造成头发的干枯和脱落。

（5）调整膳食。安排膳食要讲究科学性，切忌偏食，这也是防止头发稀疏的重要措施。平时要注意限制动物性脂肪和纯糖类食品，粮、豆类、绿色瓜果、紫菜、海带、黑芝麻、蛋、蔬菜等，这些食物对酸性物质有抑制作用。各种动物的肝脏含铜元素较多，柿子、西红柿、土豆、菠菜中也含有一定量的铜、铁等微量元素，对于合成黑色素颗粒物、防止头发稀疏和花白有颇多益处。此外，头发油腻者应选食富含维生素A较多的韭菜、胡萝卜、南瓜、橘子等，对皮脂溢出有明显的抑制作用。

凡头发稀疏者一定要保持精神舒畅、劳逸结合和充足睡眠，切忌紧张、忧郁、思虑过度。

如果你有头发稀疏的困扰，从现在开始就行动起来吧，学会上述护理技巧，一定能让你的头发变浓密，让你更有自信和活力，让你的形象看起来更健康。

细心修饰**眉毛的美丽**

眉毛对人形象气质的影响非常大，想拥有一个好形象，就要从眉毛开始，进行美丽规划。

首先要根据眼睑缘的形状，从内眦角沿着上睑的睫毛延至外眦角设计一条眼虚线，一般眉毛的弧度应该和这条眼虚线的弧度相平行。眉头的标准位置位于内眦角的正上方，两眉头之间的距离约相当于一只眼睛的长度。眉峰的位置在眉梢到眉头距离的外1/3，大约是在外眦角的上端。眉梢自眉峰起微微向下倾斜，眉梢的末端和眉头应该大致在一条水平线上。

眉毛位置与眼、鼻、唇之间还有一定关联：

（1）眉头与内眦角和鼻翼外缘应该在一条垂直线上。

（2）眉峰与外眦角应该在一条垂直线上。

（3）眉梢、外眦角、鼻翼和唇峰四点应在一条斜直线上。

无论是画眉还是修眉，都应该注意这些位置关系，然后再结合自己的脸形设计不同的眉形。如果眉头过于向脸的正中靠近，往往显得很凶，让人觉得很紧张、严肃；如果眉头过于远离脸中线，也会显得“苦相”。眉峰位置的高度，以及眉峰与眉头、眉梢之间的关系，也直接影响着人的外貌。眉峰到眉头有一定斜度的人，显得有英气。眉梢越高，脸显得越长；眉峰低，脸形会显得较宽。

眉梢的位置对人的脸形也有影响。比较平的眉梢，可以缩短并加宽脸形，给人文雅的感觉；向上挑的眉梢，给人感觉活泼，但若过分向上挑，则给人感觉比较“愤怒”；眉梢向下斜，给人以温柔感，但过分向下斜又不美观。

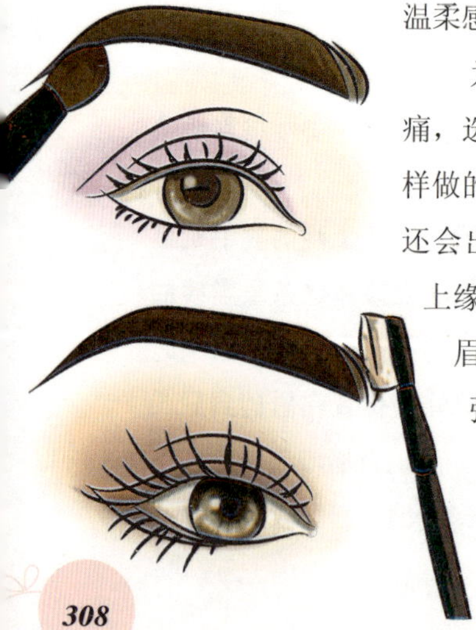

为了更彻底地修眉，很多女性不顾疼痛，选择用小镊子拔除多余的眉毛，但是这样做的结果是：长出的眉毛更加杂乱，眼皮还会出现松弛的现象。因为眉毛长在眼眶上缘，这个部位的肌肤本来就很脆弱，拔眉毛时的反复拉扯动作很容易令肌肤松弛、产生皱纹。而且眉毛周围神经血管比较丰富，若常拔眉毛，易对神经血管产生不良刺激，使面部肌肉运动失调，从而出现疼痛、视物模糊或复视等症状，还有引发皮炎、毛囊炎的可能。

此外，眉毛拔除后，使毛囊张开，而如果不及时采取收敛护理，很容易感染发炎，造成红肿或暗沉。所以修眉最好是用眉刀刮，而不是用镊子拔。

迷人的双眼需要外护和内养

每一个人都想拥有美丽迷人、会说话的眼睛。眼睛不美，即使其他部位再美，也会失色；而如果眼睛明亮动人，那么其他部位即使差了些，也照样可以留给别人美的印象。因此，眼睛的美化是不可忽视的。要想拥有一双迷人的眼睛，就应当对眼睛加以特别的保护，不但使它美丽，而且要使它健康。所以，迷人的双眼需要外护和内养结合。除了化妆之外，基本的保养也是不可或缺的。

1.外护。

如果说眼睛是心灵的窗户，那么我们的眼睑就是它独一无二的窗帘，为眼睛提供保护和清洁。所以说，眼睛的保养在很大程度上是指对眼部皮肤的护理和滋润。眼部周围的皮肤拥有的皮脂腺非常少，所以是最纤薄、最敏感的，很容易处于缺水的状态。想保持眼睑的平滑明净，要重视补充足够的水分。

每天早晚的眼部护理程序，尤其是在干燥的季节和环境中时更不能忽视。在早晨，轻柔的喱状眼部净化露、凝露是年轻肌肤最理想的选择，而在晚上可以选择更富有滋养以及修复作用的眼

部精华液和眼霜。定期做眼膜能使眼部肌肤重获生机，让你的眼睛时刻如秋水般澄澈明净。

眼部使用的产品最关键的原则是安全，一定要选用经过眼科检测的产品。对眼部的彩妆，一定要使用眼部专用的卸妆液，不仅卸妆快捷容易，也不会损伤到娇嫩的眼睛及眼部肌肤。当然，即使是选对了产品，仍然要注意卸妆的手势应轻柔细致。

2.内养。

眼睛应有充分的休息，眼睛疲倦除了影响美丽之外，还会伤害眼睛。首先要知道怎样避免眼睛疲倦，其次疲倦了应当知道怎样休息。

一般造成眼睛疲倦的原因，第一是在光线不足的灯光下阅读；第二是做细小的工作，令眼睛太过专注而产生疲劳；第三是用不正确的方法看电视。阅读时光线要足够，在电灯下阅读，应该选择80～100瓦的灯光，电灯的位置应该高于视平线，书的位置应当放于灯的一边，才能避免反光，书与你眼睛应保持35～40厘米的距离。有些工作，如抄写、打字、统计、速记、做针线等，很容易使眼睛疲倦，所以隔一段时间，应让眼睛休息2～3分钟，休息的方法是让眼睛看远处的东西，如墙壁、天花板，如果能凭窗眺望几分钟更好。

眼睛是对光线最敏感的器官，紫外线对眼部肌肤的伤害当然不用多说，同时过多的强光刺激还会增加患白内障的概率。养成在明亮的光线下戴太阳眼镜的习惯，在保护眼睛的同时，也有效防止因强光照射引起的眯眼而使得皱纹提早出现。

眼睛明亮与否，与营养有密切的关系。一般而言，眼睛出现混浊的人，多是由于过分吃肉类、细粮类等食物，而鲜果、蔬菜等食物摄入太少。宜多吃有利于眼睛的食物和水果，例如鱼类、肝脏、橙汁等。

睡眠适量充足、精神愉快、身体健康，自然有动态美的表现。睡眠前若能够用鲜奶洗眼一次，也是很优良的美眼方法。用鲜奶来洗涤，可将眼睛所留存的不需要物质清除，同时由于鲜奶含有酵素及种种营养成分，对眼睛有补充营养的作用。

茶中含有维生素C，茶叶中的单宁酸也非常丰富，对清净眼睛有很大的功效。睡眠前用茶洗眼一次，对眼的美丽极有效果，其中以清茶类如水仙、龙井、寿眉等未经制炼的较佳，所以饮茶对美容也是一个良好的方法。

想要拥有闪亮迷人的眼睛，就行动起来吧，外护和内养一个也不能少。

护耳运动做起来

日常生活中，经常会遇到一些年轻女性，面部妆容妩媚动人，服装穿戴标新立异，可耳朵却没有修饰。当她们转到侧面时，露出暗淡的耳朵和闪光的耳环，是那样不协调，难免会给形象减分。所以，我们千万不要忽视对耳朵的保养和修饰。

1.耳朵的修饰。

大耳朵的修饰方法：如果你的耳朵较大，可以选择比肤色略深的粉底修饰耳朵；饰品则应与脸形结合，选择稍大的耳饰，但不要太重，以免把耳朵坠得更长；发型以较长带卷的波浪形为宜。

小耳朵的修饰方法：化妆时要保证耳朵和肤色的统一，可以均匀地在耳朵上打与面部一致的粉底；要选择较小的耳部饰品，以有光泽感的小耳钉、小耳环为主；发型可遮住一半耳朵，或用不对称发式露出一边的耳朵。

2.耳朵的保养。

揉耳运动：将双手掌搓热，用双手掌的掌心对准耳郭轻轻揉搓，先上下揉，再前后揉，最后转圈揉，直到局部发红发热为止。

捏耳运动：握住双耳的耳垂，运用拇指、食指轻巧而有节奏地捏压耳垂的正中区域，则会收到美容的功效。每天2～3次，每次1分钟。长期坚持，既有美容的作用，又能增添双耳的风采。

搓耳运动：握住双耳郭，先从前向后搓49次，再从后向前搓49次，以耳郭皮肤略有潮红、局部稍有烘热感为宜。每天早、晚各进行一次。搓过双耳后会有一种神志清爽、容光焕发的感觉。需要注意的是，患某些慢性疾病的人，在搓耳之后，还要搓相应的区域，如高血压患者，用拇指搓耳轮后沟，向下搓时用力稍微重一点，向上搓时用力稍微轻一点。

第十篇

气质女人只穿对的，不穿贵的

PART 01 服装不仅让你看起来漂亮，更重要的是增加自信

用衣服包装自我，**用自信打动他人**

美国商人希尔在创业之初，就意识到了服饰的作用，他清楚地认识到，商业社会中，一般人是根据一个人的衣着来判断对方的实力的，因此他首先去拜访裁缝。靠着往日的信用，希尔定做了3套昂贵的西服，共花了275美元，而当时他的口袋里仅有不到1美元的零钱。然后他又买了一整套最好的衬衫、衣领、领带、吊带及内衣裤，而这时他的债务已经达到了675美元。

每天早上，他都会身穿一套全新的衣服，在同一个时间里、同一个街道与某位富裕的出版商“邂逅”，希尔每天都和他打招呼，并偶尔聊上一两分钟。这种例行性会面大约进行了一星期之后，出版商开始主动与希尔搭话，并说：“你看起来混得相当不错。”

接着出版商便想知道希尔从事哪种行业。因为希尔的衣着所表现出来的这种极有成就的气质，再加上每天一套不同的新衣服，已引起了出版商极大的好奇心，这正是希尔盼望发生的情况。希尔于是很轻松地告诉出版商："我正在筹备一份新杂志，打算在近期内争取出版，杂志的名称为《希尔的黄金定律》。"出版商说："我是从事杂志印刷及发行的，也许我可以帮你的忙。"

这正是希尔所等候的那一刻，而当他购买这些新衣服时，他心中已想到了这一刻。后来，这位出版商邀请希尔到他的俱乐部和他共进午餐，在咖啡和香烟尚未送上桌前，已"说服了希尔"答应和他签合约，由他负责印刷及发行希尔的杂志。希尔甚至"答应"允许他提供资金并不收取任何利息。

发行《希尔的黄金定律》这本杂志所需要的资金至少在3万美元以上，而其中的每一分钱都是从漂亮衣服所创造的"幌子"上筹集来的。

希尔的成功很有力地证明了衣着对一个人的巨大作用。如果当初他根本不注重衣着，那么那位出版商肯定连看都不愿看他，更不会帮他出版杂志了。

据社会心理学家估计，第一印象的93%是由服装、外表修饰和非语言信息组成。服饰是一种无声语言，不但能给对方留下一定的审美观感，而且还能反映你个人的气质、性格、内心世界。它在很大程度上决定了别人对你的喜欢程度。

美国的心理学者雷诺·毕克曼做了以下有趣的实验。在纽约机场和中央火车站的电话亭里，在任何人都可以看到的地方，放了10美分，等到一有人进入电话亭，约2分钟后敲门说：“对不起，我在这里放了10美分，不知道你有没有看到？”结果退还钱的比率差异较大，询问者服装整齐时占77%，而询问者衣服较寒酸时则占38%。

因此可以看出，衣服一定程度上决定了别人对你的印象和态度。一套得体的服装会带给你自信，从而使别人更愿意与你交往。着装艺术不仅给人以好感，同时还直接反映出一个人的修养、气质与情操。它往往能在别人尚未认识你或你的才华之前，向他们透露你是何种人物。因此，在这方面稍下一点功夫，是会事半功倍的。

所以，你要学会用服装来包装自我，选择带给你自信的优质服装，不但可以掩盖你身材的不足，还可以衬托形体的优势，并在心理上消除由于对外表不满带来的焦虑。优质的服装还可以积极地调整穿衣者的态度，它有强烈的暗示作用，在心理上提示自己表现得要如同自己的服装一样出色。另外，它还能够增加着装人的成就感，让你表现得自豪、沉着、优雅。

因而，你不一定穿自己喜欢的衣服，但你一定要穿让你自信的衣服，它绝对会在很多层面上影响你的工作、你的生活。穿着自信的衣服时，你在3秒钟之内可以抓住别人的视线；如果你抓住别人的视线，你在3分钟之内才可能得到别人的注意力；如果你得到别人的注意力，才有后面30分钟跟别人交谈的机会。所以每天出门的时候，你要先照一下镜子，看看自己有没有穿着吸引别人的服装。

衣着对一个人的影响非常大，一个不讲究衣着、对衣着缺乏品位的人，人际关系的效果势必会受到影响。因此，你若想有个好形象，从现在起，请立即注重你的衣着。用衣装来包装自我，用自信来打动他人。

让身高不再是美丽的距离

很多人为自己长得矮小而烦恼，他们认为身材矮小让自己与美丽产生了距离。其实个子矮小的人完全可以凭借衣服让自己看起来更高些，而完全不必为此烦恼。掌握了下面这些穿衣方法，你就能显得更高、更有自信。

1.穿对颜色就显高。

一般来讲，浅色比深色显高，暖色比冷色显高，艳色比浊色显高。从人对色彩的视觉感知和心理感知来讲，浅色、暖色、艳色都是膨胀色，深色、冷色、浊色都是收缩色。所以，个矮的人应多选择穿浅色、暖色和艳色的服装，尽量回避深暗、灰浊的色彩。并且全身服装的色调最好相同或相近，这样可以修长身形，如果色彩搭配对比太强烈，个子就会显得更矮。上下身不同颜色的衣服也可以穿，但要注意颜色面积的比例，上下身颜色的面积比例以2：3或3：2为宜。最好上浅下深，把别人的注意力引向头部或肩部。

同色的鞋和袜，或样式简单、狭长的裤子可使腿部看起来修长，以增加身体高度感。高跟鞋的样式宜斯文大方，丝袜不宜过花、过浅。

2.选对款式就显高。

个子矮的人在选择上衣时应避免选择过长、过复杂的款式，简洁大方的短款或不到膝盖的直线条小长款能起到拉长身段的效果，让你看起来干练而不拖沓。选择裤子时最好避免过于肥大的裤型，选择直筒裤或小微喇，采用短衣配长裤，就能在视觉上起到拉长腿型的效果。还有一个小细节要注意，裤袋的开口应尽量以纵切线或斜切线来代替横切线，因为纵向线条会显高，线条越少越显高，而横切线往往会显矮、显胖。

如果你喜欢穿裙子，裙子的长度很重要，最好不要超过膝盖，太长的裙子会显得更矮。若穿衣裙套装，上衣或外套的长度最好在臀部最宽处3厘米以上，或刚刚长及腰部，这样会使人看起来较高。裙子上千万不能有印花或绣花等，以免穿上后显得又矮又胖。

3.挑对面料就显高。

个子矮的人选择服装面料以光滑平整为佳。服装样式也应尽可能地简单，但一定要制作精致，上装的腰线可以略微提高一点。衣料可选择柔软贴身的那种，使穿起来的你有种颀长的感觉。衣料的图案、花纹宜小而碎，颜色不必太抢眼。

另外，单襟、直褶都适合矮个子的人。而脚花、带子缚上足踝的鞋子都应避免。佩戴的珠宝饰物也不宜过大，但丝巾或领带会使人看起来文雅而修长。

记住，个子矮的人只要懂得一些服装的搭配方法，保持自信与苗条身材，一样可以吸引别人的目光。

女性**自信着装**的3大原则

我们经常说："女性可以用美丽征服世界。"这种美丽，肯定不只是长得美，而是兼含内在与外在和谐统一的美感。而表现于外在，最迅速、最有效的就是女性的着装。

当今时代，是崇尚自由的时代，这种自由也渗透到了穿衣打扮之中。但是，这并不是说我们就可以随便着装了，在必要的场合，遵循着装的基本原则还是必不可少的。如果我们遵循了着装的原则，不仅可以使我们看起来更加得体，也会使女性更加自信。下面，我们就介绍一下女性着装的3大原则。

1.季节与着装色彩的搭配原则。

一年四季，严寒酷暑不停地变换，为了适应季节，我们的服装也会随之发生变化。但是，不同的季节，着装的色彩也要遵循一些基本的原则。

（1）春秋季节。

春季是万物复苏的季节，因此，这个阶段的着装应采用暖色系的色彩来体现这时的生机勃勃。秋季是丰收的季节，也是一个充满诗情画意的季节，此时可采用中间色和中明度色来体现秋天的成熟。

春秋季节没有什么特殊限制的季节，可以根据自己的特点和爱好来选择。在面料和款式上，柔软而有光泽的质料比较受人们的欢迎。

（2）夏季。

夏天气温很高，很容易使人浮躁不安。因此，此阶段的服装色彩应以冷色、浅色为主。尤其是蓝色，能让人眼睛一亮，倍感清新。蓝色与其他颜色搭配也可以相得益彰。在面料选择上，由于人体易出汗，所以应选透气性强、吸湿性好的纯棉、纯麻和丝绸面料。

（3）冬季。

冬季寒冷，因此可以选用色彩鲜艳、热烈的颜色，给人以温暖的感觉。面料上可以选择保温性强的呢、绒、毛料、皮等。

2.流行与适合自己的个性相结合的原则。

对于爱美的女性来说，选择当前最流行的服装是必要的，因为流行代表着充满活力、永远年轻的生活态度。但是，也要与自己的个性相符。

每一季流行的清单上，女人最应该注意的是哪些适合自己。女人的装束，不一定每件都是名品，但一个季节至少应该选择一套略高于自己消费能力的高档时装，这会使你自信心倍增。

高级和廉价可以混着来穿。比如一些T恤衫之类的可替代性较强的服饰，可以不必买名牌，只要借鉴一下名牌的款式和色彩就可以了，然后和自己高级的服饰搭配，这样就可以用比较少的钱穿出大牌的品位。

3.总体着装原则。

（1）不要在办公室穿太紧、太透、太性感的衣服。

（2）不要穿得过于男性化。

（3）不要盲目追赶时装潮流。

（4）要每天改变上班穿的裙子长度、款式和

颜色。

（5）在办公室与人洽谈业务时，不要一会儿脱掉外衣，一会儿又穿上，这样会分散对方的注意力，也会给对方带来不稳重的感觉。

（6）佩戴的饰品不要太低廉、太累赘，这样会给人俗气的印象。首饰佩戴应该大方得体。

（7）衣服上不要喷太浓的香水，这样会使人觉得俗不可耐，并且不敢靠近。

（8）不要穿抽丝的丝袜或者露出线条的内裤上班。这样就算你的腿形再美，也会失去美感。

（9）在穿衣打扮之前，先明确自己要和什么样的人会面，再来决定穿什么样的衣服。

（10）衣服的色彩搭配十分重要。一般而言，正式场合不要穿色彩反差太大的衣服。

总之，合适、得体的着装可以把女性变得更加可爱、更加具有吸引力。从女性自身来说，出色的着装，可以使自己具备饱满的自信和工作热情，进而在工作和社交中给大家留下良好印象，使自己获得成功。

PART 02 根据职业特点选择职业装

职业女性——穿出你专业领域里的“THE TOP”（首席）架势

得体的穿着是迈向成功的必修课，对于每一个向往成功的人来说，如何正确地穿着与如何正确决策并行动同样重要。穿着得体虽然不能保证你一定会成功，但是穿着不当往往会失败。

女性在穿着前，首先要衡量自己在事业与生活中扮演的角色和所处的地位，以选择适宜的穿戴。职业女性的穿着一定要符合自己的职业身份，也适合个人不同的气质和体形特点。下面我们对部分不同职业性质的女性穿着做一番分析。

1.女医生的穿着。

正如大家对医生的想法一样，穿白色外衣，加上听诊器、笔及文件夹的装扮是年轻女医生们最合适的装扮。这种典型的医生装扮，明确地告诉了其他工作人员及病人“我是医生”，而大家通常也会以对医生的态度来对她。

建议女医生们穿淡色的上衣时，最好不要穿白色的。白色上衣与白色外套混在一起会降低女医生的权威性造成反效果。上衣最好是衬衫型或圆领针织衣，要不就是没有荷叶边、花边等女性化的装饰。而只要是在诊治病人，就一定要穿上白外套。千万不要戴各种装饰物，这会造成反效果。

2.女会计师的穿着。

对女性会计师而言，最好的衣着是纯灰色套装配上白色上衣，其次是深灰色套装配上白色上衣，第三个选择是淡灰色套装配白色上衣。对会计师而言，灰色与白色通常是最佳选择。蓝色系列的效果也不错，其中以海军蓝及中等蓝色的套装配以白色上衣为最佳。花格子套装对女性会计师而言并不是太合适。

另外，对于女会计师来说，应该拿的是一个大的、皮质的、看起来男性化的公文包，而不宜拿手提袋。当女会计师到客户处办公事时，穿一套比较保守的裙子套装，携带一个合适的

公文包，会给对方一个好的印象，而且很容易进入工作状态。

3.女科学家及女工程师的穿着。

对在实验室工作的女科学人员而言，如果因工作需要，大家都穿实验衣，那么你也应该与大家一样穿戴。在实验室里边，应该穿淡色上衣配以深色、素色的裙子，但上衣不要与实验衣同一颜色。如果你的实验衣是白色，那么配以淡蓝色上衣最好；若是蓝色，则要配黄色或浅褐色上衣为好，同时穿无跟、无鞋带的鞋子最佳。

时髦的衣服在实验室里往往是无法被接受的。即使有一副模特身材的人，也不要将这些衣服穿进实验室。因为穿时髦衣服上班，与其他较传统的女科学人员相比，这种人反而显得没有地位，也不被认为是科技工作者。在这一点上，对女工程师们也是相同的。

4.女记者的穿着。

如果你是位女记者，你当然不愿意采访对象不合作，你希望的是被采访者能够轻松地发表他们的意见。因此，如果是与一般大众接触，应该要避免穿具有权威性的衣服；而在采访企业主管或是政府高级官员时，则可以穿有端庄感的裙子套装。

5.女艺术教员的穿着。

女音乐教师的穿着，应以简洁多变为宜。除了在音乐课上给学生以艺术上的享受之外，女音乐教师在服装上也应带给学生视觉上的美感，简洁、庄重、大方，不过分夸张与花哨，以获得与工作环境的协调。当然，要求款式简洁，并不意味着服装的单一乏味、一成不变，可以在面料质地、花边及饰物的点缀上稍做文章。

女舞蹈教师的穿着，讲究随意舒适。女舞蹈教师大都身材修长，苗条似柳，曲线优美，四肢灵活。但是由于其工作性质的特殊性，使得她们在课堂上的服装大受限制，衣裙翩翩、佩玉叮咚之类的装束对于她们不太合适。在课堂上，作为舞蹈教师，她们的服装应该舒适、随意，便于活动。

随着人们生活水平的提高，年轻而精干的职业女性越来越将大量的资金和时间用在穿着上。但是，无论什么时候都要注意，自己的穿着应该符合自己的职业，这样才会使你的形象具备专业领域里的“THE TOP”（首席）架势。

避开职业着装的5大忌讳

在日常工作中，讲究仪表特别重要的一点，就是要规范自己的服饰。莎士比亚曾经说过，一个人的穿着打扮就是他的教养阅历和社会地位的标志。所以，对职业着装最基本的要求是得体、整洁、典雅。一般而言，着装有“破、脏、怪、乱、短”的忌讳。

1.忌破。

破，是指服装破损。任何一个公司都不会允许职员穿着破损的衣服来工作，这是对公司形象的一种损害。要是职员在办公时所穿的服装这儿撕开一个口子、那儿烧了一个窟窿，甚至连纽扣也不齐全，是难以使人信服其工作认真、严谨的。所以，纵使因为不慎，而使自己的办公服装“挂花”，你也要尽快采取补救措施，如更换、缝补等，而不宜令其为外人所见。

2.忌脏。

脏，就是懒于换洗衣服，使自己的衣服皱皱巴巴，满是油污、汗迹、汤渍，甚至令人看不出衣服本来的颜色，或是其异味令人掩鼻。整天穿着脏兮兮的衣服上班的人，多会给人一蹶不振的感觉，而且还会让人怀疑其心灰意冷，对生活丧失了信心。务必要牢记，工作再忙，身体再累，都不能成为自己整天穿着脏衣服来办公上班的理由。

3.忌怪。

怪，就是指着装过分怪异奇特。就目前而论，着装怪异主要可分为三种：其一是款式过异，如“乞丐装”就是一例；其二是搭配过异，即不按常规进行搭配，比如把长衫穿在里面，而将短衫穿在外面；其三是穿法过异，即不依照正常的方法穿着服饰，例如把衬衫围在腰上，把太阳镜支在头顶。这种着装过异的做法是不可取的。

4.忌乱。

乱，就是穿着不合规范。如把适合于在办公时穿着的服装穿得不像样子，如裤管与袖口非要卷得高高的不可；或是把本不协调的服装强行搭配在一起，如穿西装套装时配布鞋、凉鞋等。

5.忌短。

短，在这里是指着装过于短小。根据礼仪规范，一般来说，职业人士在办公时，背心、马夹、短裤都是不适宜穿着的。同时应当指出，职业人士在办公时的着装应当大小、长短合身。切不可使之过于短小、不合身甚至捉襟见肘，显得自己有些小家子气。

总之，在职业着装打扮方面，我们应保持端庄、自然、大方、简约的良好形象，并符合自己的身份和工作需要。

不合时宜的性感会削弱你的权威和信任度

过分的性感是商业会晤和事业成功的杀手，但是，不修边幅、不在乎外表的习惯也一样是抑制女人事业发展的因素。而这正是在一些中国女性中所常见的。她们忽略甚至完全不在乎自己的外表，常常不修饰自己，穿着质量低劣、没有风格和品位的服装就走进了办公室的大门。

很多女人依靠自己的本能，选择了自己认为最得体的服装。还有很多女人在对服装的选择中，并不考虑服装对于事业的影响，而仅仅考虑到实用和舒适。更加让人遗憾的是，当一个女人穿衣不当、不修边幅时，却很少会有人直率、真诚地告诉她，这样的着装会破坏她的事业发展。因此，很多兢兢业业的女人根本不知道自己的事业长期停滞不前的重要原因。

还有一些人，喜欢穿过分性感的衣服，比如“透”“露”装。透明的衣装已成为当今城市夏天一个美丽的时尚重点，但是，如果不懂区分场合，“透”“露”装的情形就更为微妙，往往让他人感到尴尬。比如，有的女性喜欢把“透”“露”装穿到办公室里去，这不仅与办公室的气氛格格不入，降低了办公的效率，还有损自己的形象。

在生活中，很少有人告诉我们女人在各种场合下应该如何着装，没有人告诉我们着装不当的恶劣后果，我们的意识中没有这样的概念：引人注目的、高质量的、有品位的外表让别人尊重你，女人的着装反映了一个女人的能力，出色的外表对女人的事业起着推波助澜的作用。因此，很多女人并不对自己的外表付出任何努力，其结果是她们自己的事业付出了代价。

性感的女人能吸引更多的目光，因此，很多女士都喜欢把自己装扮得性感一些，然而并不是任何时候的性感都能取得良好的效果。因此，女性在职业着装方面，应该特别注意，不要让不合时宜的性感削弱了你的权威和信任度，损坏了你的职业形象。

套裙——打造职场女性的优雅魅力

套裙是西装套裙的简称，一般分为两种基本类型：一种是用女式西装上衣和随便一条裙子进行的自由搭配组合成的“随意型”；一种是女式西装上衣和裙子成套设计、制作而成的“标准型”。套裙是最适合职业女性在正式场合穿着的裙式服装，可以塑造出职业女性端庄干练的形象。

关于套裙的选择，有下列几点需要注意：

1.质地。

一套在正式场合穿着的套裙，应该由高档面料缝制，上衣和裙子要采用同一质地、同一素色的面料。在造型上讲究为着装者扬长避短，所以提倡量体裁衣、做工讲究。上衣注重平整、挺括、贴身，较少使用饰物和花边进行点缀；裙子要以窄裙为主，并且裙长要到膝盖或者过膝。

2.颜色。

套裙的颜色应以冷色调为主，清新、淡雅、凝重，以体现着装者的典雅、端庄和稳重。藏青、炭黑、茶褐、土黄等稍冷一些的色彩都可以，不要选鲜亮抢眼的。有时套裙的上衣和裙子可以是一色，也可以是上浅下深或上深下浅等两种不同的色彩，这样形成鲜明的对比，可以强化它留给别人的印象。

3.图案。

正式场合穿的套裙，要讲究朴素而简洁，可以不带任何图案。以方格为主体图案的套裙，可以使人静中有动，充满活力。套裙上尽量不要添加过多的点缀，否则会显得杂乱而小气。如果喜欢，可以选择少而且制作精美、简单的配饰物。如穿着同色的套裙，可以用和套裙不同颜色的衬衫、领花、丝巾、胸针、围巾等衣饰来加以点缀，显得生动活泼。另外，还可以采用不同色彩的面料，来制作套裙的衣领、兜盖、前襟、下摆，这样也可以使套裙的色彩看起来比较活泼。为避免显得杂乱无章，一套套裙的全部色彩不应超过两种。

4.长短。

套裙的上衣和裙子的长短没有明确的规定，一般认为“裙短不雅，裙长无神”。最理想的裙长，是裙子的下摆恰好抵达小腿肚最丰满的地方。套裙中的超短裙，裙长应不短于膝盖以上15厘米。

关于套裙的穿着和搭配，还应该注意以下几点：

1.长短。

套裙的上衣最短可以齐腰，裙子最长可以达到小腿中部，上衣的袖长要盖住手腕。

2.端正。

套裙属于正式服装，一定要穿得端端正正。上衣的领子要完全翻好，衣袋的盖子要拉出来盖住衣袋或披、搭在身上；衣扣一律全部系上，不允许部分或全部解开，更不允许当着别人的面随便脱下上衣。

3.场合。

女士在各种正式活动中，一般以穿着套裙为好，但当出席宴会、舞会、音乐会时，就可以选择和这类场面相协调的礼服或时装。在这种场合还穿套裙的话，会使你和现场气氛格格不入，还有可能影响别人的情绪。

4.妆饰。

穿套裙一定要注意统一着装、化妆和配饰的风格，维护好个人的形象，不能不化妆，但也不能化浓妆。选配饰也要少，在工作岗位上，不佩戴任何首饰也是可以的。

5.仪态。

当穿上套裙后，站要站得又稳又正。就座以后，务必注意姿态，不要双腿分开过大，或是跷起一条腿来，抖动脚尖；更不可以脚尖挑鞋直晃，甚至当众脱下鞋来。走路时不能大步地奔跑，而只能小碎步走，步子要轻而稳。拿自己够不着的东西，可以请他人帮忙，千万不要逞强，尤其是不要踮起脚尖、伸直胳膊费力地去够，或是俯身、探头去拿。

6.衬裙。

穿套裙的时候一定要穿衬裙。特别是穿丝、棉、麻等薄型面料或浅色面料的套裙时，假如不穿衬裙，就很有可能使内衣“活灵活现”。

衬裙可以选择透气、吸汗、单薄、柔软的面料，而且应为纯色，如白色、肉色等，必须和外面套裙的色彩相协调。不要出现任何图案。大小也要合适，不要过于肥大。

另外，衬裙的裙腰也不能高于套裙的裙腰，不然就暴露在外了。要把衬衫下摆掖到衬裙裙腰和套裙裙腰之间，不可以掖到衬裙裙腰内。

穿套裙时，要注意鞋袜的选择。首先，用来和套裙配套的鞋子应该是皮鞋，黑色的牛皮鞋最好。和套裙色彩一致的皮鞋也可以选择。袜子可以是尼龙袜或羊毛袜，肉色、黑色、浅灰、浅棕色都可以，避免艳丽的颜色。

鞋、袜、裙之间的颜色要协调，鞋、裙的色彩应深于或略同于袜子的色彩。不论是鞋子还是袜子，图案和装饰都不要过多。一些加了网眼、镂空、珠饰、吊带、链扣，或印有时尚图案的鞋袜，只能给人肤浅的感觉。另外，穿套裙时要注意不要暴露袜口。暴露袜口是公认的既缺乏服饰品位又失礼的表现，特别是穿开衩裙时一定要注意。

总之，一套适合自己的套裙，可以让职业女性看起来专业而不失女性风韵，拥有干练而不失优雅的魅力形象。

女性外出办事时，**也要注重整体的职业形象**

小李是一位公司职员，每天都穿着职业装，在办公室里进行着按部就班的工作。

有一次，经理通知她第二天陪自己出去见一位客户，注意一下穿着。于是当晚，小李不惜重金给自己置办了一套最新款的时装，还找出了一些自己平时都不舍得戴的饰品。

第二天，小李打扮妥当，焕然一新地来到公司，没想到经理却看着她皱了皱眉，然后通知她不用去了，小李很疑惑。经理说："我们是去见客户的，不是去走T台的。"

很多爱美的女士，不大喜欢稳重严肃的职业装，一有机会就赶紧换上时尚前卫的服装。有些女士在外出工作时，认为离开办公室就可以自由装束了，于是擅自换上自己的时尚装，而给商务合作对象留下不良的印象。外出工作，最忌着装具有强烈的表现欲，这是需要尽量克制和避免的。色彩不可以复杂，而且应该注意与发型、妆容、手袋、鞋统一，不宜咄咄逼人，干扰对方视线，以至于造成视觉压力。所用饰品更不宜夸张。手袋可以选择款型稍大的公务手袋，也可选择优雅的电脑笔记本公文手袋，表现女性本身自信、干练的职业风采。

外出职业服装款式应注重整体的职业形象，要舒适、简洁、得体，便于走动，不宜穿着过紧或过于宽松、不透气或者面料较为粗糙的服装。当然，正式的场合仍然以西服套裙最为适应；较正式的场合也可选用简约、品质好的上装和裤装，并配以女式高跟鞋；较为宽松的场合，虽然可以在服装和鞋的款式上稍作调整，但职业特性是着装标准，不可不留意。

总体而言，外出职业装既要庄重，又不局限于沉闷，在沉稳中隐含着对自身职业的诠释，让合作伙伴看到你的时候就可以对你产生良好的第一印象，那么你的着装就成功了，你的工作也就成功了一半。

PART 03

风格是穿出来的美丽

选对衣服，穿出个性品位

选衣服绝对是一门学问。虽然我们没有服装造型师那么专业，但是用心琢磨这门学问还真可以让人受益匪浅。

1.自己喜欢的，并不是最好的。

对平常人来说，大多没有经受过专业的有关时尚方面的训练。所以大多数自己喜欢的穿着方式，从时装的角度来看，往往并不是入流的，有些甚至可能是恶俗和低劣的，回想一下大街上的某些镜头，真的是这样。所以，不要认为自己喜欢的就是最好的，就是必须坚持的。能引导潮流的人毕竟只是少数，而且必须要有时尚功底才有可能完全做到。

2.时尚品位需要不断地学习。

每个人喜欢和偏爱的东西，比如花布裙、蕾丝、蝴蝶结等，它们本身并没有错，关键还是看组合的方式，就是如何用时尚的而且是适合自己的方式表达出来。了解时尚讯息是最最关键的一步，也绝对是最快捷的一种方法。找一本适合自己风格和穿着的服饰书固定下来，每个月买一本就可以了。

3.固定服装品牌。

商场的衣服琳琅满目，但是我们必须要记住的是：并不是所有的衣服都是适合你的。适合一般主要表现在价位和风格上，要尝试着尽快确定价位和风格都合适的3～4个品牌，并尽量尝试着固定下来。固定的意思并不是说每一件衣服都挑选这些品牌之内的，但是外衣（就是外套、大衣、西装等）应尽量选择这些品牌。因为外衣往往是个人服饰风格最关键的部分，也是最能体现个人品位的。

4.固定着装风格。

对于25岁以上的普通人来说，一般应该开始着手尝试并选择固定的服装品牌。选择期可以有2～3年，2～3年后，也就是快30岁的时候，应该已经确定了服装品牌。下一步工作就是确定固定的个人着装风格。

风格，这对一个人或一件衣服来说，几乎是最重要的了。看一件衣服的时候，先不要单纯考虑颜色或者

款式，应该做的是大致揣摩这件衣服整体体现出来的风格，这种风格与自己的形象气质是否吻合。如果风格不是自己的，那就坚决放弃；如果风格吻合了，再考虑颜色和款式等方面的细节。

另外，在固定个人风格的时候要注意多样化，就是至少确定上班风格、休闲风格和晚会风格这三种，那样的话才不会太单调。

5.确定自己的主打色系和辅助色系。

根据自己的肤色、喜好等确定个人衣橱的主打色系，并尽量保持衣橱中60%衣服的颜色在主打色系之中。同时根据当季流行的色彩确定衣橱的辅助色系，并保持40%衣服的颜色在辅助色系中。

6.确定基础款和流行款的比例。

把个人衣橱中基础款式和流行款式的比例尽量保持在3∶2之间。这点其实很难做到，一般来说，每个人购物的时候，总想买那些款式最流行、颜色最耀眼的衣服，但如果每次购物的时候总是买这些的话，那么可以想象你的衣橱一定很糟糕。黑色长裤、米色风衣、白衬衫、圆领黑T恤之类的基础款衣服，它们在你衣橱中的比例一定要占60%以上，否则你的品位就可能有问题了。

7.摈弃模式化。

在前面6点全部做到之后，可以相信你的衣橱、着装已经做到基本不大容易挑出明显的毛病了。当然，这6点只是提高品位的捷径，但要有最佳的品位，单纯靠这6点是绝对不行的。答案很明显，那就是太模式化了。模式化本质上是与瞬息万变的时尚潮流完全不合拍的，所以，在模式化的基础上，适当加一些小小的灵感的大胆点缀，将让你的品位大大提升。小小的配饰等一些属于个人的东西，都可以尽情尝试。

提高自己的**衣饰修养**

服饰巧妙地搭配是女性流动的风景线。春天，让女人成为欢乐明亮的女神；夏天，让女人成为热情奔放的情人；秋天，让女人成为风韵犹存的妇人；冬天，让女人成为冷艳绝色的美人……

但是在现实生活中，每个女人都会迷失、彷徨，“永远都缺一件衣服”更成了女人在出门前常常拿来自嘲的一句话。不过不要紧，只要你够勤奋，真正地认识自己，并读懂服饰语言，每个女人都会变得分外美丽。

1.建立自己的穿衣风格。

我们不能妄谈拥有自己的一套美学，但应该有自己的审美倾向。而要做到这一点，就不能被千变万化的潮流所左右。我们应该在自己所欣赏的审美基调中，加入时尚的元素，融合成个人品位。比如，如果你只喜欢穿裙子的淑女感，也不必排斥阔腿长裤、九分裤等同样能传递出优雅感觉的裤装。融合了个人的气质、涵养、风格的穿着会体现出个性，而个性是最高境界的穿衣之道。

2.衣服要与你的年龄、身份、地位一起成长。

西方学者雅波特教授认为，在人与人的互动行为中，别人对你的观感只有7%是注意你的谈话内容，有38%是观察你的表达方式和沟通技巧（如态度、语气、形体语言等），但却有53%是判断你的外表是否和你的表现相称，也就是你看起来像不像你所表现的那个样子。因此，踏入职场之后，那些慵懒随意的学生形象，或者娇娇女般的“梦幻风格”都要主动回避。随着年龄的增长、职位的改变，你的穿着打扮也应该随之改变。记住，衣着是你的第一张名片。

3.基本服饰是你的镇山之宝。

虽然服饰的流行没有尽头，但一些基本的服饰是没有流行不流行之说的，比如及膝裙、粗花呢阔腿长裤、白衬衫……这些都是“衣坛常青树”，历久弥新，哪怕10年也不会过时。这些衣物是你衣橱的“镇橱之宝”、必备之品，所以选购时应选择材质上乘、剪裁得体的衣物。多花点儿钱买件优质品，不仅穿起来好看，而且穿着时间长，绝对值得。

4.资金受到限制时务必求精。

把眼光放得高些，学会挑剔，从款式、材质、颜色到剪裁、工艺……道道门槛都要过，不要因为偏爱某一个元素而忽视其他方面。如果你在买的时候就是犹豫不决的，那么几乎可以肯定，买回来后的这件衣服你肯定也很少光顾它。所以，哪怕只拥有几件出色的衣服也比有一柜子穿不出去的衣服强。

5.买和自己身材、肤色、气质能够“速配”的衣服。

专卖店精美的橱窗和优雅的店堂都是经过专业人士精心设计的，其目的就是营造出一种特别的气氛，突出服装的动人之处。但是，那些穿在模特身上或者陈列在货架上的漂亮衣服不一定适合你，不要在精致的灯光和导购小姐的游说造成的假象中迷失了自己。为了避免被一时的购物气氛迷惑，了解自己是非常重要的基础课程，读懂自己的身材、气质、肤色，才不会买回错误的衣服。

选择合适着装应注意的原则

着装是一种社会文化的体现，也是一个人文化修养和审美情趣的体现，它无声地介绍着一个人的身份、气质和内在素质。

从某种意义上说，服饰是一门艺术，服饰所能传达的情感与意蕴甚至不是用语言所能替代的。在不同场合，穿着得体、适度会给人留下良好的印象，而穿着不当则会降低身份，损害形象。

在社交场合，得体的服饰是一种礼貌，一定程度上直接影响着人际关系的和谐。影响着装效果的因素，主要有以下三个方面。

（1）文化修养和高雅的审美能力，即所谓“腹有诗书气自华”。

（2）健美的形体，它是着装美的天然条件。

（3）掌握着装的常识、着装原则和服饰礼仪的知识，这是达到内外和谐统一美的不可或缺的条件。

而现如今，人们公认的重要着装原则就是TPO原则。TPO是英文“Time、Place、Object”三个词首字母的缩写。T代表时间、季节、时代；P代表地点、场合、职位；O代表目的、对象。着装的TPO原则是世界通行的着装打扮的最基本的原则。它要求人们的服饰应力求和谐，以和谐为美。着装要与时间、季节相吻合，符合时令；要与所处场合环境，与不同国家、区域、民族的不同习俗相吻合；符合着装人的身份；要根据不同的交往目的，交往对象选择服饰，给人留下良好的印象。

根据TPO原则，着装时应注意以下几个问题：

（1）着装应与自身条件相适应。

选择服装最重要的是保持与自己的年龄、身份、体型、肤色、性格的和谐统一。

年长者、身份地位高者，选择服装款式不宜太新潮，而在款式和面料质地方面则应讲究些，以求与身份、年龄相吻合。

青少年着装应着重体现青春气息，以朴素、整洁为宜，当然能做到清新、活泼最好。“青春自有三分俏”，若因不合理的服饰破坏了青春朝气就得不偿失了。

（2）着装应与职业、场合、交往目的对象相协调。

着装要与职业、场合相宜，这是不可忽视的原则。工作时间的着装应遵循端庄、整洁、稳重、美观、和谐的原则，能给人以愉悦感和庄重感。从一个单位职业的着装和精神面貌，便能体现这个单位的工作作风和发展前景。现在越来越多的组织、企业、机关、学校开始重视统一着装，是很有积极意义的举措，这不仅给了着装者一分自豪，同时又多了一分自觉和约束，成为一个组织、一个单位的标志和象征。

着装应与场合、环境相适应。正式社交场合，着装宜庄重大方，不宜过于浮华。参加晚会或喜庆场合，服饰则可明亮、艳丽些。节假日、休闲时间着装应随意、轻便些，西装革履则显得拘谨而不适宜。家庭生活中，着休闲装、便装更有益于与家人之间沟通感情，营造轻松、愉悦、温馨的氛围。但不能穿睡衣拖鞋到大街上去购物或散步，那是不雅和失礼的。

着装应与交往对象、目的相适应。与外宾、少数民族相处，更要特别尊重他们的习俗禁忌。

总之，着装的最基本的原则是体现“和谐美”，上下装呼应和谐，饰物与服装色彩相配和谐，与身份、年龄、职业、肤色、体型和谐，与时令、季节、环境和谐等。

跟时尚学穿衣

有句广告经典名句：“女性主义就是败在‘爱情’和‘衣服’这两件事上。”相信大部分人有着深刻的体会和认同。那些即使是为了捍卫理念而走上街头激进抗争的女性主义者，也难免会碰上“衣橱里永远少一件衣服”的烦恼！

有趣的是，当全世界女人都在为那“永远少一件”的衣服而努力败家时，法国女人就是有办法成为每年全欧洲服饰和化妆品消费最少的族群；她们花的钱虽然少，打扮起来却永远都是那么优雅、美丽、有品位，甚至成为全世界的时尚标杆。她们并非个个都有苏菲·玛索或凯瑟琳·泽塔-琼斯的姣好容颜、魔鬼身材，可是她们几乎都懂得通过服装造型呈现自己最好、最美的一面，关键何在？关键就在：少即是多，用智慧打扮自己。

在高雅的品位和有限的金钱之间取得平衡，的确是需要智慧——了解自己的智慧、选择服饰的智慧、富含美学素养的搭配智慧、衣橱管理的智慧。并且，这种美丽的智慧绝对是可以，也是需要学习的。

美国一位世界知名的形象顾问认为：如果一个人想成为上流社会的一分子，在穿着方面若是不通过学习，采取耳濡目染的方式，那么至少要十年才有办法穿得像上流社会人士。问题是，我们不一定有机会可以长期和上流社会的人朝夕相处，这辈子如果想穿出品位，最快速的方法就是通过学习。在专家的指导下，从穿着的基本概念到灵活运用，都可以迅速地吸收成为自己的“智慧财产”，经过不断地练习，就能穿出真正属于自己的美丽，而非大众化地被流行浪潮所淹没。而在不断练习的过程中，美丽和自信与日俱增，钱包与衣橱的负担却减轻许多，这种快乐很难用文字形容，你一定要试试看才知道。

整理一下你的**衣橱**

作为一个女人，可以没有电脑，没有跑车，没有花园洋房，但绝不可能没有一个属于自己的衣橱。而且，不论这衣橱是原木的还是塑料的，它里面的内容都一样多姿多彩、气象万千。但是懂得修饰自己的女人往往不一定能打理好自己的衣橱，许多女人的衣橱打开后，都有相同的“症状”：塞得满满的，太多不合穿却舍不得丢掉的服装；而当有些场合需要自己展示魅力时，却一件得体的也找不到。你是否也有这种毛病？如果有，该是你整理衣橱的时候了。

首先一定要清楚自己的“基本服饰骨架”，它是一个人衣橱的“基础”，有了“基础”，再添加其他的物品，就会变得很好搭配。但大多数人并不知道“基本服饰骨架”的重要，因此衣服裤子不要只照着一时的感觉去买，虽然每一件看起来都还可以，但相互搭配起来不合适，结果造成尽管衣橱衣满为患，实际能派上用场的衣服却不多的现象。

衣橱保持八分满是保护衣服的大原则。一个拥挤的衣橱，空气无法流通，纤维不能呼吸，会对服饰造成意想不到的伤害；尤有甚者，你可能会发现，明明送洗、整理好放进去的衣服，拿出来穿时又皱了。

其实，只要想想：如果让不常穿、不能穿的衣服去破坏掉常常穿的、心爱的衣服，不是很得不偿失吗？因此你就要做出决定：什么是要的、什么是不要的。以下就是整理衣橱的几个步骤。

步骤1：先将太大、太小，不合尺寸的衣服都拿掉。

若真舍不得，或真的有减肥或增肥的计划，可以先将这些不合尺寸的衣服分类装箱，等达到目标后再拿出来穿也不迟。

接下来，你可以将不符合现在工作、身份、地位、年龄的衣服一并清理出来，若某件衣服有特别的纪念价值，或者让你每次看到它或穿起它就感到温暖快乐，可以用其他更有创意的方式收藏起来，而不是全吊在衣橱里，和其他衣服相互挤压。

超过一年没穿的服饰，你也要重新审视，最好也扔掉。对于那些不适合你身材的衣服，就更加不用考虑，立马扔掉。经过这种大清除后，你的衣橱会多出很多空间，你就可以自由安排了。在任何时候，若衣橱又太满，说明又有些衣服你要扔掉了，这时只要稍作清理即可，不会再占用你太多的时间。

步骤2：检查留下来的衣服。

在清理衣橱的同时，你更应该让决定留下来的每件服饰都派上用场，当下拿出立即可穿，而不是事后还需要烫、需要缝补，甚至是需要修改。想想也是如此，千挑万选留下来的衣服，当你决定今天要穿时，却发现它竟然有一块很明显的污渍，或者拉链坏了，岂不是完全白费心思，徒增烦恼。因此现在就赶快将所有留下来的服饰仔细检查一遍，将该缝的、该补的、该改的、该洗的、该烫的，都做“修复计划”，如果当下有时间处理，就赶快把所有需要修复的服饰都拿出来一次搞定；如果当下实在没空，建议你记在笔记本里头，安排时间进行衣物的修复工程。虽然费一番功夫，却为往后的生活带来无穷方便，绝对值得。

除了衣物之外，配饰也要记得整理。帽子、皮包、腰带、手套、袜子、鞋子、丝巾、首饰，也以同样的过程加以过滤。所不同的是，配饰难以修复如新，对于常需要佩戴、却已显岁月痕迹的，请马上写在购物卡上，添购补替。

步骤3：有系统地吊挂、摆放。

如此这般整理后，现在的服饰都已经是适合你的，并且随时可穿可用的衣物了。你要更进一步有系统地吊挂摆放服饰，才能在打开衣橱后一目了然，易取易配。

先依款式分类：你可以将“春夏”与“秋冬”的服饰分开吊挂。要是在炎热的夏日里，夏装混着厚厚的冬衣，你岂不是又要皱眉头了。不管是“春夏”或“秋冬”的衣橱，都先以款式做分类，例如衬衫类、外套类、夹克类、洋装类、长裙类、短裙类、长裤类等，将同一类的衣服吊挂在一起。此外，吊挂的次序也是非常重要的，逻辑的次序可以方便你的取物和搭配，譬如长裤、长裙、短裙，接着是衬衫、外套、夹克，再下来则是洋装。

你最好是将套装的外套和裙子也分开吊挂，因为如果套装的外套、裙子挂在一起，你会发现一辈子可能就只有一种穿法。现在，你已经将外套、裙子分开吊挂了，当你决定穿某件外套后，可以到下身区去检视所有的选择，你会忽然发现：原来这件外套还可以搭配另一条长裙、格子及膝裙、某件长裤等。一件外套忽然增加了好几种穿法，它的“身价”也立即水涨船高了。

再依颜色、材质或性质区分：款式分好后，再依照颜色、图案、正式或休闲的性质做出区分，如此会让衣橱更有条理。例如衬衫群里，所有白衬衫挂在一起、淡颜色的在一起、鲜艳的在一起、印花的在一起、正式豪华的在一起；长裙区里，黑色的在一起、有图案的在一起、休闲的在一起，等等。

在整理衣橱时应注意以下几点。

（1）每一件吊挂的衣物都要保持适当距离，不要挤在一起。

（2）衣架的选择不可不慎，尤其是较重的外套，要用宽厚坚固的衣架，肩膀处才不会变形；而细致的丝质衣物，则可用有海绵衬的衣架。

（3）纯丝、真假皮质等料子的长裤、裙子，在用衣夹吊挂时，夹子与衣物间要垫一层纸，以免产生难以磨灭的夹痕。有些衣物不适合吊挂，如很重的缀珠服饰、针织毛衣等，最好能以折叠方式收藏，并且折痕要越少越好，就在身体处由腰部往上对折一次，再将两个袖子折进来平放即可。

（4）重量较重的长洋装，可以自己在衣服内的左右腰际处各缝上一条细带子，长度是拉直时比上衣稍微短些，以这两条带子辅助吊挂，可以帮忙支撑重量、防止变形。

（5）折叠的衣物若怕产生皱纹，可以在折叠时放进薄薄一层棉纸，或将卷筒放在中央折处，将有助于减少皱褶。

步骤4：为你的服饰做搭配。

现在，你的衣橱已经是整齐而系统化了，你可以开始为所有的服饰做一下搭配。

例如一件西装外套，你好好看一下自己的衣橱，把你认为适合它的上身，无论衬衫、毛衣、针织衫皆可，下身（裤子或裙子）、鞋子、首饰，全都摊到床上看所有的选择；或者如做橱窗设计般地摆出整体搭配，如果看起来的效果不错，接下来你就可以试穿一下，依照刚才的搭配实际穿上，看看效果如何。

步骤5：列出衣柜新成员的采购清单。

在你的衣橱里，可能会有某些单品找不到它理想的伴侣，那么你就需要添一些新衣服。例如有一条裙子，始终找不到合适的上衣；或者一件心爱的洋装，永远都缺少一双可搭配的鞋子。对于这些服饰，你就要认真做一张购物提醒卡片，上面记录着：某某裙子，缺衬衫一件，或者某某长裤，缺外套一件。

另外，逛街时别忘了把这张购物卡片随身携带，如此就会清楚地知道自己实际上到底需要或想要些什么，而不再是漫无目的地乱逛，买回你已经有的或其他怎么配也配不起来的东西。

总之，衣橱应该像活水一样，新鲜的水不断流进来，旧的水不断排出去。你可以每次淘汰1/3或1/4的量，重点是每隔一段时间要检视衣橱一次，不让不合时宜的“过期”衣服阻碍你的美丽。等到衣橱里全换成目前最需要而且是最“新鲜”的服饰时，你的心情也就会非常非常愉悦。

第十一篇

你不是圣诞树，不必戴那么多配饰

PART 01 点睛配饰，助你形象增值

运用**小小胸针**，使胸前绽放出美丽

胸针一般别在服装的前胸部位，可以正中，也可以偏于一侧；可以别在外套的衣领，也可以别在前胸口袋处，有较大随意性。小小的胸针，可以使胸前绽放出夺目的光彩。

在线条不对称、不规则的服装上，如果将胸针别在正中部位可起到平衡的作用。在西服套装的领子边上别一枚带坠子的胸针，可使套服的庄重之中增添几丝活跃的动感。如果服装的色彩比较单纯，可以佩戴有花饰的胸针。装饰感很强的胸针可以在高贵与端庄中更显出独特的神采。如果上衣是多色彩的，下穿黑色的裙或裤，那么，在花上衣上别黑色的胸针，一定会有极佳的效果。因为黑色胸针与黑裙上下呼应，加上领圈、衣襟等黑边装饰，使黑色所形成的点、线、面装点整体的色调。

胸针的造型不一定都是复杂的、装饰味极浓厚的，有时简单的造型照样能起到良好的点缀效果。蓝紫色的连衣裙，翻出白色的领，落落大方，用白色方框型钻石胸针，使大片的蓝紫色有一种透气的感觉。色彩单纯，造型简约，可令整体的美感十分显著。穿着半高领的休闲服，佩戴造型抽象的胸针，洋溢着青春的气息。短衣短裤，现代浪漫的少女装束，别一枚树叶形胸针，俏皮又可爱。

冬季的服装，面料常以厚重、挺括为主。胸针可选择金属类、嵌宝类或有重量感的。夏天的衣服面料多为丝绸之类的轻薄型织物，如果佩戴大而偏重的胸针容易使面料下坠，影响美观。因此，细巧轻盈的胸针适合于夏季服装的佩戴。春秋两季的服装，面料丰富，款式多样，色彩绚丽，佩戴胸针的选择范围也大，色彩搭配常常是主要的问题。如果羊毛衫或其他闪光面料的服装或者是在衣领、前胸、袋口等有闪光饰边，则佩戴胸针点缀在较单纯的上衣上，就能充分显示其装饰的作用。身着高级面料的服装或礼服，慎用塑料、玻璃、陶瓷等材料制成的胸针，因为这类胸针与高雅的服装极不协调。

此外，一些古典的胸针，也可以别出新潮式样。许多古典的小饰件，稍稍动动脑筋就能搭配出新潮。古典胸针十分小巧精致，细腻又有品位，佩戴在时装上，有文雅的气质。特别好看的胸针搭配着夸张的首饰，使珠链、耳坠、手镯更加夺目。甚至长袜子、手套也有别胸针的位置。帽子是别胸针的好地方，随自己的喜爱戴上近乎标志的胸针，是十分能衬托性格的。最常见的是把胸针扣在外衫上。在一件直身长衫的背部腰间扣上款式不同的胸针，数量随意，把外衫轻轻向后拉紧一些，是绝无仅有的特色。古典胸针的文雅气质进入了新潮，使服装变得更有趣味。

一枚小小的胸针，佩戴在不同的面料上，或是与不同样式的服装相配，所产生的点缀效果乃至整体的审美效果都是不一样的。运用得当，一枚小小胸针便可以使胸前绽放出美丽，使整体的形象闪光。

戒指不能随便戴，小心“被结婚”或“被单身”

晓梅大学毕业后，在一家事业单位从事行政工作。天生丽质的她长着一张明星脸，标致的瓜子脸上嵌着一对水汪汪的大眼睛，高高的鼻梁下有张樱桃小嘴，一笑起来还有两个小酒窝。美丽动人的她从小就很受欢迎，走到哪儿都是引人注意的焦点，学生时代追她的男生数不胜数。毕业后，因为工作地点的原因，晓梅不得不与相隔甚远的男友分开了，告别情伤的她希望在新的单位、新的城市找到自己新的幸福。可是，她却发现单位里的男同事甚至这个城市里的异性朋友都对她敬而远之，这是为什么呢？难道自己已经没有吸引力了吗？她百思不得其解，有一次，她鼓起勇气问了一个异性朋友：“我现在是不是很难看啊？为什么都没有人喜欢我呢？”朋友笑了，说：“你还没人喜欢啊，都有老公的人了！”“啊！谁说我有老公？我可没有结婚呢！”“那你左手无名指上不是戴着结婚戒指吗？”晓梅一听，恍然大悟，红着脸说：“哎呀！这不是结婚戒指，我就是特别喜欢这个戒指就买了，然后觉得戴无名指好看就一直戴着了，原来大家都以为我结婚了啊！”

戒指是很多人喜欢的饰品，也是使用率最高的佩饰。很多人都戴戒指，但却不是所有人都懂戒指的含义，因此经常造成误会。正如晓梅一样，因为错戴了戒指，就“被结婚”了。

在今天，戒指已不仅是美化生活的装饰品，还成为爱情的信物。戒指的佩戴可以说是表达一种沉默的语言，往往暗示佩戴者的婚姻和择偶状况。戒指的不同戴法有不同的含义：戒指戴在中指上，表示已有了意中人，正处在恋爱中；戴在无名指上，表示已订婚或结婚；戴在小手指上，则暗示自己是一位独身主义者；如果把戒指戴在食指上，则表示无偶或求偶。

戒指的戴法不是凭空而来的，是国际上约定俗成的。西方早期医学认为，左手无名指在双手十指中有一条动脉血管直接与心脏相连，所以将代表婚姻的戒指戴在左手无

名指上，进而体现出爱情的神圣地位，并流传至今。

另外，戒指一般只戴在左手，而且最好只戴一枚，至多戴两枚。戴两枚戒指时，可戴在左手两个相连的手指上，如中指和食指、中指和无名指或无名指和小指。在同一只手上戴两枚戒指时，色泽要一致，而且当一枚戒指复杂时，另一枚一定要简单。此外，也可以戴在两只手对应的手指上。

手指纤细修长的女人可佩戴任何款式的戒指，尤其是宝石镶嵌的钻戒和较大一些的珠宝戒指，会把柔嫩的手指衬托得分外秀丽；手指粗短，如佩戴上蛋形戒指，会增加手指的细长感，但要选择窄边指环。

戒指是高贵的点缀，但是也可能物极必反，有些人手上戴了好几枚戒指，不仅破坏了美观，而且让人感觉是在炫耀财富。

戒指是个“会说话”的装饰品，你在佩戴的时候千万要懂它的“话语”，不要稀里糊涂地“被结婚”或“被单身”，以免影响自己的异性缘或者给自己招来不必要的麻烦。

佩戴合适的耳环，让你的形象熠熠生辉

凯莉是一位年轻有为的女企业家，才年过三十就已经拥有上亿身家。她是典型的女强人，一心扑在事业上，其他什么都不关心，更不注重自己的打扮。有一次，她受邀参加一个女企业家联会的高级聚会，人人都必须精心打扮，身穿华服出席。凯莉拿出了设计师给她配的名牌礼服，穿好衣服后觉得颈部和

耳朵空荡荡的，就随便找来一对耳环戴上，优雅地去赴聚会了。谁知道她一到，就让迎面而来的女企业家好友莫林大笑起来："你今天的混搭风格真有趣啊，这方方正正的大耳环配上这件洋装，你显得好像脸更大了呢！不过，还是挺可爱的。"凯莉一听，脸红起来，自己拿出镜子一看，确实有些不妥，自己的国字脸好像更加方正了，都是这耳环的错。

耳环是女性扮靓容颜最倾心的饰物，它能给女性添加知性美、可爱气或者典雅美感。然而，凯莉的故事告诉我们，耳环也不是随便戴就好看的，佩戴耳环也必须有所讲究：

1.应根据脸形特点来选配耳环。

圆形脸不宜佩戴圆形耳环，因为耳环的小圆形与脸的大圆形组合在一起，会强化"圆"的信号。圆脸的人应戴垂吊式耳环，能起到拉长脸形的作用。不要戴极小型的耳环，那会使整个脸看起来更大。方形脸也不宜佩戴圆形和方形耳环，因为圆形和方形并置，对比之下，方形更方，圆形更圆。也千万不要再选择方形的饰物，或者摇摆的长形耳坠，以免脸显得更长。倒三角形脸的人应选择上窄下宽型，如三角形、梨形的耳环，使下颏略微显宽。

2.耳环的色彩应与肤色互相陪衬。

肤色较暗的人不宜佩戴色彩过于饱和、明亮、鲜艳的彩色宝石类或者水晶类的耳环，应该选择质感和色彩相对柔和的，例如珍珠耳环。而皮肤白嫩的女士，假如佩戴暗色系耳环，更能衬托肤色的光彩。此外，耳环的色彩还应与着装色彩相得益彰：同色系搭配可产生和谐的美感，反差比较大的色彩搭配假如恰到好处，也会有富于变化的动感。

3.耳环和服装一样，要与年龄、个性和身份相符。

上班时可佩戴简洁的耳环搭配套装，而夸张的几何图形、粗犷的木质耳环、吉卜赛式的巨型圆环等有野性味道的耳环，与休闲类的牛仔衣、夹克相匹配，可使人富有豪放的现代感。佩戴耳环还应与年龄相协调，年轻的少女宜戴多边形等造型感、动感较强的耳钉、耳环，以塑造充满青春活力、朝气蓬勃的形象，对于制造耳环的材料，不一定要太过苛求。而中年女性一定要佩戴有质感的珠宝类耳环，品质上乘的观感远比造型的出位独特更加重要。

还要注意的是，太长的耳环是不适合的。特别在工作场合，耳环要选择固定在耳朵上，如果太长，会看起来不够庄重。如果耳环在工作时会发出声音，为了不影响别人的工作情绪，应该立即取下，切忌让为你增色的佩饰反而成为累赘。

总之，女性只要在适当的场合佩戴适合自己的耳环，耳环就能让你的形象熠熠生辉。

完美佩戴项链，为你大添光彩

项链也是非常重要的佩饰，是人们视觉的焦点。它的种类很多，大致可以分为普通材料项链（如金属材质、玻璃、琉璃等）和珠宝项链（如宝石、钻石、珍珠等）两大系列。项链是绝大部分女性的饰品，如果佩戴得当，就会给人视觉上的冲击，为你的形象大添光彩，所以女性要懂得如何佩戴项链。

1.不同的颈形应搭配不同的项链。

佩戴项链的要诀是要造成视觉变化以弥补颈项的不足。脖子长的人要选择有横纹、较粗的短项链或者颗粒大而短的项链，使其在脖子上占据一定的位置，由于对比而造成的层次丰富感，在视觉上能缩短脖子的长度。脖子长而体形和皮肤都比较好的人可以走两个极端，即色彩鲜艳的和色彩比较暗的彩金项链，都会产生好的效果。

对于脖子比较短的人来说，则宜佩戴较长的项链或“V”字形的项链，因为直线条可将对方的视线由上往下引，这样就可增加颈部的修长感。佩戴细长的项链也很漂亮，如果项链下面再悬着一颗钻石吊坠，就更完美了。

2.不同的脸形应佩戴不同的项链。

方形脸的女人戴“V”字形加吊坠的项链最漂亮，而中长度的项链也是首选，因为它可以让脸看起来较修长。

与方形脸相反，尖形脸的女人不宜选用“V”字形的项链，因为它会重复你脸形的尖线条。这种脸形的女性应该选择横条纹项链以及短项链，这样可以使你的脸形更显柔和。

圆形脸的女人宜佩戴长一些的项链，例如用中型大小的珍珠制成的长项链，可以使你的脸形看起来长一些，并能让你的脸看上去瘦一些。此外，在项链下面加上美丽的项链坠，也会起到修饰脸形的作用。

椭圆形脸是最符合东方女性的传统审美标准。这种脸形在项链的佩戴上，几乎各种款式都能与之相配。

3.不同的服装应搭配不同的项链。

穿礼服时，应佩戴珍珠项链或与礼服相称的金属钻石类项链。穿黑色礼服时，最好能搭配上三连式珍珠项链。

在项链与套装的搭配上，项链的材质、色彩、款式、质地、长短、粗细及风格等因素，都是需要重点考虑的。这些要素既要与套装的面料、色彩、款式相协调，也要与套装的职业性和整体性特征以及端庄、简洁的风格等相衬。

在穿便装、休闲装时，可以随自己的喜好，根据衣服的颜色、质地等因素，佩戴木质、陶质、石质项链，这样的搭配可以让你轻松拥有休闲韵味。

领子和颈饰的边缘模糊不清，或者有相交的衣服是不应搭配项链的。与项链最配的衣服是“V”字领衣服，另外是比较大的圆领，然后是合身的高领。穿着这类衣服时，能够比较容易搭配适合的项链。

4.项链的质地要与年龄相匹配。

年轻人肤色红润，选用象牙项链、珍珠项链，会显得平和、恬静和文雅；而如果选用五颜六色的珠宝项链，则会显得神采奕奕；选择铂金项链，细细的一条就能体现出浓浓的女人味；而古拙的藏银、松绿石等质地的项链则显得酷感十足。

年龄大的人宜选择配有翡翠、钻石、蓝宝石等华贵宝石的项链来佩戴，因为这些宝石能突出一个人经过岁月洗礼后的沉稳和端庄。如果能佩戴铂金等稀有金属制成的项链，也是不错的选择。

另外，项链宜和同色、同质地的耳环或手镯搭配佩戴，这样可以收到最佳效果。如果上衣领子是两条且常打成蝴蝶结式，最好不要戴项链，否则会有累赘感。

PART 02 小部件也能体现较强竞争力

高跟鞋要穿稳当才有“范儿”

穿鞋不仅要穿得好看，穿出自己的气质，还要穿得舒服。但对大多数女士来说，很多情况下都只注重追求鞋子的样式好看，而忽略了舒适这一重要的环节。

很多女士都爱穿高跟鞋，但注意不要穿太高太细的高跟，鞋跟一般不宜超过5厘米，以免走路时东摇西摆、步履不稳，影响形象。

高跟鞋从来不是为走远路而发明的。曾见过一位女士，胯部的姿势极不自然，像踩跷跷板似的在街上走着。这样一来，高跟鞋不仅没有帮助你美化形象，反而使你的形象打折扣。所以，女士们要根据自己的情况和所在地点，选择合适的高跟鞋。如果你不喜欢穿着旅游鞋走在城市的街道上，穿上一双行走轻便舒服的半高跟鞋也应当是个聪明的主意。

王薇就因为高跟鞋的原因造成了足踝扭伤。当时，王薇忙着赶车，走急了，不小心就扭伤了右足踝部，医院经诊断为外踝韧带撕裂。这是因为穿着高跟鞋为了保持平衡，下半身肌肉长时间处于一种过度紧张状态，引起局部酸痛无力，这时极易发生扭伤，严重的甚至造成内外踝骨折。另外，脚跟部跟腱位置受压绷紧，会增加扭伤机会，甚至引发跟腱炎。

因此，女士们应当穿一双舒服合脚的鞋子，后跟尽可能矮一些。有一些很漂亮的矮跟鞋子，穿着也很时尚。你需要这样的鞋子，因为很有可能你需要走较长的路，或者在公众场合站立相当长的一段时间。

年轻女孩大都喜欢穿高跟鞋，且为了使自己的脚看起来小一些，还爱买小号鞋穿，这样一来，脚可受苦了。而脚被称为“人的第二心脏”，对全身的血液循环起着重要的作用，从心脏流出的血液通过足部，又被返送到心脏。如果脚上穿了一双小得走起路来脚都发疼的鞋子，就会导致足部受压、血液循环不良，最终影响上半身的血液循环，造成肩膀酸痛。

高跟鞋在给你带来美丽的时候，也往往会给你带来一些附加的伤害，这些伤害不仅让你的身体吃尽苦头，还会影响你的形象。所以，要想穿高跟鞋既有“范儿”又舒适，就要听从医生的建议，采取以下美丽又健康的穿法：

（1）女人在选购高跟鞋时，先要确定鞋底跟自己脚的弧度是否相符。脚趾前端与鞋子顶端应留有2～3厘米的空隙，鞋跟不宜太小，鞋头宜宽松。鞋跟高2～4厘米最合适。

（2）选购高跟鞋的最佳时间是在下午3～4时，此时试穿几分钟及多步行，以确保鞋子真正合脚舒适。穿新鞋要有一定的磨合期，女人可以先在家里穿一段时间后再外出穿着。

（3）穿高跟鞋时，可在脚前掌或脚跟等受压处做个软鞋垫，减低脚底所承受的压力。高跟鞋的鞋跟高度不宜过高，最好不超过5厘米；鞋跟不宜太小，否则难以稳定地支撑体重；而鞋头宜稍宽松，让脚掌及脚趾多一点空间。

（4）穿着高跟鞋走路时，姿势应该正确，脚尖往前伸直，臀部夹紧，上半身挺直。这样可以避免压力分布不均，从而改善腿部、足部水肿的现象，促进血液循环，远离腿部酸痛。

（5）穿高跟鞋时要注意场合，避免在挤车时穿，也不宜疾走快跑，更不能上山爬坡。并且平时不能总穿相同高度的高跟鞋，以免脚部同一处经常受到挤压。

（6）在穿高跟鞋走路时，应该注意休息，可以把脚尖翘起，活动一下小腿。

（7）脚趾甲不要剪得太短，以防甲沟炎的发生。

爱美的女士们，不要迷恋那些跟特别高而穿起来不舒适的鞋，不如多花一些钱买几双大方、好看又舒服的鞋子，注意使它们保持良好的形状，让舒适稳当的高跟鞋给你带来挺拔的身姿和高挑的形象吧！

给自己选一双美观又舒适的鞋

鞋子不舒适不仅影响形象，还会影响健康，所以，每个人挑选鞋子都应该将舒适放在第一位，同时要兼顾美观漂亮。因而，对鞋子的挑选也显得非常重要。

专家认为，理想的鞋子都应该有坚硬而柔软的鞋跟支撑鞋底，十个脚趾可以在鞋里面灵活地活动，并有舒服的衬垫和足够的内部空间。

（1）鞋跟与足底凹陷处的弧度必须合脚，踝骨与脚尖不应该碰触到鞋子。前脚要有一定摆动的余地，而后跟不能摆动。

（2）理想的鞋跟高度在2～4厘米，最好不要超过5厘米。

（3）鞋的重量每增加1克，对足部造成的负担相当于在人的脊背上增加几十克的重量，因此应尽可能选择轻巧的鞋子。

（4）正确的鞋子应该从购买的那一天起就合脚，不要妄想多穿两天它就不磨脚了。

（5）买大号的鞋子。买鞋时最好在最长的脚趾与鞋尖之间留下约2.5厘米的空间。

（6）尽量不穿高跟鞋。有研究表明，穿5厘米的高跟鞋与赤脚相比，足底承受的压力增加了75%，如果长时间穿高跟鞋，足部患病的概率比不穿高跟鞋的人高4倍。若一定要穿，也应买较长且宽的样式。

（7）常穿平底鞋，这是人类最自然的状态，符合人体的力学结构和运动规律。但是，在生活中，有些人穿鞋根本不讲究，甚至常年只穿一双鞋，直到它“罢工”为止。这样不但不利于鞋子保养，而且对足部的健康危害很大。

同一双鞋长期受脚部挤压以及与地面的反复摩擦，会导致鞋子某些部位变形，尤其是体重较重、走路多、运动量大的人，变形尤为严重。长期穿这样的鞋，会使脚部相应部位，如足前弓、小趾外侧或两趾间的角质层增厚，形成厚茧或鸡眼。一旦出现这种情况，就表示你应该换换鞋子了。

对于一些长期从事站立行业的人员，如空姐、教师、售货员、售票员、餐饮业服务员等，这种情况需要格外注意。

一般来说，每个季节至少应该准备4双鞋：两双皮鞋、一双布鞋、一双运动鞋。

另外，受时尚潮流的影响，很多女性喜欢穿鞋头又尖又窄的尖头鞋，这种鞋在走路时使人体重心向前倾斜，足部血液循环不畅，长期穿着，足部皮肤就会破损或长水疱。遇到天气寒冷，这样的脚最易冻伤。所以说，不管为了美丽还是为了健康，少穿尖头鞋为好。

总之，给自己选一双美观又舒适的鞋吧，这不仅是为了自己的形象，更是为了自己的健康。

妙穿丝袜，魅力加倍

有一家专做丝袜的成衣公司曾经有过这么一个广告：“丝袜就是女人的第二层皮肤。”这句话说得并不夸张，一双好的丝袜可以弥补你腿部肌肉的粗糙，使你的腿从任何一个角度来看都是那么光润。然而大部分女性都很讲究着装搭配，对身上衣着的每一部分都格外注意，但是往往只顾搭配服装、佩戴饰物，而忽略了丝袜。丝袜搭配不当，或穿着失态，都会破坏着装的整体效果，所以女性一定要学会必要的丝袜搭配技巧。

1.搭配要和谐。

丝袜的色彩要与时装、鞋子的色彩谐调一致。穿浅色的衣服时，请勿穿深色丝袜。如黑裙、黑鞋配黑色透明丝袜。如果鞋子本身颜色很杂，要尽量选择接近裙子底色或鞋上较深颜色的袜子；花色衣服宜配素色袜子；带花点的丝袜可配素色衣服。肉色丝袜与任何服装色彩搭配都较和谐。其次要与服装、鞋子的款式相一致。如较正规的西装、礼服就不可配穿花色丝袜；在穿旗袍或短裙时最好配穿连裤袜；着薄裙时应穿透明丝袜，给人以轻快活泼感；大花图案和不透明丝袜适宜配平跟鞋，图案细小和透明丝袜宜配高跟鞋。服装款式越复杂，丝袜越应简单、清爽。

2.配合腿形穿丝袜。

腿粗的女性适合穿深色、直纹和细条纹丝袜；腿短的女性宜着深色无图案的丝袜；腿瘦的人宜穿浅色丝袜、不透明丝袜或颜色鲜艳的丝袜；腿形优美者不妨选择色彩鲜艳的丝袜。

3.穿丝袜要注意场合。

对于日常忙于上班的职业女性，不妨选一些净色的丝袜；社交时宜穿着灰调的丝袜，酒红、黑、灰、紫色会让你显得庄重、高贵、沉稳。

另外，穿丝袜时不可“露空”，即不能穿短得使腿分为两部分的丝袜，不论是裙还是裤，下摆、裤角都要盖过袜头，不

要让袜头露到裙摆、裤角外面，以免失态。没有弹性的袜子应使用吊袜带，否则袜子总往下褪，频频撩裙提袜有失大雅。丝袜由于比较薄，容易受损坏，穿着时要多加小心，因为穿抽线勾丝的丝袜会使你的魅力指数大打折扣。

巧戴丝巾，彰显女性魅力

丝巾是魅力女人最女性化的饰物，奥黛丽·赫本说："当我戴上丝巾的时候，我从没有那样明确地感受到我是一个女人，美丽的女人。"

丝巾能为女性增添无限的魅力，要想使女性的妩媚、魅力通过丝巾传达出来，就要先了解一下丝巾与脸形的搭配法则。

1.圆形脸。

圆脸的人要想拉长脸部轮廓，最好将丝巾下垂的部分尽量拉长，强调纵向感，并注意保持从头至脚的纵向线条的完整性，尽量不要中断，这样脸就会显得长些。

在系花结的时候，应选择那些适合个人着装风格的系结法，如钻石结、菱形花结、玫瑰花结、心形结、十字结等。应避免在颈部重叠围系，或系过分横向以及层次感太强的花结。

2.长形脸。

选择左右展开的横向系法，能展现出领部朦胧的飘逸感，并可减弱脸部较长的视觉。如百合花结、项链结、双头结等，都很适合长形脸的女性。另外，蝴蝶结也很适合长形脸女性。系法就是先将丝巾拧转成略粗的棒状后，再系出蝴蝶结。应该注意的是，不要围得过紧，尽量让丝巾自然下垂，渲染出朦胧的感觉。

3.倒三角形脸。

从额头到下颌，脸的宽度渐渐变窄的倒三角形脸的人，会给人一种严厉的印象和面部单调的感觉。可利用丝巾让颈部充满层次感，再系一个稍微大一点儿的结，会有很好的调节作用。如带叶的玫瑰花结、项链结、青花结等。

这类女性在佩戴丝巾时应注意减少丝巾围绕的圈数，下垂的三角部分要尽可能自然展开，避免围系得太紧，并注重花结的横向及层次感。

4.四方形脸。

两颊较宽，额头、下颌宽度和脸的长度基本相同的四方形脸的人，容易让人觉得不够柔媚。因此，系丝巾时，尽量做到颈部周围干净利索，并在胸前打出些层次感强的花结，再配以线条简洁的上装，就可演绎出优雅的气质。丝巾的花结可选择基本花、九字结、长巾玫瑰花结等。

PART 03 迷上打扮，追求时尚的正确方式

时髦不等于时尚

羽西牌化妆品是所有女性耳熟能详的化妆品牌，而它的创始人靳羽西女士更是让女人无限羡慕的女性美的代表。她既是著名的女企业家，又是有名的女主持人，依靠自己的气质彰显独特的魅力，一本《魅力何来》更让她魅力四射。《纽约时报》称她为“中国化妆品王国的皇后”。她还是美国电视六强人之一，获得了许许多多的成就奖，影响了一代女性，同时她更是个漂亮的、充满女人味的女人。

但是，在25岁以前，她也和爱赶新潮的年轻人一样，喜欢尝试新的东西，以此显示自己的与众不同。她那时赶时髦、追流行，把头发染成金色，涂蓝色的眼影。25岁以后，她才开始知道什么才是使自己漂亮的东西，并给自己的衣着打扮做了定位。也可以说，她在盲目的追求时尚中进行了反省。

从此靳羽西不再花时间和金钱去追求那些虽然流行时尚但并不能使她变得漂亮的所谓的时髦。为了事业的成功，她需要一个成熟的、有品位的自我形象。她选择的“整齐刘海、扣边短发”的发型，使她看上去既比同龄人年轻，又保持了她内在的青春活力，尽显朴素高雅的魅力。这一发型似乎成了她的固定选择。她对流行色有独到的见解，能使皮肤白嫩、细腻、年轻、更漂亮的颜色就是永恒的流行色。在众多女性追求和崇尚西方的金发碧眼，并为自己的黄皮肤、黑发、黑眼睛感到不满时，靳羽西却认为黑发就是美，因此她保留了黑发的黑、真的特点。她同样认为黄皮肤也是美丽肤色的一种，关键是要使这种肤色成为一种健康色，打扮的效果是要使这种肤色更美丽，而不是要改变它。显然，她的定位——新色彩、新风格和新服装——使她光彩照人，她的形象设计得到了全世界女性的认可。

华丽的衣裳不一定能装扮出灵魂的美来，而朴素的衣服也不一定能掩盖住一个人的精神风采，这就是气质的魅力，它来源于精神世界的充实与丰富。

著名京剧表演艺术家云燕铭对自己的穿衣之道曾做过精妙的总结："我不想成为时髦的先驱，正因为这样，我的服装很少受外界的干扰，都是我自己投入内心的情感，根据自身的特点精心设计的。我把我的愿望和爱好深深地寄托于服装中，使服装充分体现我的个性。"

遗憾的是，大多数的女性似乎过于容易被光怪陆离的时尚所迷惑，在不惜花费大量金钱奋起直追中踏入了歧途。"越是新奇的东西命越短"，越是时髦、流行的东西也就越容易大众化。在越来越多的女性争相模仿中，时髦也就日见俗气，开始令人望而生厌。流行服饰界的观念瞬息万变：今天兰格弗德饰有荷叶边的裙子一统天下，明天凯琳的扎脚管长裤又会主宰乾坤，今天的流行很可能被明天唾弃。即使是最善于"赛跑"的女性，也很难追赶上如此迅捷变化的流行新潮，而只能无可奈何地面对一衣橱的过时服饰叹息一声："永远少一件衣服！"

时髦并不一定就是美丽，穿出自己的个性与气质才能真正彰显自己的魅力。服饰的风格如果不能与自身的气质相配，那么再华丽时髦的装饰也只能是一堆赘物。低胸、露背式的晚礼服穿在性格开朗的女性身上，会使她在宾朋满座的晚宴上充满信心、应酬自如、光彩照人；但若穿在生性胆怯的女性身上，难免会令她局促不安、手足无措，显出一股忸怩状。

服饰界不存在永远新奇的衣饰，却存在永不过时的品位。拥有几套款式大方、质地较好、色彩含蓄的服装，再经过巧妙的搭配、适度的点缀，就可以在任何场合都不失优雅且又免于流俗。

因此要想拥有永恒的魅力，就要保持不变的个性，永不为外界所干扰。

创造时尚的人将会把自己的形象铭刻在他人的脑海里，使模仿者黯然。时装模特的风采令人如痴如醉，但T台不等于现实生活。女性在追求时尚之前，一定要仔细琢磨一下自己的个性、体形、肤色、身份和生活方式是否具备了追求的条件。如果抱着“别人有的我也要有”的观念不放，那你最多也只能是一个成功的购买者。一味追求他人创造的时尚，说明你对自己缺乏基本的自信。

现代时尚女性要学会的是用自己的眼睛观察自己，相信自己具有与众不同之处。如果仅仅生活在他人创造的流行与时尚中，那么你所拥有的也只能是茫然和盲从。

追求时尚的女人，避开时髦的陷阱吧！为什么不穿出自己的个性，创造出自己的风格呢？只有当你的内涵和外表协调统一时，你才是最有魅力的时尚女性。

让你的美丽性感而不越位

性感究竟是什么？简单地说，性感就是一种气质。

如今的女人可以主动，可以狂野，也可以热情，这样的女人反而更具有女人味。温柔贤淑、健康丰润且个性丰富的女人就是性感的女人。

现实生活中，有不少女性误解了性感，性感不是卖弄，是更高境界的美丽，那才是我们应该追求的性感，是存在于“骨子里”的性感。

在生活中，要想成为一个人见人爱的美女，就要学会从内至外、从头到脚去发掘、释放及表达你潜藏着的性感魅力。

一、让自己性感起来

性感这回事，放诸不同的女性身上，自然会散发出不同的味道。例如，“看”来性感与本身就性感，引起人性冲动与诱人遐想的性感、媚俗的性感与优雅的性感，自然是不同的层次。

把肉感当性感的女人，为了所谓的性感，不顾一切地表现和张扬，殊不知弄巧成拙，不仅无法让人体会到性感的美，反而让人觉得有些妖艳。其实，性感是一种高境界的美，性感融在女人的骨子里。

1.得体的妆容，化出你的性感。

女人的容貌是否性感由五官决定，五官的精致与匀称非常重要，因为它能表示出一种与众不同的生动，感染与影响周围的人。只要心地善良，即使五官有些不尽如人意，也可以通过化妆来弥补，突出眼、鼻、嘴这些性感部位，使自己的脸如阳光般灿烂。

但性感的化妆要有底线，那就是无论如何也不要把自己化成一张大花脸。越是真实自然的脸，越容易被别人喜欢，这是由人渴望肌肤相亲的天性所决定的。所以对于女人来讲，30岁之前素面朝天、清爽润泽是最迷人的状态，30岁之后略施粉黛，用优雅与性感来继续你的精彩。

性感化妆的重点主要有3点：

（1）用飘逸的线条在眼线和唇线上下功夫。因为线条流畅的眼睛和嘴唇能使你显得魅力十足。

（2）让嘴唇显得厚些。因为厚实的嘴唇本身就充满诱惑，若再用唇妆加以强调，使嘴角上翘，唇峰曲线浑圆，就会显得更加成熟性感。

（3）用色鲜明清爽。唇红齿白本就迷人，如果再搭配脸上其他部位的生动颜色，即使仅是点到为止，依然会有精彩的效果。

但必须注意的是，性感的化妆绝不是浓墨重彩，虽然这样的舞台效果不错，但在日常生活中，人与人之间的距离是如此接近，浓妆只会令人退避三舍，即使你性感万分也是白费劲。

一个女人，只需拥有一个简单的化妆包，再花些心思，就能做到性感十足。在这个化妆包里面配备：

一支口红。唇妆不强调过分的光泽，但要有盈润的质感，一抹之间，丰润立现。

一款眼影。眼妆能否与整个脸面的妆容贴切，主要取决于眼影的选择。要选有些微珠光的眼影，可以渲染出洗练明亮的眼妆效果。

一支纤细型的睫毛膏。要达到有妆似无妆的效果，就必须用极细的睫毛膏才能描画出这种状态。

一款腮红。性感的气色当然要靠腮红帮忙，用带有自然血色感的腮红，轻轻涂抹就会有无妆的纯然效果。

一款指甲油。纯正优雅的米色指甲油会给你的性感妆容添上完美的一笔。

2.巧妙着装，穿出你的性感。

对于女人来说，得体大方的着装会使女性的性感显露无遗。

巧妙的服装搭配，通过给人恰到好处的感官享受，可以很好地表现出女人的性感。女人通过服装来体现性感，不是暴露，不是粗俗，更不是玩酷，而是精心选择搭配出来的效果，无论色调、面料、款式，舒适中的飘逸都会产生一种极致的唯美，把女人的身段完美无缺地衬托出来，也把女人超凡脱俗的品位表现出来。

上身穿得短一些、少一些、透一些，下身穿得长一些、薄一些、飘一些，自然就会款款深情，把女人的俏丽妩媚展现得淋漓尽致。

当然，细节上必须处处显示精致的美感，将高贵和浪漫糅合得天衣无缝，你才能凭借自己的性感着装赢得最高的回头率。

说到底，衣服该怎样搭配怎样穿，其实没有什么固定的标准，只要看上去顺眼和养眼，能够叫人眼前一亮，让人赞叹，你怎么穿都可以。

下面为女性介绍几种最能体现性感的着装风格：

（1）露肩着装。露肩分单露和双露，衣服款式也有吊带和松紧带两种，露单肩比较有风情，露双肩比较性感。

（2）露背着装。露背不太容易，因为拥有光滑性感后背的女人并不多见。通常来讲，稍有些斑点瑕疵的人已经没有资格再去露背，因为后背面积太大，只要稍有问题，别人一览无余后难免就会扫兴。所以除非后背天生丽质，否则还是点到为止，只在后脖颈下方最娇嫩白皙的地方开一扇小窗，其余的就让别人去想象好了。

（3）露腿着装。修长的美腿穿迷你裙或短裤，无疑是性感的绝配。但有3点要注意：

一是确认你的腿看起来光泽柔滑。

二是不穿袜子，光脚穿高跟鞋，这样不但保证肌肤温润性感，也使腿看上去更修长匀称。

三是无论是穿超短裙或是短裤，都不要翻边，也不要贴袋，色彩不能太鲜艳，质地应该很柔软，这样既合身又舒服，才能穿出青春活泼的魅力。

但是，露腿装也只适合青春妙龄的女孩，年纪稍大些的女人最好不要穿成这样子。

（4）露脐着装。女人的肚脐最性感的当属棱形状和猫眼形状，前者是垂直的，有点像菱形；后者比较有棱角，看起来玲珑精巧。此外，微笑形也很有味道。但是，一般只有发育得非常性感的妙龄少女才有这样令人羡慕的条件，所以露脐展示的是青春活泼。只是一旦过了这个年龄，就最好不要选择露脐装了。

二、打造性感女人的妙方

女人的性感并非与生俱来的，而是通过后天一点一滴的修炼得来的。女人只有凭借内在的潜质和修养，加强自我修炼，才能释放出性感迷人的光彩。但是，凡是懂得经营性感魅力的女人都会注意到：其实每个女人从头到脚都潜藏着性感的音符。这需要女人们用心去发掘，并让它们释放出无限魅力。

1.牛仔裤贴身穿。

十居其九的牛仔裤广告都是在卖弄性感，可见牛仔裤经营性感的能力。除了牛仔裤广告中的模特本身，牛仔裤广告中经常投射出的不羁与我行我素的形象，在某种程度上都跟性感有几分微妙的关系。

2.性感特区戴配饰。

女人身上有多个性感特区，如脚踝、耳垂、肩膀、后颈、手臂、锁骨等，故在脚踝部位戴条小脚链，在耳垂上吊个大耳环或小圆圈，在手臂上戴个臂环，在锁骨戴条精巧的项链，都能令女人的性感指数明显地上升。

3.添一点异国情调。

很多人都会被异国情调中那份遥远、野性及神秘所吸引。

4.自我触摸小动作。

如今的性感指数已超越视觉、身材或是暴露多少的问题，它是一种“全感官”的表达与享受。灿烂的笑脸，天真或带媚态的眼波，沉溺于思考或想象时忧郁或出神的神态，等等，都是比较内敛的性感。

5.会弹奏乐器或跳舞。

会弹奏乐器及跳舞的人总会流露出一种夹杂着性感的才情与温柔，而这种才情其实比性感更诱人。其中尤以男人弹琴、吹萨克斯，女性拉小提琴或大提琴、跳西班牙舞及探戈时流露的委婉或冷艳的眼神，最能显现性感的魅力。

6.阳光健康的肤色。

肤如凝脂固然如树上熟透的新鲜桃子，令人垂涎，但一身阳光健康的肤色配上标准的身材，何尝不能散发性感魅力？

7.保留性感小痣。

若你的脸上有小痣，请不要取之而后快，在适当位置的小痣可以说是“美人痣”。有些本身性感的女人，例如名模辛迪·克劳馥等就是有些小痣，以致看来更加动人。

8.率性而为。

除非你天生冷艳或清高得不可亲近，否则，不敢或不愿外露真我个性的女人，凡事抱着不冷不热姿态，又处处约束着情感的女人，性感都极有限。而那些敢爱敢恨、想笑就笑、想哭就放声大哭、对生命充满热情与敏锐的女性会显得更具感性的性感。

9.呢喃软语绕耳边。

法国人之所以被誉为具有最性感的气质，正是因为法国人表达时充满感性、跌宕有致，而法语就像一种呢喃软语，在适当地方停顿，富有节奏感，韵律优美，让聆听者漫游于你的思维里。这种像叫人与你的思维一起舞蹈的说话风格，不也是一种性感吗？

10.擅用眼波。

秋水翦瞳与微丝细眼是表达性感的眼神。无论是忧郁的、迷惘的、缥缈的、含羞带笑的或是眼中藏着火焰的，只要有神有韵、眼波流转，便能成为性感的发源地。

11.培养野性的心。

若你不是外表带有野性，那么培养一份内心的野性，一样让人觉得你充满刺激及神秘感。

12.穿高跟凉鞋。

女性的脚踝及脚部是女人重要的性征，而高跟凉鞋向来就是女性用以张扬腿部性感的武器。男性喜欢凝望女性穿着高跟凉鞋时裸露的脚踝、婀娜的姿态。

13.感性与性感。

性感与感性从来都是相辅相成的。感性是母性，一个感性又温柔的女人，在思考、说话、举手投足时，都更细腻和更具感染力。因此，女人缺少感性就不真切、不温柔，缺少性感就寡味、没有激情，最妙的是感性融合了性感。

14.添一点醉意。

微微的醉意不但为面颊添上绯红，为眼神添上朦胧、柔和的美，还能释放在日间、在办公室时压抑的感性与坦荡之美。

15.拥有童真。

曾经流行冷酷性感，但在主张返璞归真的大趋势下，所推崇的性感却是那种有若孩子般的好奇、天真与热情，眼神里流露出的夹杂着纯真及孩子气的另类性感。例如，碧姬·芭铎、玛莉莲·梦露等好莱坞女星本身都很孩子气，又长着一张天使面孔，再配合其魔鬼般的身材，凑在一起便是无敌的性感。

16.沉思。

很多女人虽相貌平平，但一旦陷入沉思中，脸上就会不期然地多了一份性感韵味。那种凝望远处，嘟着嘴或微微侧着脸、托着腮的表情就更惹人怜爱。

17.适时流露懒态。

有人认为，唐代之所以有那么多的美女，除了与当时轻纱妙曼的服饰有关外，还因为生活于那个盛世时代的女性都沉湎于一种缓慢之美，而脸上及四肢又总挂着一种诱人的懒态。古代女性宽衣解带时的专注与缓慢，秋波流转的神态，说话时的快慢有致，已足以构成一种叫人觉得性感的风情。从“回眸一笑百媚生”的杨贵妃身上，你就能发觉她的丰满、懒态所致的美妙与性感。

成就美丽女人的10个条件

世界上有两种女人：一种是美丽的女人，一种是毫无美丽可言的女人。有些女人虽然面容不美，但却具有吸引人的魅力，这种魅力使女人变得风姿绰约、异常迷人。

成为美丽的女人是每个女人的最大愿望。那么，这种愿望怎么才能实现呢？与生俱来的条件当然很重要，但是后天的培养更重要。

1.培养气质与个性。

一个女人即使容貌美丽，但是缺少独特的气质与个性，就不能称为富有魅力的女人。所以，女性在言谈举止、化妆、服饰等方面，都要表现出个人的气质与个性，只有这样才能魅力无限。

2.增加生活情趣。

生活中的各个方面都有流行的影子，发型、服装、美食、娱乐，女人也应该跟上时代的潮流，懂得利用闲暇时间充分享受生活的乐趣。有的女人被家务、工作所累，认为自己与这些情趣无关，对外界的变化也不再关心，并且觉得这样过得也很好，这就大错特错了。情趣可以助你开拓生活领域，让你生活得更加愉快。可以通过看电影、电视，和朋友交流，阅读杂志，参观画展，逛街等途径来了解社会的变化，感受时代的变迁，这样才会使你保持既传统又现代的魅力，让你自己的内心更年轻，更充满活力。

3.陶冶情操。

美丽女人要注意自己的修养，美丽的第一要义就是由内至外的提升。虽然现在的消遣、应酬、家务、工作等事情让女人越来越浮躁、越来越实际，但是切不可因此而放弃自己的内修。可在床头搁本喜欢的画册、美文集等，晚上在柔和的台灯灯光下翻阅，这不但可以丰富自己的知识，还可以让人平和宁静。有时间可以去美术馆或音乐厅看看美术作品、听听音乐，拉近自己和艺术的距离，不断充实自己，试着让自己成为一个充满艺术气质的女人。

4.富有创造性。

有创造性的女人总是乐于独立思考，她们对事物有自己的看法，敢于发表自己的意见。富有创造性的女人，对周围的事物总感到不满足，于是，她们就会试着去改变它。

很多人都喜欢和这样的女人在一块儿，因为她们能够不断地发现新东西、新事物，给周围的人不断带来惊喜。有关新东西的出现，往往会由她们先发现。当她们把这些惊奇带给别人之时，也正是她们最具魅力的时候。

5.求知欲。

有求知欲的女性，大多具有生活自主的能力，她们通常都有一份属于自己的工作，并借此来充实自己的精神生活，不时地鞭策自己积极向上，过着相当有意义的生活。她们绝不会把婚姻当成“保护伞”，因而对婚姻质量要求很高，不希望自己完全依赖对方。凡是这样的女人，都有一定的魅力。

6.聪明睿智。

现代社会是一个知识的社会、高新技术层出不穷的社会，也是一个充满竞争与挑战的社会，因此，女性生存的压力越来越大。这就要求女性必须有较高的智慧，在商场和职场中，能机智地处理事务，并善于待人接物。聪慧能干是成为富有魅力的女人不可或缺的重要条件。

7.优雅坐立。

同样是坐或立，有的人显得懒散，而有的人就能传递出一种清新优雅的气息，让人看着就舒服。

正确的坐姿应收腹，放松肌肉，并轻轻舒缓肌肉，让自己的姿态在轻松的状态下呈现出最好的效果。

正确的站姿是挺胸，背脊伸直，下巴微收，收腹，双腿内侧使力，脚后跟并拢，膝盖挺直，双肩自然下垂。这样的站姿才会使人看上去显得挺拔、优雅。

8.改变发型。

大多数女性都很注重护理自己的秀发，也懂得选择适合自己脸型的发型，但这仍显不足。要想使自己更具魅力，就要学会根据不同的情况，如在工作、运动或看电影时，简便地利用一些小技巧改变自己发型的风格，例如：改变思路，或用丝巾包扎，或戴个小发卡，让它们与服装相映生辉，人自然也生动许多，并且还时常能给人以惊喜。

9.清爽整洁。

清爽整洁是女性的象征，所以清爽整洁也是具有魅力的女人不可缺少的条件。

10.装扮得体。

一个美丽的女人之所以能妩媚动人，除了气质、优雅的举止之外，服饰也很重要。实际上女人并不需要在买衣服上花很多的钱，关键是要学会如何搭配、如何协调新旧衣服。这样的话买衣服时就不会冲动、盲目，也不会出门时总是感觉没有衣服穿。无论流行什么风格，都别忘了扬长避短，要挑选那些能衬托自己体型和气质的服装。

第十二篇

用快乐美容，绝无副作用

PART 01 关键时刻封杀你的小心眼

面对嘲笑，**多点雅量**

面对他人的嘲笑，聪明女孩一定要有胸襟、有雅量，这同时也是一种做人的智慧。

曾任美国总统的福特在大学里是一名橄榄球运动员，体质非常好，他在62岁入主白宫时，仍然非常挺拔结实。当了总统以后，他仍滑雪，打高尔夫球和网球。

1975年5月，他到奥地利访问，当飞机抵达萨尔茨堡，他走下舷梯时，他的皮鞋碰到一个隆起的地方，脚一滑就跌倒在跑道上。他跳了起来，没有受伤，但使他惊奇的是，记者们竟把他这次跌倒当成一项大新闻，大肆渲染起来。在同一天里，他又在丽希丹宫的被雨淋湿了的长梯上滑倒了两次，险些跌下来。随即一个“奇妙”的传说散播开了：福特总统笨手笨脚，行动不灵敏。自访问萨尔茨堡以后，福特每次跌跤或者撞伤头部，记者们总是添油加醋地把消息向全世界报道。后来，竟然反过来，他不跌跤也变成新闻了。哥伦比亚广播公司曾这样报道说："我一直在等待着总统撞伤头部，或者扭伤胫骨，或者受点轻伤之类的来吸引读者。"记者们如此的渲染似乎想给人形成一种印象：福特总统是个行动笨拙的人。电视节目主持人还在电视中和福特总统开玩笑，喜剧演员切维·切斯甚至在《周六夜现场》节目里模仿总统滑倒和跌跤的动作。

福特的新闻秘书朗·聂森对此提出抗议，他对记者们说："总统是健康而且优雅的，他可以说是我们能记得起的总统中身体最为健壮的一位。"

"我是一个活动家，"福特抗议道，"活动家比任何人都容易跌跤。"

他对别人的玩笑总是一笑了之。1976年3月，他还在华盛顿广播电视记者协会年会上和切维·切斯同台表演过。节目开始，切斯先出场，当乐队奏起《向总统致敬》的乐曲时，他"绊"了一脚，跌倒在歌舞厅的地板上，从一端滑到另一端，头部撞到讲台上。此时，每个到场的人都捧腹大笑，福特也跟着笑了。

当轮到福特出场时，切斯站了起来，佯装被餐桌布缠住了，弄得碟子和银餐具纷纷落地。切斯装出要把演讲稿放在乐队指挥台上，可一不留心，稿纸掉了，撒得满地都是。众人哄堂大笑，福特却满不在乎地说道："切斯先生，你是个非常、非常滑稽的演员。"

生活是需要睿智的。如果你不够睿智，那至少可以豁达。以乐观、豁达、体谅的心态看问题，就会看出事物美好的一面；以悲观、狭隘、苛刻的心态去看问题，你会觉得世界一片灰暗。两个被关在同一间牢房里的人，透过铁窗看外面的世界，一个看到的是美丽神秘的星空，一个看到的是地上的垃圾和烂泥，这就是区别。

面对嘲笑，最忌讳的做法是勃然大怒，大骂一通，其结果只会让嘲笑之声越来越强烈。要让嘲笑自然平息，最好的办法是一笑了之。一个有确定目标的人，不会去考虑别人多余的想法，而是有风度、有气概地接受一切非难与嘲笑。唯有小丑式的人物，才会像一只烦人的青蛙一样，整天聒噪不休。

学会比别人先说“是我的错”

没有人敢保证自己不犯错误，有时甚至还一错再错。错误本身并不可怕，可怕的是不知悔改。

如果能坦诚面对错误，再拿出勇气去承认并改正它，那么不仅能弥补错误所带来的不良后果，在今后的工作中更加谨慎，而且有助于在别人心里树立良好形象，从而原谅你的错误。

每个人都喜欢听赞美的话，这是人的天性，哪怕是虚伪的赞美也爱听。忠言逆耳，当有人，尤其是和自己平起平坐的同事对自己狠狠数落一番时，不管那些批评如何正确，大多数人都会感到不舒服，有些人更会拂袖而去，连表面的礼貌功夫也不会做，实在令提意见的同事尴尬万分。这样一来，下一次就算你犯更大的错误，相信也没有人敢提醒你了，这岂不是你最大的损失？

如果你总是害怕向别人承认自己曾经的错误，那么请接受以下这些建议：

（1）即便错了，也不要自责太深，更不要自怨自艾，看轻自己。你应当把这次犯错当作一种新经验，从中吸取教训，获得智慧，吃一堑，长一智。

（2）假若你的错必须向别人交代，与其替自己找借口逃避责难，不如勇于认错，在别人没有把你的错到处宣扬之前，对自己的行为负起责任。

（3）在工作上出错时，要立即向领导汇报自己的失误，这样当然有可能会被大骂一顿，但上司会在心中认为你是一个诚实的人，将来或许对你更加倚重。你所得到的可能比你失去的还多。

（4）如果你犯的错误可能会影响其他同事，无论同事是否已经发现这些不利影响，都要赶在同事找你“兴师问罪”之前主动向他道歉、解释，千万不要企图自我辩护、推卸责任，否则只会火上浇油，令对方更加愤怒。

如果你觉得听到人家指出自己的错误是一种耻辱，会令你面红耳赤、无地自容，以下这些建议或许能帮你克服这种心理障碍，慢慢懂得从批评中吸取教训：

（1）要明白，别人的批评无损你的价值，与你意见相左的人并不一定对你有敌意，也可能是诤友。

（2）如果别人对你的工作表现颇有微词，你要知道人家是针对事情提出意见，而不是故意与你作对或瞧不起你。

（3）切勿把“我的工作不被接受”理解为“我不被接受”。

每个人都会犯错误，只要遇错能改，必然对你今后的人生大有益处。

快乐不在于拥有的多，**而在于计较的少**

为人处世时，难免有形形色色的矛盾、烦恼，如果斤斤计较于每一件事，那生命无疑是一种累赘，且充满悲剧色彩。

1945年3月，罗勒·摩尔和其他87位军人在贝雅S·S318号潜艇上。当时雷达发现有一艘日本驱逐舰队正往他们的方向开来，于是他们就向它发射了三枚鱼雷，但都没有击中。这艘舰也没有发现。但当他们准备攻击另一艘布雷舰的时候，它突然掉头向罗勒·摩尔他们的潜艇开来，可能是一架日本飞机发现了这艘60米深的潜艇，用无线电告诉了布雷舰。

他们立刻潜到150米的地方，以免被日方探测到，同时也准备应付深水炸弹。他们在所有的船盖上多加了几层栓子。3分钟之后，突然天崩地裂。6枚深水炸弹在他们的四周爆炸，他们直往水底——深达276米的地方，他们都吓坏了。

按常识，如果潜水艇在不到500米的地方受到攻击，深水炸弹在离它17米之内爆炸的话，差不多是在劫难逃。罗勒·摩尔吓得不敢呼吸，他想："这回完蛋了。"在电扇和空调系统关闭之后，潜艇内的温度升到近40℃，但摩尔全身发冷，牙齿打战，浑身冒冷汗。15个小时之后，攻击停止了，显然那艘布雷舰的炸弹用光以后就离开了。

这15小时的攻击，对摩尔来说，就像过了1500年。他过去所有的生活都一一浮现在眼前，他想到了以前所干的坏事，所有他曾担心过的一些很无聊的小事。他曾经为工作时间长、薪水太少、没有多少机会升迁而发愁；他也曾经为没有办法买房子，没有钱买新车子，没有钱给妻子买好衣服而忧虑；他非常讨厌自己的老板，因为这位老板常给他制造麻烦；他还记得每晚回家的时候，自己总感到非常疲倦和难过，常常跟自己的妻子为一点小事吵架；他也为自己额头上的一块小疤发愁过。

摩尔说："多年以来，那些令人发愁的事看来都是大事，可是在深水炸弹威胁着要把我送上西天的时候，这些事情又是多么的荒唐、渺小。"就在那时候，他向自己发誓，如果他还有机会见到太阳和星星的话，就永远永远不会再忧虑。

人生中总是有很多的琐事纠缠着我们，但是我们不能斤斤计较，因为心胸狭窄是幸福的天敌。

在非洲大草原上，有一种极不起眼的动物叫吸血蝙蝠。它身体很小，却是野马的天敌。这种蝙蝠靠吸动物的血生存，它在攻击野马时，常附在马腿上，用锋利的牙齿极敏捷地刺破野马的腿，然后用尖尖的嘴吸血。无论野马怎么蹦跳、狂奔，都无法驱逐这种蝙蝠。蝙蝠可以从容地吸附在野马身上，落在野马头上，直到吸饱吸足，才满意地飞去。而野马常常在暴怒、狂奔、流血中无可奈何地死去。动物学家们在分析这一问题时，一致认为吸血蝙蝠所吸的血量是微不足道的，远不会让野马死去，野马的死亡是它暴怒的习性和狂奔所致。

与野马类似，生活中，将许多人击垮的有时并不是那些看似无法解决的困难，而是一些微不足道的、鸡毛蒜皮的小事。人们的大部分时间和精力无休止地消耗在这些鸡毛蒜皮之中，最终让大部分人一生一事无成。生活要求人们不断地清点，看看忙忙碌碌中，哪些是重要的、是必要的，哪些是不重要的，或是无须劳神去忙的，然后果断地将那些无益的事情抛弃，不去理它。

一个人要顺其自然地、平淡地看待物质的享受，得之无喜，失之无悔。什么都想得到的人，结果可能什么都得不到，甚至连自己已经拥有的也会失去。一个平淡对待自己生活的人，可能会得到意外的惊喜。

聪明的女孩，**收起你的抱怨**

有些年轻女孩每天抱怨连连，今天抱怨这个，明天抱怨那个，仿佛一刻不说抱怨的话，就感受不到心理的平衡。可是，只是一味地抱怨对于改善处境没有丝毫益处，只有先静下心来分析自己，并下定决心去改变它，付诸行动，它才能向你所希望的方向发展。一分耕耘，一分收获，不要企望在抱怨或感叹中取得进步，事情的进展是你的行为直接作用的结果。事在人为，只要你去努力争取，梦想终能成真。

画家列宾和他的朋友在雪后去散步，他的朋友瞥见路边有一片污渍，显然是狗留下来的尿迹，就顺便用靴尖挑起雪和泥土把它覆盖了。没想到列宾却生气了，他说，几天来他总是到这儿来欣赏这一片美丽的琥珀色。

在生活中，当你老是埋怨别人给你带来不快，或抱怨生活不如意时，想想那片狗留下的尿迹，其实，它是“污渍”，还是“一片美丽的琥珀色”，都取决于你自己的心态。

不要抱怨你的专业不好，不要抱怨你的学校不好，不要抱怨你住在破宿舍里，不要抱怨你的男友穷，不要抱怨你没有一个好爸爸，不要抱怨你的工作差、工资少，不要抱怨你空怀一身绝技却没人赏识你，现实有太多的不如意，就算生活给你的是垃圾，你同样能把垃圾踩在脚底下，登上世界之巅。

孔雀向天后朱诺抱怨，它说：“天后陛下，我并非无理取闹，但是您赐给我的歌喉，没有任何人喜欢，可您看那黄莺，唱出的歌声婉转，它独占春光，风头出尽。”

朱诺听到如此言语，严厉地批评道：“你赶紧住嘴。嫉妒的鸟儿，你看你脖子四周，如一条七彩丝带。当你行走时，舒展着华丽羽毛，出现在人们面前，就好像色彩斑斓的珠宝。你是如此美丽，你怎么好意思去嫉妒黄莺的歌声？

和你相比，这世界上没有任何一种鸟能像你这样受到别人的喜爱。一种动物不可能具备世界上所有动物的优点。我赐给大家不同的天赋，有的天生长得高大威猛；有的如鹰一样勇敢，如鹊一样敏捷；乌鸦则可以预告未来之声。大家彼此相融，各司其职。所以我奉劝你去除抱怨，不然的话，作为惩罚，你将失去你美丽的羽毛。”

喜欢抱怨的人认为自己经历了世上最大的不公平，但他忘记了听他抱怨的人也可能同样经历了这些，只是心态不同、感受不同。

宽容地讲，抱怨实属人之常情，然而抱怨并不可取，因为抱怨等于往自己的鞋里倒水，只会使以后的路更难走。喜欢抱怨的人在抱怨之后不仅让别人感到难过，自己的心情也往往更糟，心头的怨气不但没有减少，反而更多了。

常言道，放下就是快乐。与其抱怨，不如将其放下，用超然豁达的心态去面对一切，这样迎来的将是另一番新的景象。

接受残缺，才能获得完整

有失也有得，有得也有失。许多苦恼的根源来自人们心中的一个误解：必须做到尽善尽美，才能获得别人的好感。当人们踏上追寻完美之路时，生活便渐渐成了专门为他们捕捉过失的陷阱。我们总是因怀疑自己做得不够好而愧疚与担心，担心爱我们的人会因此对我们感到失望。

人们当然要为既定的目标积极努力，但无论怎样的生活都不会是一块无瑕的玉，环境的变化往往出乎人的意料。精神分析学家戴维•柏恩斯在他的书中提到过一位著名律师的故事。这位大律师非常担心在办案时犯错误，他害怕会因此失去同事们对他的尊敬。当他无法摆脱和控制这种情绪而向同事们讲出来后，令他惊异的是，无论他是否做错什么，同事们都和他更亲近了，因为他们能够将他当做普通人看待。

世界上绝对完美的东西是不存在的，因为每个人的视角都不一样，每个时代的审美也不一样，什么是美、怎样才算美在每个人心中有着不同的天平。所以，我们无须事事追求完美，追求让每个人都满意，实际上，让所有人满意是不可能的事情，为此伤神更是没必要的。

只有努力塑造平常心，才能达到精神世界的完整。这样我们才能勇敢地面对自我能力的局限，勇敢地去实现梦想，不因失败而气馁。由此我们便可触摸到平日无法感知的那种完整了。生活像一个NBA赛季，即使最优秀的队伍也要输掉一些场次，而实力最弱的队也会打出自己绝妙的高潮，大家的目标就是争取赢的场次多于输的场次。过失与遗憾也是人生的一部分，学会接受它，我们才能够获得生活的完整。

PART 02

告别“比较战”

不做“复仇女神”

年轻女孩，在面对别人带来的伤害时，应该选择宽容忍让，还是睚眦必报？有些女孩会选择后者，她觉得，谁伤害了她，就理应付出同样的代价。甚至有些偏执的女孩还会认为，你伤害了她一次，她就应该伤害你十次，只有加倍的伤痛才会让你吸取教训，才能解她的心头之恨。

人生之中，很多人不会遇到杀父之仇、夺夫之恨，所以即使是有一些牵绊，也没有必要拼个你死我活。其实，有时候一直把仇恨放在心里，总想着对别人报复，反而会让自己失去很多快乐。

其实，报复就好像是在挖两个坟墓，其中的一个通常都留给了自己。因为在选择报复的时候，必定会将所有的精力投放在曾经的伤痛里，使自己的心灵无法获得解脱。

生活，远没有我们想象的那么艰难，并不是每一种伤痛都没有办法忘却。只要你有一颗宽容的心，就一定能看到更为广阔的天地。

一个骑士被敌军的一个高级军官俘获了。这个军官把他和牛套在一起犁田，而且用鞭子赶着他工作。他所受到的侮辱和痛苦是无法用语言形容的。军官所要求的赎金出乎意外的高，这位骑士的妻子变卖了所有的金银首饰，典当他们所有的堡垒和田产，从他们的许多朋友那儿募集了大批金钱，终于凑齐了这个数目。骑士终于从羞辱和奴役中获得了解放，但他回到家时已经病得支撑不住了。

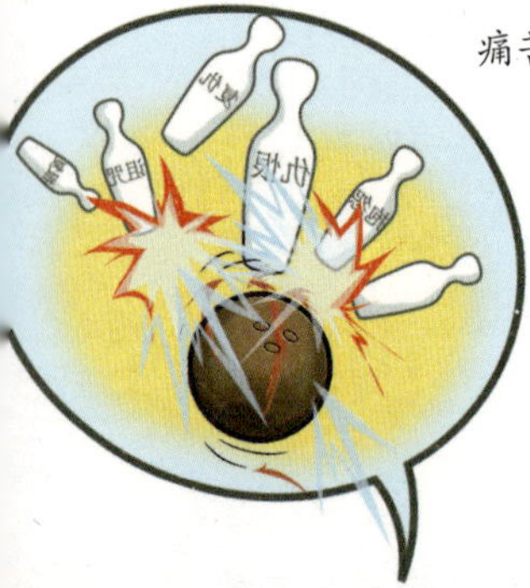

没过多久，国王颁布了一道命令，征集大家去跟敌人作战。这个骑士一听到这道命令，再也安静不下来。他无法休息，片

刻难安。他叫人把他扶到战马上，气血上涌，顿时就觉得有气力了，而后向前线驰去。他把那位曾把他套在轭下、羞辱他、使他痛苦万分的将军变成了他的俘虏。

现在已经是俘虏的那个敌军军官被带到骑士的城堡里。一个小时后，那位骑士出现了。他问敌军军官："你想到过你会得到什么待遇吗？""我知道！"敌军军官说，"报复！但是我怎样做你才能饶恕我呢？""一点也不错，你会得到报复！"骑士说，"但我已决定宽恕你，放心地回到你的家里，回到你亲爱的人中间去吧。不过请你将来对受难的人温和一些，仁慈一些吧！"

敌军军官忽然大哭起来："我做梦也想不到能够得到这样的待遇！我想我一定会受到酷刑和痛苦的折磨，因此我已经服了毒，过几个钟头毒性就要发作。我必死无疑，一点办法也没有！"

当你宽容别人的时候，你就不会感到自己和别人站在敌对的位置，你也不会感到，生活中总是存在敌人，而没有朋友了。

人是群居动物，在生存的环境里，不可能互不干扰。如果对于每一件事情都耿耿于怀，那么你永远也不会快乐。人生苦短，所以年轻的女孩，不要再想着做"复仇女神"了。与其在报复的墓穴里苦苦哀叹，不如用宽容和爱填平墓穴，向快乐的生活前进。

解开你的心结，让“出丑”变得“出众”

每个人都想使自己显得聪明，都怕在众人面前出丑。这看上去似乎是截然对立的两件事，聪明人绝不会出丑，出丑的人必然是笨蛋。然而，实际生活并非如此，聪明的人有时简直如一个大傻瓜，他们当众出丑，却若无其事，他们被人嗤笑却自得其乐，他们就这样走向了成功。

罗茜读书时网球打得不好，老是害怕打输，不敢与人对垒，所以她的网球技术一直很蹩脚。罗茜有一个同班同学，她的网球比罗茜打得还差，但她不怕被人打下场，越输越打，后来成了令人羡慕的大学网球代表队队员。

聪明是令人羡慕的，出丑总使人感到难堪。但是，聪明是无数次出丑练就的，不敢出丑，就很难聪明起来。

那些勇敢地去干他们想干的事的人是值得赞赏的，即使有时在众人面前出了丑，他们还是洒脱地说：“哦，这没什么！”就是这么一类人，他们还没学会反手球和正手球，就勇敢地走上网球场；他们还没学会基本舞步，就走下舞池寻找舞伴；他们甚至没有学会屈膝或控制滑板，就站在了滑道上。

艾米只会说几句法语，她却毅然飞往法国去做一次生意旅行。虽然人们曾告诫她，巴黎人看不起不会讲法语的人，但她坚持在展览馆、咖啡店、爱丽舍宫用法语与每个人交谈。她不害怕结结巴巴，不害怕语塞傻笑、出丑吗？一点也不。艾米发现，当法国人对她使用的“虚拟语气”大为震惊之后，许多人都热情地向她伸出援手，为她的“生活之乐”所感染，从她对生活的努力态度中得到极大的乐趣。他们为艾米喝彩，为所有有勇气做一切事情而不怕出丑的人欢呼。

生活中有些女孩由于不愿成为初学者，总是拒绝学习新东西。她们因为害怕出丑，宁愿放弃自己的机会，限制自己的乐趣，禁锢自己的生活。

若要改变自己的生活位置，总要冒出丑的风险，除非你决心在一个地方、一个水平上“钉死”了。不要担心出丑，否则你会无所作为，而且更重要的是你同样不会心绪平静、生活舒畅。你会受到囿于静止的生活而又时时渴望变化的愿望的痛苦煎熬。我们应该记住这一点，由于害怕出丑，也许我们会为失去许多生活机会而长久地感到后悔。我们应该记住法国的一句谚语：“一个从不出丑的人并不是一个他自己想象的聪明人。”

批评是**被掩饰的赞美**

当人类世界被现代技术网罗成一个村庄的时候，无论你身在何处，也不管你是为了学习还是为了工作，都无法和网络撇清关系。身为天王级巨星的刘德华也经常上网，但是他上网和我们经常看到的上网聊天、打游戏有所不同，用他自己的话说：“他们将全球有关我的信息集合起来给我看，让我知道世界各地的人对我的看法，他们感觉我是一个怎样的人，这是我很想知道的事。加上地球上有时差关系，所以我每天不止上一次网去看这些有关我的信息。”

原来，刘德华上网是为了接受更多的批评，让自己更加了解自己。有勇气接受别人的批评，才能够不断取得进步；同时，敢于接受别人批评，也显示了莫大的勇气和自信。相反，一个听到别人的批评就暴跳如雷、反唇相讥的人，不但缺乏涵养、心胸狭窄，而且这种冲动的做法还会造成难以预测的后果，使每个想帮助他的人都敬而远之。坦然接受他人的批评，你才能成为一个心胸宽广、受别人欢迎的人。

刘德华刚出道时，香港有家知名电台的老板听了他的歌后，当即表示，“这个人不懂唱歌，也没有歌唱的天分。”从此不再听他唱歌，并在很多场合坦言刘德华是歌坛“四大天王”里最差的一个。但是刘德华并没有因为别人的打击和嘲笑而气馁，从此，他每逢演唱会必定要给这个人送票，邀请他去听歌。十几年后，那个老板终于肯去听他的演唱会，并且为华仔的歌声所打动，不禁夸赞道：“原来是我错了，华仔真的很会唱歌。”

刘德华能够在别人的批评和讽刺之下不气馁，用自信做支撑，用实力去说话，才逐渐走出了一条属于自己的星光大道。

世界是五光十色的，人们用各不相同的视角来看待生活。不同的人站在不同的方位看待同一个事物，也会产生不同的观点。刘德华面对人们对他的褒贬不一说：“世上当然会出现有人喜欢或不喜欢我的情况，好评语自然会吸引我多看，但对我不好的评语我也会清楚地看一次，这样可以完全了解网友是如何看待我，让我加深对自己的了解，并且为我提供改进的空间。”每个人都需要面对世界、面对别人的评论，不管你愿意不愿意。所以，年轻的女孩，在面对别人的评论时，最好的解决方式就是像刘德华那样，把别人的批评当成一种被掩饰的赞美，这样我们看到的就不会是别人的苛刻和刁钻，而能够从中获得自己继续提升的信心和纠正错误的力量。

在现实生活中，我们总是希望按照自己的想法去勾勒世界，希望一切都按照自己的计划进行，所以我们总是不愿意听到不同的声音，不希望有人给予我们批评和指责。

按照自己的理想搭建的世界，毕竟只是一厢情愿，虽然我们一直希望自己是最完美的，可是任何人身上都有不足。有时候，因为过于理想化，我们常常只看到自己身上的优点，而忽略了其他的缺点。所以，经常听一听别人的声音，虚心地接受别人的批评和指正，也未尝不是一个让自己更加完美的方法。

敢于批评和指正你的人，不要总是把他们当成你的敌人来对待。当你从他们的话语里了解了一个你看不到的自己的时候，你就应该给予他们最真诚的感谢。

转换思路，**每天都是艳阳天**

事情没有好坏之分，关键是我们对事情的态度。换一种角度看问题，事情就没那么糟糕；换一种思维，快乐就离我们不远。

快乐，别人不能给予，也不用努力地去寻找，其实它就在你心中。不管你身处何境，只要你想快乐，你选择了快乐，你就不会痛苦。

人生充满了选择，而生活的态度，就是一切。女人，请舒展你紧皱的眉头吧，不要因陷入生活中不如意的一面而心烦意乱，情绪消极低沉。不妨随时问问自己："什么才是要

紧事？”这样你就会发现你现有的某些选择与你既定的生活目标冲突，你完全可以把它们从你的工作表中画去。

在这个喧嚣烦冗的世界上，乐观地对待生活更能让女人的世界五彩缤纷。纵观古今中外的文学作品所塑造的女性形象，她们大都有着悲惨的身世、曲折的人生道路和饱受痛苦折磨的心灵。然而，现实生活中依然有很多女子也同样活得痛苦，她们把自己的生活看成是炼狱，生活只是为了责任。其实，真正懂得生活的女人是不会把自己的生活当作炼狱的，她们懂得享受生活所带来的痛苦和欢乐。她们知道虽然生活并不尽如人意，但是生活本身就是一段历程，只有懂得去享受痛苦时的刻骨铭心、欢乐时的自由欢畅才是生活的本来色彩。

有一位作家曾经在异国他乡做客，他一进门就感到了萦绕在

主人家的快乐气氛。女主人是一个50岁左右的中年妇女，在一般人来看，这样的年龄应该已经很稳重了，可是这位女主人却像一个20岁的小姑娘一样，十分快活。令这位作家更为惊讶的是，她们家70多岁的老奶奶也一样充满快活的神情。作家在他的文章里这样写道："那位老人的眼中充满了孩童般天真的光彩，仿佛时光的流逝并没有在她的眼中留下任何印记一样。"

如果女人老了的时候还能保持着孩童般的纯真与快乐，那么她的一生应该是很美丽的。

下面是一些快乐的忠告，照着去做，你将变成可爱又美丽的女人：

（1）一旦发现错误就立即改正。

（2）牢记自己喜爱的诗词歌赋。

（3）不要花光所有的积蓄或贪睡。

（4）多读些书，少看些电视。

（5）毫无保留地去爱，虽然可能因此受到伤害，但只有这样，才能拥有一个完整的人生。

（6）意见不合可以据理力争，但不可辱骂对方。

（7）与一个你喜欢并能谈心的人结婚，因为当你年纪越来越大时，你就会发现谈话的技巧变得越来越重要。

（8）尊重他人，尊重自己，为自己的行为负责。

（9）如果失败了，千万要记住失败的教训。

（10）微笑着接听电话，让别人感觉到你的微笑。

（11）让自己有独处的时间。

（12）随时准备接受新事物，但不要因此丢弃应珍惜的东西。

（13）沉默有时候是最好的答案。

（14）过快乐及有尊严的生活，那么，当你回想过去时，就可以再一次快乐地享受人生。

（15）家对每一个人都很重要，努力创造一个和睦温暖的家。

（16）多与别人分享你的思想和知识，这是达到不朽的途径之一。

（17）专注自己的事务。

（18）如果你非常有钱，请用你的金钱帮助别人，这是富有所能达到的最大的满足。

（19）有时候，得不到想得到的，也是一种运气。

（20）最美好的爱情是彼此对对方的爱远超过对对方的需求。

（21）用付出的努力衡量你的成功。

生活本身就是一个选择，快乐还是悲伤都由你自己做决定。只有快乐的女人才最美丽，每天早上起床时告诉自己：我选择快乐，我快乐无比。

笑对苦难，风雨过后是彩虹

追求美丽的女人，不仅要保持身体健康，而且还希望心情愉快。身心适宜的最佳尺度是什么？那就是永远对生活和你自己保持乐观的心态。

女人的一生，难免有坎坷，遇困境，不可能一帆风顺。对生活充满信心的女人，总能笑对这些不幸，用快乐抹平创伤，活出一份精彩。试着别让“坏”的事物黯淡了你的眼睛，你的心灵才不会荒芜，你的前途也才会越走越光明。

有许多女人不快乐，其实并不是遇到了多么不开心的事，而是只看到了消极的一面，并人为地把这种不开心放大了。所以，快乐的女人遇事总往好处想，总能以乐观的态度对待生活，笑待他人。

郝兰与王霞同在一家纺织厂上班。1993年，由于经营不善，工厂极度亏损，面临倒闭，于是她们两个人便成了下岗工人。面对下岗的事实，王霞十分沮丧，她认为自己在这样一间工厂工作实在是太倒霉了，自己把青春和热情都毫无保留地奉献给了它，可到头来就这样被它毫不客气地给“踢”了出来，成了社会中游荡的“孤儿”。

与王霞的看法恰恰相反，失业后的郝兰不但没有一点悲哀，反而有一种连自己也说不清楚的兴奋。“过去一直在工厂中工作，每月一到日子便领那少得可怜的工资，然后再什么也不想地一心做好本分工作，常常觉得自己简直就是一台工序简单的机器。这是由于人的一种安于现状的本性吧？还舍不得把这个‘铁饭碗’给丢了。就只好有一天算一天，得过且过。所以当被主任通知停薪留职那天，我毫不犹豫地对他说，甭留什么职了，留职我也不会再回来工作，我要做自己的事去。就这样，我愉快地下岗了，我认为这是我的一种解脱。”每当提起下岗的那段时间，郝兰都有些兴奋，她时常对周围的朋友说，她真正意义的人生是从下岗那天开始的，因为直到那一天，她才真正开始寻找自己该做的事。

也许正是由于王霞和郝兰对下岗的两种截然相反的看法所致，一直处于悲观失望中的王霞始终没有想好自己该做什么，除了看织布机自己还能做什么。所以，几年后的今天，她成了一个无所作为的待业人员，而郝兰经过几年积极的打拼，先后开过手工织手套作坊、制衣厂、棉纺厂等，现在已成为一家品牌服饰集团公司的女老板。

任何人都有忧伤痛苦的时候，只是表现出来的方式有消极悲观或者积极对待之别。如果选择了冷漠待人，便会觉得生活像是栅栏；而如果选择了热情待人，便会觉得生活像是喷泉。

在人生的巅峰，事业有成、爱情美满时，我们当然眉开眼笑，但更重要的是在挫折和困难面前，我们要保持笑容。因为，生活不相信弱者的眼泪，它只对乐观进取的人微笑，而在每个人的笑容背后，蕴含的正是一种乐观的精神。它会给我们意志力、勇气和信心，是战胜困难的温柔而有力的武器。

人生因**遗憾**而愈加美丽

古人云：“达亦不足贵，穷亦不足悲。”陶渊明荷锄自种，嵇叔康树下苦修，虽为贫寒之士，但他们能于利不趋、于色不近、于失不馁、于得不骄。这样的生活，也不失为人生的一种极高境界。

伟大的作家托尔斯泰曾讲过这样一个故事：有一个人想

得到一块土地，国王就对他说："清早，你从这里往外跑，跑一段就插个旗杆，只要你在太阳落山前赶回来，插上旗杆的地都归你。"那人就拼命地跑，太阳偏西了还不知足。太阳落山前，他是跑回来了，但人已精疲力竭，摔个跟头就再没起来。有人挖了个坑，就地埋了他。牧师在给这个人做祈祷的时候说："一个人要多少土地呢？就这么大。"

人生的许多沮丧都是因为得不到自己想要的东西，其实，辛辛苦苦地奔波劳碌，到达生命终点时什么也带不走。所以，人生中不管经历了什么，获得了什么，都要学会知足，学会放弃。

我们从来不想放弃任何好处，其实有时候，如果我们可以放弃一些固执、限制甚至是利益，反而可以得到更多。这里有很多关于取和舍的深层问题。

什么才是最难舍弃的，是一种道义，还是一段感情?为什么不能抛开和牺牲一些东西，而去获得另一些永恒?

《卧虎藏龙》里李慕白对师妹说了一句话："把手握紧，什么都没有，但把手张开，就可以拥有一切。"在人生的旅途中，需要我们放弃的东西很多。古人云，鱼和熊掌不可兼得，如果不是你应该拥有的，就要学会放弃。只有学会了放弃，才能拥有一份成熟，才会活得更加充实、坦然和轻松。

人生因为不能得尽才充满了乐趣，生活也因为遗憾的存在而愈发显得美丽。所以，要学会知足，学会在远处欣赏人生的美景。

PART 03 “糊涂”女孩也可爱

聪明不要过了头

女孩的美丽离不开智慧的浇灌，但是美丽的女孩却不是聪明过人的女孩。当你仗着自己的聪明在人前逞强好胜时，没有人会喜欢你。

关于这一点，《红楼梦》中的王熙凤给了我们一个深刻的教训。

王熙凤，贾琏之妻，她聪明能干，深得贾母和王夫人的信任，成为贾府的实际大管家。书中是这样描写她的外貌的：“彩绣辉煌，恍若神妃仙子。头上戴着金丝八宝攒珠髻，绾着朝阳五凤挂珠钗，项上戴着赤金盘螭璎珞圈，裙边系着豆绿宫绦双衡比目玫瑰佩，身上穿着镂金百蝶穿花大红洋缎窄褃袄，外罩五彩刻丝石青银鼠褂，下着翡翠撒花洋绉裙。一双丹凤三角眼，两弯柳叶吊梢眉，身量苗条，体格风骚。粉面含春威不露，丹唇未启笑先闻。”可见王熙凤是个美貌与智慧并重的难得的女子。可就是这样一位不可多得的女人，到头来却众叛亲离，凄凄而终。究其原因，就是因为她的聪明，凡事太过算计钻营，才落得个“机关算尽太聪明，反误了卿卿性命”的下场。

生活中我们常会遇到一些聪明过头的女人，她们圆滑老练，一到危急关头就过河拆桥，反咬一口，或者事事斤斤计较，你的我的都要划分得一清二楚，稍微吃点亏都不行。这样的女人认为自己很聪明，也乐于让人感受到她很聪明。

下面，我们来具体欣赏一下王熙凤这类女子的高超演技吧。

1.善于逢迎，长于机变

林黛玉进贾府，王熙凤姗姗来迟。“一语未了，只听后院中有人笑声，说：“我来迟了，不曾迎接远客！”王熙凤未见其人，先闻其声，精心策划的出场使自己的亮相引人注目，不同凡响。

王熙凤见到黛玉，先是“携着黛玉的手，上下细细打谅了一回”，待到送黛玉至贾母身边坐下，王熙凤便笑道：“天下真有这样标致的人物，我今儿才算见了！况且这通身的气派，竟不像老祖宗的外孙女儿，竟是个嫡亲的孙女，怨不得老祖宗天天口头心头一时不忘。”“真有”表明黛玉的美丽出乎熙凤意料，“才”字刻意强调她本人相见恨晚的心情。王熙凤不遗余力地恭维黛玉，目的当然是讨贾母的欢心。“竟不像老祖宗的外孙女儿，竟是个嫡亲的孙女”这两句在夸赞了黛玉的同时，也没有忘记讨好三个小姑子，她知道黛玉再好也到底是外人，三春毕竟是家里人，其中的亲疏远近她心里是一清二楚的。

“只可怜我这妹妹这样命苦，怎么姑妈偏就去世了！”王熙凤话锋一转，哀叹黛玉命苦，痛惜姑妈去世，流下了“同情”的眼泪。她料到黛玉之母去世，贾母必然悲痛万分，可出乎意料的是贾母此刻很坚强。王熙凤拍马屁拍在马腿上，这是她始料未及的，于是她“忙转悲为喜”道：“正是呢！我一见了妹妹，一心都在他身上了，又是喜欢，又是伤心，竟忘记了老祖宗。该打，该打！”王熙凤转向之快，不愧为见风使舵的高手。

2.尊卑贵贱，区别对待

邢夫人虽是凤姐的婆婆，但由于她的出身并不怎么高贵，凤姐对她也只是面子上过得去，采取了彼此相安的态度。对待贾政的妾赵姨娘和儿子贾环是任意欺凌，经常教训、申斥，与对待宝玉关切备至的态度完全不同。她看出贾母、王夫人偏爱宝钗，就加倍铺张地为宝钗过生日；看出王夫人选定了袭人为宝玉的

候补侍妾，就从各方面去优待袭人。从农村来告帮的刘姥姥忽然为贾母所欣赏，她立刻发觉了这是老太太最妙的消遣品，就把这乡下老太婆当作“宝贝”看待了。

3.见钱眼开，唯利是图

王熙凤极度贪婪。“弄权铁槛寺”，她很直接地对老尼说：“你是素日知道我的，从来不信什么是阴司地狱报应的，凭是什么事，我说要行就行。你叫他拿三千银子来，我就替他出这口气。”为了这三千两银子，她派人连夜奔走，以势强使守备公子与张家金哥退亲，直接造成了两个年轻人一个自缢、一个投河自尽，其贪婪冷酷令人发指。她除了索取贿赂外，还靠着迟发公费月例放债，光这一项就翻出几百甚至上千两银子的体己利钱来。抄家时，从她屋子里就抄出五千万金和一箱借券。王熙凤的所作所为，无疑是在加速贾家的败落。

4.笑里藏刀，背后算计

贾瑞借酒性挑逗王熙凤，她一面假意含笑应付，一面心中已预为筹划：“他如果如此，几时叫他死在我的手里，他才知道我的手段！”果然，贾瑞色令智昏，不知是计，结果被凤姐调兵遣将尽情戏弄一番以后染上一身的病痛，最后一命呜呼。

贾琏娶了尤二姐，王熙凤先将尤二姐骗入荣国府，经常在贾母和王夫人面前说尤二姐的好话，一面操纵官府，教唆张华（尤二姐最初许配的人）向贾家施压。当事情越来越糟时，贾家的头面人物们就把怨恨集中到了尤二姐的身上，最后迫使尤二姐吞金自尽。

王熙凤一生算计，处处争强好胜，终于得罪了大太太，加之贾母撒手人寰，她没了靠山，荣国府衰败后，在监狱里最终身心交瘁而死。

《老子》中说：“大巧若拙，大辩若讷。”意思是最聪明的人，往往看起来很笨拙；虽然能言善辩，但看起来就好像不会讲话一样。

年轻的女孩，无论是做大事，还是一般的人际往来，都不可锋芒毕露，“树大招风”，懂得匿才显缺、平和待人，才是真正聪明的女人。

装装傻，让他的心疼一下

当一个男人觉得身边的女人处处不如自己的时候，他就会很有成就感，就会觉得这个女人正被自己的无所不通征服。电脑系统坏了，你让他去修，哪怕你自己会，你也不要去修，你得多交给他一些你能轻易做成的事，并适时地说：“亲爱的，你真行，我怎么就不会呢？”一个真正聪明的女孩是知道怎样让自己适当地“笨”一点的，把男友调教聪明了，就是你最大的成功。

有人把女孩分成三种：一种是真傻，智商、情商都很低，男人当然不喜欢；第二种是聪明女孩，在这样的女孩面前，男人会感到有压力；第三种女孩最讨男人喜欢，她们聪明，却经常装傻。

很多男人都说，最喜欢的“傻”女孩，是那种看上去傻傻的、心里却很有谱的女孩。男人总有自尊或虚荣，所以那些故作聪明、十分外露的女孩是抓不住男人心的，而大智若愚的女孩却能迷住男人。男人最怕女孩工于心计、过分尖锐。再成熟的男人，在恋人面前也首先是个小孩，既希望自己爱着的女人给他母爱似的宽容和理解，又希望她有一份童心，能跟自己傻傻地、真实地相处。与这种“傻”女孩在一起，男人会觉得既温馨又安全。

吴艳艳毕业于数学系，专业的本能使她在生活中也精于算计。然而，正是她的精于计算，让她的男友倍感压力，最终和她提出了分手。她和男友交往了一年多，刚开始时两人的关系还比较融洽，渐渐地，吴艳艳精于计算的个性让男友有些吃不消了。比如，男友喜欢打牌，经常约朋友周末一起打牌，有时候吴艳艳也跟着玩。吴艳艳打牌特别会算，又好胜，而且说话不饶人，每次男友出错牌，她不是给他脸色看，就是当场数落，让他在朋友面前很没面子。本来打牌是为了放松，可被她一搅，变成了做奥数，脑筋动足，吃力得很。生活中类似这样的事情越来越多，最终男友以彼此性格不合为由，提出了分手。

这段失败的感情让吴艳艳认识到了自己过于算计的缺点，她开始改变，尝试着做一个“傻”一点的女孩子。这时，她的爱情也驶到了下一站，她有了新的男友——张林。

无独有偶，张林也喜欢打牌，也喜欢在周末带上女朋友一起去和朋友打牌。张林偶尔也会出错牌，但吴艳艳不再像以前一样横加指责，而是很宽容地笑笑或扮个鬼脸；到了胜负关键时刻，她还会偷偷给他做暗号。赢了，她又拍手又欢呼；输了，她要惩罚他，但这种惩罚让张林觉得比奖励还舒服——她要他送她回家，并要背她上二楼。所以，有时张林还故意输牌。

一年后，张林成了吴艳艳的老公，他们还是经常在周末和朋友打牌，吴艳艳还是会做个“傻”女人，只不过输牌的惩罚变成了背老婆上楼回家。

聪明女孩面对自己深爱的恋人，偶尔也要装装“傻”，让他的心疼一下，对你百般呵护。在爱情中，“傻”女孩才能占尽天时地利人和。韩剧《我的女孩》中幼琳可谓是深谙装“傻”之道，她的招牌装傻表情让功灿觉得没有她全世界都失去了颜色。要想在爱情中大获全胜，女孩子“装傻”这招不可不用。

在不如意的人生中**好好活着**

人生在世，不如意事常八九。世事不会总是一帆风顺，生活的画卷已经摊开在你面前，是该消极地屈服接受，还是积极地坦然面对呢？

有人说，人的一生之中只有三件事，一件是“自己的事”，一件是“别人的事”，一件是“老天爷的事”。今天做什么，今天吃什么，开不开心，要不要助人，皆由自己决定；天气如何，狂风暴雨，山石崩塌，人力所不能及的事，只能是“谋事在人，成事在天”，过于烦恼，也于事无补。所以要轻松自在很简单：打理好“自己的事”，不去管“别人的事”，不操心“老天爷的事”。

大热天，禅院里的花被晒蔫了。“天哪，快浇点水吧！”小和尚喊着，接着去提了桶水来。“别急！”老和尚说，“现

在太阳晒得很，一冷一热，非死不可，等晚一点再浇。”

傍晚，那盆花已经成了“霉干菜”的样子。“不早浇……”小和尚见状，咕哝着说，“一定已经干死了，怎么浇也活不了了。”

“浇吧。”老和尚指示。水浇下去，没多久，已经垂下去的花居然全站了起来，生机盎然。

“天哪！”小和尚喊，“它们可真厉害，憋在那儿，撑着不死。”

老和尚纠正：“不是撑着不死，是好好活着。”

“这有什么不同呢？”小和尚低着头，十分不解。

“当然不同。”老和尚拍拍小和尚，“我问你，我今年80多了，我是撑着不死，还是好好活着？”

小和尚低下头沉思起来。

晚课完了，老和尚把小和尚叫到面前问：“怎么样，想通了吗？”

“没有。”小和尚还低着头。老和尚严肃地说：“一天到晚怕死的人，是撑着不死；每天都向前看的人，是好好活着。得一天寿命，就要好好过一天。那些活着的时候为了怕死而天天拜佛烧香，希望死后能成佛的人，绝对成不了佛。”

说到此，老和尚笑了笑：“他今生能好好过，却没好好过，老天何必给他死后更好的生活？”

对于禅院里的花来说，“小和尚没浇水”虽然很不如意，但“好好生长”才是它自己的事，这盆“向前看”的花，得一天寿命，便好好过一天，真正阐释了生命的意义。

拥有一个幸福的人生其实很简单：“第一不要拿自己的错误惩罚自己；第二不要拿自己的错误惩罚别人；第三不要拿别人的错误惩罚自己。”遵守这“人生幸福三诀”，就不会活得太累。

“不要拿自己的错误惩罚自己。”人非圣贤，孰能无过？如果一有过错，就终日沉浸在无尽的自责、哀怨、痛悔之中，那么人生的境况就会像泰戈尔所说的那样：不仅失去了太阳，而且将失去群星。

人们都会为自己的过错而痛悔，但“不要拿自己的错误惩罚别人”，那些被惩罚的无辜的人，迟早要奋起自立，你的人生岂不很累？也“不要拿别人的错误惩罚自己”，不让别人的做法决定自己的人生原则，为别人的错误埋单实在不划算。

生活是一件艺术品，每个人都有自己认为最美的一笔，每个人也都有自己认为不尽如人意的一笔。人生不售返程票，在人生的旅途中，只有宽容、豁达的人才能走出误区与烦恼，走出狭隘与阴霾，拥有幸福的生活。

不要“吃”下所有的苦**再来享受幸福**

中华民族是个吃苦耐劳的民族。从古至今，我们的文化里都在宣扬一种甘于吃苦的精神，比如“吃得苦中苦，方为人上人。”“天将降大任于斯人也，必先苦其心志。”“头悬梁，锥刺股。”，强调的是一种克己、勤勉的生活方式。这种文化无疑是有其积极意义的，但有时也会给女孩们带来过重的心理负担。

生活中许多女孩有意无意地将幸福当作一种奢侈品，认为自己只能在储存了许多的“苦”之后，才能有资格享受“昂贵”的“幸福”。比如有的女孩在读书的时候，明明家里不缺钱，还省吃俭用，每天用白菜、萝卜打发自己。这种勤俭精神虽然可嘉，可青春期的女孩正是长身体的时候，平时学习又辛苦，不注意调节营养怎么行呢？到头来，不少女孩落下了痛经、月经不调、贫血等一大堆毛病。当然这些病在她们看来同样不值一提，她们并不在意，能走会跳的上医院多浪费啊，她们二话不说，一律硬扛下来。可是这些毛病都是积攒不得的，年轻时抵抗力好，能经得住，可30岁后，毛病就好像突然一下子冒出来，现在省的是小钱，等到那个时候花的可就是大钱了。

还有的女孩规定自己每天工作或学习要达到12个小时，也不管身体是不是受得了，一旦某天工作或学习状态不理想，尤其在受到别人“奋发图强”精神的刺激后，她们会义无反顾地甚至“开夜车”到天亮，用以惩罚自己的“不刻苦”。这些女孩一般来说意志力都很坚强，品性也不错，却用功过了头。日复一日惩罚和约束自己，会令大脑失去创造热情，意志力虽在坚持着，心智却是消极的，在这种状态下，效率并不高，因为大脑的兴奋度不够。另外，这样还会加重身心负担，不利于个人健康。

其实，生命就像一次旅行，有既定的路线，路旁有着美丽的风景。有时候，人太在乎目的地本身，一门心思扑入其中，就会忘记生命中还有许多美好的事物同样值得珍惜。等到老去的时候，才惊觉自己只顾着赶路，却从来没有轻松享受过。这难道不是人生的悲哀吗？任何人的生命都只有一次，每一秒对人来说都是弥足珍贵、无法再生的。幸福无法“零存整取”，你需要在每分每秒中去体会，而不是把所有的幸福“储存”起来，待尝遍了所有的苦再一次性享受幸福。

你也许会对自己说：“如果我考上理想的大学……”“如果我进了知名的外资企业……”“如果我付清住房的贷款……”“如果我得到提升……”“如果我退休，我就可以永远地享受人生。”但或迟或早，你就会明白，生活中根本不存在什么驿站，生活中真正的乐趣就是旅行。

寻找生命本真的乐趣，不因任何顾虑而战战兢兢，不为任何忧虑而感到压抑，这样在生命的终点，就不会因为突然醒悟而痛悔不已了。

活着，就尽情享受人生。幸福不在于目的的达到，而在于追求的本身及其过程，珍惜现在，尽可能享受当下的美好时光吧。

不是**吃了苦**就能得到甜

吃苦是我们走向成功的必经之路，没有吃苦的精神，就无法战胜前进道路上的种种困难，但是，并不是所有的苦都可以变成甜。看看现实中，有很多人整日勤奋不辍、孜孜不倦、日夜辛劳，但他们依然没有改变。

很多女孩都有吃苦的精神，她们从小就在贫困的家庭中长大，洗衣做饭、收拾屋子，有的甚至小小年纪就不上学，背井离乡去外地打工。长大后，嫁给一个老实本分的男人，在家里苦苦攥着辛勤“刨出”的家产……这些正在吃苦的女孩，她们认为自己只要敢于吃苦，就会有所收获，就能摆脱贫困。

还有一些女孩，家境不错，条件也可以，有些苦没必要去吃，但是在吃苦耐劳精神的指引下，她们把本不属于自己的苦也揽了下来。本来可以拥有一份收入优厚、舒适的工作，却非要去锻炼所谓的“能力”，每天“当牛做马”、累死累活。

敢于吃苦是一件好事，但是，凡事没有绝对，吃得苦中苦，不一定能成为“人上人”。

要明白，想要有所成就，想要得到幸福，想要获得自己所向往的生活，吃苦并不是唯一的途径。人还有智慧，有些能避免的苦，又何必“自找苦吃”呢？

有这样一则寓言故事：

有四个20岁的年轻人，他们到银行贷款。银行答应借给他们每人一笔巨款，条件是他们必须在50年内还清本息。

第一个年轻人先挥霍了25年，用生命的最后25年努力工作偿还，结果他活到70岁时仍然一事无成，死去时负债累累。他的名字叫“奢侈”。

第二个年轻人用前25年拼命工作，50岁时他还清了所有欠款，但是那一天他却累倒了，不久就死了。他的遗照旁放着一个小牌，上面写着他的名字“吃苦”。

第三个年轻人在70岁时还清了债务，然后没过几天他去世了，他的死亡通知书上写着他的名字“执著”。

第四个年轻人工作了30年，50岁时他还完了所有债务。生命的最后20年，他成了一个冒险家，游历了很多地方。70岁死去的时候，他面带微笑。人们至今都记得他的名字——“智慧”。

这四个年轻人所贷的巨款就是时间，而当年贷款给他们的那家银行叫“生命银行”。

这则寓言隐喻了四种人生态度——奢侈、吃苦、执著和智慧，而真正获得幸福的只有智慧。奢侈与执著自不必说，吃苦不当也不会得到回报，辛勤工作一辈子，却过早被辛劳所压倒。要知道，我们的人生并非只要“苦”，并不是任何“苦”都可以变成甜，人生短暂，应有所为有所不为，何不学学那个叫“智慧”的年轻人，苦乐俱享？

不是所有的苦都可以变成甜，年轻女孩应当清楚这一点，不要年纪轻轻就背上沉重的负担。人的精力有限，不要把力气浪费在不必要的“苦”中，让自己成为“吃苦”的牺牲者，这样做并不伟大，这样的牺牲也没有价值。

不要在吃了很多苦之后，才发现走错了路。因为庸人自扰而走弯路，岂不是一种悲哀？

其实，生活并不复杂，人们无须庸人自扰，应抛开繁复的表象，深入自己的内心，看清自己的需求，找到自己应该吃的苦，比如为了学业而勤学苦练，为了事业经受日晒雨淋，把一些不属于自己的苦统统抛掉。

坐姿是一种艺术，坐姿不好直接影响一个人的形象。对女人来说，这一点尤为重要。

一个平淡对待自己生活的人，可能会得到意外的惊喜。